TEMPESTADE NUMA XÍCARA DE CHÁ

HELEN CZERSKI

TEMPESTADE NUMA XÍCARA DE CHÁ

A FÍSICA DO DIA A DIA

Tradução de
CATHARINA PINHEIRO

1ª edição

2018

CIP-BRASIL. CATALOGAÇÃO NA PUBLICAÇÃO
SINDICATO NACIONAL DOS EDITORES DE LIVROS, RJ

Czerski, Helen
C999t Tempestade numa xícara de chá: a física do dia a dia / Helen Czerski; tradução de Catharina Pinheiro. – 1ª ed. – Rio de Janeiro: Record, 2018.

Tradução de: Storm in a teacup
Inclui bibliografia e índice
ISBN: 978-85-01-10925-5

1. Física. I. Pinheiro, Catharina. II. Título.
I. Bonrruquer, Alessandra. II. Título.

17-41428

CDD: 531
CDU: 531

Copyright © Helen Czerski, 2016

Título original em inglês: Storm in a teacup

Todos os direitos reservados. Proibida a reprodução, armazenamento ou transmissão de partes deste livro, através de quaisquer meios, sem prévia autorização por escrito.

Texto revisado segundo o novo Acordo Ortográfico da Língua Portuguesa.

Direitos exclusivos de publicação em língua portuguesa para o Brasil adquiridos pela
EDITORA RECORD LTDA.
Rua Argentina, 171 – 20921-380 – Rio de Janeiro, RJ – Tel.: (21) 2585-2000, que se reserva a propriedade literária desta tradução.

Impresso no Brasil

ISBN 978-85-01-10925-5

Seja um leitor preferencial Record.
Cadastre-se em www.record.com.br e receba informações sobre nossos lançamentos e nossas promoções.

Atendimento e venda direta ao leitor:
mdireto@record.com.br ou (21) 2585-2002.

Para os meus pais, Jan e Susan

Quando estava na faculdade, eu costumava passar um bom tempo estudando física na casa da minha avó. Uma prática mulher do norte, ela ficou muito impressionada quando eu lhe disse que estava estudando a estrutura do átomo.

— Ah! — exclamou ela. — E o que você pode fazer quando tiver aprendido?

É uma ótima pergunta.

Sumário

Introdução	11
1. Pipoca e foguetes — As leis dos gases	23
2. O que sobe tem que descer — A gravidade	53
3. O pequeno é belo — A tensão superficial e a viscosidade	83
4. Um momento no tempo — A marcha para o equilíbrio	115
5. Tirando onda — Da água ao wi-fi	145
6. Por que os patos não ficam com os pés frios? — A dança dos átomos	183
7. Colheres, espirais e o Sputnik — As regras do giro	217
8. Quando os opostos se atraem — Eletromagnetismo	251
9. Uma questão de perspectiva	295
Agradecimentos	321
Referências bibliográficas	325
Índice	337

Introdução

Vivemos no limite, empoleirados na fronteira entre o planeta Terra e o restante do universo. Em uma noite clara, qualquer um pode admirar as vastas legiões de estrelas brilhantes, familiares e permanentes, pontos de referência únicos para o nosso lugar no cosmos. Todas as civilizações humanas viram as estrelas, mas ninguém as tocou. Nosso lar aqui na Terra é o oposto: caótico, inconstante, borbulhando de novidades e cheio de coisas que tocamos e modificamos diariamente. Este é o lugar para observar se você está interessado no que move as engrenagens do universo. O mundo físico é caracterizado por variações impressionantes causadas pelos mesmos princípios e os mesmos átomos, que se combinam de formas diferentes para produzir uma rica abundância de resultados. Mas essa diversidade não é aleatória. O nosso mundo está cheio de padrões.

Se você colocar leite no seu chá e mexer rapidamente, verá um redemoinho, uma espiral de dois fluidos girando um ao redor do outro enquanto mal se tocam. Na sua xícara de chá, a espiral dura apenas alguns segundos antes de os dois líquidos se misturarem completamente. Mas isso é o bastante para você vê-la — um pequeno lembrete de que os líquidos se misturam em belos padrões torvelinhantes, e não em fusões instantâneas. O mesmo padrão pode ser visto em outros lugares, e pela mesma razão. Se você observar a Terra do espaço, em

TEMPESTADE NUMA XÍCARA DE CHÁ

várias ocasiões poderá ver redemoinhos muito parecidos nas nuvens, provocados onde o ar quente e o ar frio dançam um ao redor do outro em vez de se misturarem de modo direto. Esses redemoinhos chegam regularmente à Grã-Bretanha, rolando do Ocidente pelo Atlântico, o que é a causa do nosso clima notoriamente instável. Eles se formam na fronteira entre o ar polar frio ao norte e o ar tropical quente ao sul. O ar frio e o ar quente perseguem um ao outro em círculos, e esse padrão pode ser claramente observado em imagens de satélite. Esses redemoinhos são conhecidos como depressões ou ciclones, e experimentamos rápidas mudanças entre vento, chuva e sol com a passagem dos braços das espirais de vento.

Uma tempestade tropical talvez pareça ter muito pouco em comum com uma xícara de chá sendo mexido, mas a semelhança nos padrões é mais do que coincidência. É um indício que aponta para algo mais fundamental. Por trás dessas duas situações está a base sistemática para todas as formações do tipo, base esta descoberta, explorada e testada por experiências rigorosas realizadas por gerações de seres humanos. O processo de descoberta é uma ciência: o refinamento e os testes contínuos da nossa compreensão combinados à exploração que revela mais fatos a serem entendidos.

Às vezes, é fácil identificar um padrão em novos lugares. Já em outros casos, a conexão se mostra mais profunda, então é ainda mais satisfatório quando ela enfim emerge. Por exemplo, você pode achar que escorpiões e ciclistas não têm nada em comum. Mas ambos usam o mesmo truque científico para sobreviver, embora de formas opostas.

Uma noite sem lua no deserto norte-americano é fresca e silenciosa. Descobrir qualquer coisa aqui parece quase impossível, já que o solo é iluminado apenas pelo brilho suave das estrelas. Porém, para encontrar um tesouro em particular, nós nos equipamos com uma lanterna especial e partimos escuridão adentro. A lâmpada desse equipamento precisa produzir uma luz invisível para a nossa espécie: luz ultravioleta,

12

INTRODUÇÃO

ou "luz negra". À medida que o feixe de luz varre o chão, é impossível dizer exatamente para onde ele aponta, já que é invisível. Então vemos um flash, e a escuridão do deserto é cortada por uma alarmada mancha em fuga de um fantasmagórico verde-azulado. É um escorpião.

É assim que os entusiastas encontram escorpiões. Esses aracnídeos pretos têm pigmentos no seu exoesqueleto que absorvem a luz ultravioleta que não conseguimos enxergar e refletem luz negra visível para nós. É uma técnica muito inteligente — a não ser, é claro, que você tenha medo de escorpiões e não a aprecie tanto. O nome desse truque de luz é fluorescência. Acredita-se que o brilho verde-azulado dos escorpiões seja uma adaptação que lhes permite encontrar os melhores esconderijos à noite. A luz ultravioleta está presente o tempo todo, mas à noite, quando o sol acabou de se pôr, a maior parte da luz visível desaparece, restando apenas a ultravioleta. Assim, se estiver exposto, o escorpião vai brilhar, tornando-se fácil de identificar, já que não há muitos outros focos de luz azul ou verde por perto. Se o escorpião não estiver completamente escondido, pode detectar seu próprio brilho, e com isso sabe que precisa se esconder melhor. Trata-se de um sistema de sinalização elegante e eficiente — ou pelo menos era até os humanos com lanternas ultravioleta aparecerem.

Felizmente para os aracnofóbicos, você não precisa estar em um deserto cheio de escorpiões à noite para testemunhar a fluorescência — ela também é muito comum em qualquer manhã nublada na cidade. Pensemos mais uma vez naqueles ciclistas preocupados com a segurança: seus coletes de alta visibilidade são tão claros em relação ao ambiente que parece estranho. Temos a impressão de que eles estão brilhando — e estão mesmo. Em dias cinzentos, as nuvens bloqueiam a luz visível, mas uma grande quantidade de luz ultravioleta continua passando. Os pigmentos dos coletes de alta visibilidade absorvem os raios ultravioleta e refletem luz visível. É exatamente o mesmo truque que os escorpiões usam, mas pela razão oposta. Os ciclistas *querem* brilhar; se

TEMPESTADE NUMA XÍCARA DE CHÁ

eles emitem luz extra, é mais fácil enxergá-los, o que proporciona mais segurança. Esse tipo de fluorescência sai de graça para os humanos; a luz ultravioleta passa despercebida por nós, então não perdemos nada quando a transformamos em algo que podemos usar.

O simples fato de isso acontecer é fascinante, mas o que realmente me encanta é que uma curiosidade da física como essa representa mais que um mero fato interessante: é uma ferramenta que você pode levar consigo e que pode ser útil em qualquer lugar. Nesse caso, o mesmo princípio da física ajuda tanto os escorpiões quanto os ciclistas a sobreviverem. Também faz a água tônica brilhar sob a luz ultravioleta, porque a quinina presente nela é fluorescente. Além disso, é assim que os clareadores de roupas e as canetas marca-texto fazem a sua mágica. Da próxima vez que você vir um parágrafo destacado, lembre-se de que a tinta do marca-texto também está atuando como um detector ultravioleta; mesmo não podendo ver a luz ultravioleta diretamente, você sabe que ela está lá.

Estudei física porque ela explicava coisas que atraíam meu interesse. Ela me permitiu olhar ao redor e identificar os mecanismos dos truques que vemos na nossa rotina. E, principalmente, porque ela me permitiu trabalhar diretamente com alguns deles. Apesar de hoje ser uma física profissional, muito do que descobri sozinha não envolveu laboratórios nem programas complexos de computador ou experiências caras. As descobertas mais gratificantes vieram de coisas aleatórias com que eu estava apenas brincando, em momentos em que, em tese, não estava me dedicando à ciência. Conhecer algumas migalhinhas de física transforma o mundo em uma caixa de brinquedos.

Existe certo esnobismo em relação à ciência que encontramos nas cozinhas, nos jardins e nas ruas. Ela é vista como um passatempo infantil, uma distração trivial de importância para os jovens, mas não tem utilidade para os adultos. Um adulto pode comprar um livro sobre como o universo funciona, o que seria visto como apropriado para sua idade. Mas essa atitude ignora um fato muito importante: a mesma física

INTRODUÇÃO

se aplica em qualquer lugar. Uma torradeira pode lhe ensinar algumas das leis mais fundamentais da física, e a vantagem em se aprender com uma torradeira é que você provavelmente já tem uma, e pode vê-la funcionando ali mesmo na sua frente. A física é incrível precisamente porque os padrões são universais: eles existem tanto na cozinha quanto nos confins do universo. A vantagem de se observar primeiro a torradeira é que, mesmo que você nunca venha a precisar se preocupar com a temperatura do universo, ainda assim saberá por que uma torradeira fica quente. Mas o principal é que, depois de se familiarizar com esse padrão, você irá reconhecê-lo em muitos outros lugares, e alguns desses outros lugares serão as realizações mais impressionantes da sociedade humana. Aprender a ciência do dia a dia é um caminho direto para o conhecimento básico do mundo — algo de que todo cidadão precisa dispor se quiser ter uma participação completa na sociedade.

Você já precisou distinguir um ovo cru de um ovo cozido sem precisar tirar as cascas? Existe um jeito bem fácil de fazer isso. Coloque o ovo em uma superfície dura e lisa e depois rode o ovo. Segundos depois, encoste ligeiramente o dedo na casca, só o suficiente para interromper a rotação. Talvez o ovo fique parado, mas, depois de um ou dois segundos, é possível que comece lentamente a rodar outra vez. Ovos crus e cozidos têm a mesma aparência por fora, mas seus interiores são diferentes, e é isso que entrega o disfarce. Quando tocou no ovo cozido, você parou um objeto sólido inteiro. Mas, quando fez isso com o ovo cru, parou apenas a casca. O líquido no interior continuou girando, e, portanto, depois de um ou dois segundos, a casca voltou a girar, acompanhando o movimento do conteúdo. Se você não acredita em mim, pegue um ovo e experimente. É um princípio da física o fato de que os objetos tendem a conservar o mesmo movimento, a não ser que você os faça parar. Nesse caso, o movimento rotatório da clara do ovo é completamente conservado, pois não tinha motivo para parar. Isso é chamado de conservação do momento angular. E não se aplica somente aos ovos.

TEMPESTADE NUMA XÍCARA DE CHÁ

O telescópio espacial Hubble, um olho orbitante que desliza rapidamente ao redor do nosso planeta desde 1990, tem produzido muitos milhares de imagens espetaculares do cosmos. Ele enviou imagens de Marte, dos anéis de Urano, das estrelas mais antigas da Via Láctea, da maravilhosamente batizada Galáxia do Sombreiro e da gigantesca Nebulosa do Caranguejo. Mas, quando se está flutuando livremente pelo espaço, como você pode permanecer na mesma posição enquanto admira pontos tão minúsculos de luz? Como saber precisamente para que lado está olhando? O Hubble tem seis giroscópios, sendo cada um deles uma roda que gira a 19.200 revoluções por segundo. Graças à conservação do momento angular, as rodas continuam girando nessa frequência porque não há nada que possa reduzi-la. E o eixo de rotação ficará apontado precisamente na mesma direção, pois não há razão para se mover. Os giroscópios dão ao Hubble uma referência de direção, de forma que as lentes possam ficar focadas em um objeto distante pelo tempo necessário. Um simples ovo na sua cozinha pode demonstrar o princípio físico usado para orientar uma das tecnologias mais avançadas que a nossa civilização é capaz de produzir.

É por isso que eu amo a física. Tudo que você aprende pode ser útil em alguma outra situação, e tudo é uma grande aventura, porque você não sabe aonde ela vai levá-lo em seguida. Até onde sabemos, as leis da física que observamos aqui na Terra se aplicam a todo o universo. Muitas das engrenagens do nosso universo estão acessíveis para todos. Você mesmo é capaz de testá-las. O que se pode aprender com um ovo leva a um princípio que se aplica em qualquer lugar. E, da próxima vez que sair de casa com esse novo conhecimento, o mundo vai parecer um lugar diferente.

No passado, a informação era mais valorizada do que hoje. Cada fragmento de informação requeria esforço para ser adquirido, e por isso era algo precioso. Hoje, vivemos às margens de um oceano de conhecimento, um oceano com tsunamis regulares que desafiam a nossa sanidade. Se você consegue levar a vida do jeito que está, por que

INTRODUÇÃO

obter mais conhecimento, e, com isso, mais complicações? Tudo bem, o telescópio espacial Hubble é muito legal, mas, a não ser que possa olhar para baixo vez ou outra à procura das chaves quando você está atrasado para uma reunião, ele faz alguma diferença na sua vida?

Os seres humanos são curiosos em relação ao mundo, e ficamos muito felizes quando satisfazemos a nossa curiosidade. O processo é ainda mais gratificante se você descobre as coisas sozinho, ou se compartilha a jornada da descoberta com outras pessoas. E os princípios físicos que você aprende brincando também se aplicam a novas tecnologias da medicina, ao clima, aos celulares, às roupas autolimpantes e aos reatores nucleares. A vida moderna está cheia de decisões complexas: vale a pena pagar mais por lâmpadas fluorescentes compactas? É seguro dormir com o aparelho celular ao lado da cama? Devo confiar na previsão do tempo? Que diferença faz se os óculos escuros têm lentes polarizadas? Muitas vezes, os princípios básicos por si só não são o bastante para fornecer respostas específicas, mas podem oferecer o contexto necessário para fazermos as perguntas certas. E se estivermos acostumados a entender as coisas sozinhos, não vamos nos sentir perdidos quando a resposta não for óbvia na primeira tentativa. Saberemos que, raciocinando um pouco mais, podemos esclarecer as coisas. O pensamento crítico é essencial para entendermos o nosso mundo, especialmente quando anunciantes comerciais e políticos gabam-se de saber mais do que nós. Precisamos ser capazes de procurar evidências e refletir para decidirmos se concordamos ou não com eles. E há mais do que as nossas vidas diárias em jogo: somos responsáveis pela nossa civilização. Nós votamos, escolhemos o que comprar e como viver, e fazemos parte da jornada humana. Ninguém é capaz de entender cada pequeno detalhe do nosso mundo complexo, mas os princípios básicos são ferramentas incrivelmente valiosas para nos acompanhar ao longo do caminho.

Levando tudo isso em conta, acho que brincar com os brinquedos da física no mundo ao nosso redor é mais do que uma simples diversão, mesmo sendo uma grande fã de fazer isso por diversão. A ciência não se resume a colecionar fatos; é um processo lógico para compreender o que ocorre ao nosso redor. O importante na ciência é que qualquer um pode observar os dados e chegar a uma conclusão fundamentada. A princípio, é possível que essas conclusões sejam divergentes, mas então coletamos mais dados que nos ajudam a decidir entre uma descrição do mundo e outra e, no final das contas, as conclusões convergem. É isso que separa a ciência das outras disciplinas — uma hipótese científica deve fazer previsões específicas que possam ser testadas. Isso significa que, se você tiver alguma ideia sobre como algo funciona, o passo seguinte é definir quais seriam as consequências dessa ideia. Em particular, você precisa procurar consequências que possa checar, e principalmente consequências que possa refutar. Se a sua hipótese passar por todos os testes concebidos, nós cautelosamente concordaremos que esse pode ser um bom modelo para o modo como o mundo funciona. A ciência está sempre tentando provar que está errada, pois esse é o caminho mais rápido para descobrir o que está realmente acontecendo.

Você não precisa ser um cientista qualificado para fazer experiências com o mundo. O conhecimento de alguns princípios básicos da física vai colocá-lo no caminho certo para entender muitas coisas sozinho. Às vezes, você sequer precisa seguir um processo organizado — as peças do quebra-cabeça praticamente encontram seus lugares.

Uma das minhas viagens de descoberta favoritas começou com uma decepção: fiz uma geleia de mirtilo que ficou cor-de-rosa — um tom claro de fúcsia. Isso aconteceu alguns anos atrás, quando eu morava em Rhode Island e estava ajustando os últimos detalhes para voltar para o Reino Unido. Estava quase tudo pronto, mas havia um último projeto que eu queria deixar encaminhado antes. Eu sempre amei mirtilos — eles são um pouco exóticos, deliciosos e azuis de um jeito lindo e bizarro. Na maioria dos lugares onde vivi, eles existiam em quantidades pequenas — o que sempre foi frustrante —, mas em Rhode Island, crescem em

INTRODUÇÃO

abundância. Eu queria transformar parte daquela dádiva do verão em geleia azul e levá-la para o Reino Unido. Então, passei minhas últimas manhãs por lá colhendo e manipulando mirtilos.

A coisa mais importante e excitante a respeito da geleia de mirtilo sem dúvida é o fato de ela ser azul. Bem, pelo menos era o que eu pensava. Mas a natureza tinha outros planos. A panela de geleia borbulhante era qualquer cor, menos azul. Enchi os vidros de geleia, e o gosto estava maravilhoso. Mas isso não evitou a minha decepção, que me acompanhou de volta ao Reino Unido, junto com minha geleia cor-de-rosa.

Seis meses depois, um amigo me pediu para ajudá-lo com uma charada histórica. Ele estava gravando um programa de TV sobre bruxas, e disse que havia registros de "mulheres sábias" que ferviam pétalas de verbena e colocavam o líquido resultante na pele das pessoas para descobrir se estavam enfeitiçadas. Ele se perguntava se elas estavam testando algo sistematicamente, ainda que esse não fosse o objetivo. Fiz uma pequena pesquisa e cheguei à conclusão de que talvez estivessem.

As flores roxas da verbena— assim como o repolho roxo, a laranja sanguínea e muitas outras plantas vermelhas e roxas — contêm compostos químicos chamados antocianinas. As antocianinas são pigmentos que dão às plantas suas colorações fortes. Existem algumas versões diferentes, então a cor varia um pouco, mas todas têm a mesma estrutura molecular. Isso, entretanto, não é tudo. A cor também depende da acidez do líquido em que a molécula se encontra — o chamado "valor do pH". Se você tornar o ambiente um pouco mais ácido ou alcalino, a forma das moléculas muda um pouco, assim como sua cor. Elas são indicadores, a versão da natureza do papel tornassol.

Você pode se divertir muito com isso na cozinha. Primeiro ferva a planta para extrair o pigmento, depois ferva um pouco de repolho roxo e reserve a água (que agora está roxa). Misture um pouco com vinagre, e ela ficará vermelha. Uma solução de sabão em pó (um forte alcalino) a torna amarela ou verde. É possível produzir um arco-íris inteiro apenas com produtos da sua cozinha. Sei disso porque eu mesma testei. Adoro essa descoberta porque essas antocianinas estão em todos os lugares e ao alcance de todos. Você não vai precisar de um kit de química!

Então, sim, talvez essas mulheres inteligentes estivessem usando as flores de verbena para medir o pH, sem nenhuma bruxaria. O pH da sua pele pode variar naturalmente, e aplicar a mistura de verbena na pele poderia produzir cores diferentes de acordo com a pessoa. Eu podia fazer a água de repolho mudar de roxa para azul quando estava suada depois de uma longa corrida, o que não acontecia quando não havia me exercitado. Talvez as mulheres sábias tivessem percebido que pessoas diferentes produziam alterações diferentes nos pigmentos da verbena, e tenham aplicado sua própria interpretação ao fato. Nunca saberemos ao certo, mas me parece uma hipótese razoável.

Chega de história. Acontece que me lembrei dos mirtilos e da geleia. Mirtilos são azuis porque contêm antocianinas. A geleia só tem quatro ingredientes: frutas, açúcar, água e suco de limão. O suco de limão ajuda a pectina natural presente na fruta a fazer seu trabalho na preparação da geleia. Isso acontece porque... o limão é ácido. A minha geleia de mirtilo estava cor-de-rosa porque os mirtilos cozidos estavam atuando como um teste com tornassol do tamanho de uma caçarola. Precisava ser rosa para que a geleia fosse preparada corretamente. A excitação de ter descoberto aquilo quase compensou a decepção de não ter conseguido fazer a geleia azul. Quase. Mas a descoberta de que existe um arco-íris inteiro de cores a ser extraído de apenas uma fruta é o tipo de tesouro que vale o sacrifício.

O objetivo deste livro é conectar as coisinhas que vemos diariamente neste mundão onde vivemos. É muito divertido perceber como brincar com coisas como pipoca, manchas de café e ímãs de geladeira pode lançar luz sobre as expedições de Scott, os exames médicos e a solução das nossas futuras necessidades energéticas. A ciência não é um estudo "deles", mas um estudo "nosso", e podemos partir nessa aventura do

INTRODUÇÃO

nosso próprio modo. Cada capítulo começa com algo pequeno do nosso dia a dia, algo que provavelmente já vimos muitas vezes, mas em que talvez nunca tenhamos pensado. E ao final de cada capítulo, veremos como os mesmos padrões explicam alguns dos temas mais importantes da nossa era na ciência e na tecnologia. Cada pequena jornada será sua própria recompensa, mas o verdadeiro prêmio virá quando as peças do quebra-cabeça estiverem todas encaixadas.

Há ainda outro benefício em sabermos como o nosso mundo funciona, um benefício sobre o qual não ouvimos os cientistas falarem com frequência. Ver o que faz o mundo girar muda a sua perspectiva. O mundo é um mosaico de padrões físicos, e depois que você se familiariza com o básico, começa a ver como esses padrões se encaixam. Espero que, ao longo da leitura, as gotas científicas de cada capítulo se desenvolvam em uma nova forma de enxergar o mundo. O último capítulo é uma exploração de como os padrões se combinam para formar os três sistemas que permitem nossa existência — o corpo humano, o nosso planeta e a nossa civilização. Mas você não precisa concordar com a minha perspectiva. A essência da ciência é experimentar com os princípios por si mesmo, levando em conta todas as evidências disponíveis para chegar às suas próprias conclusões.

A xícara de chá é apenas o início.

Pipoca e foguetes

As leis dos gases

Explosões na cozinha geralmente são consideradas uma má ideia. De vez em quando, no entanto, uma pequena explosão pode produzir algo delicioso. Grãos de milho secos contêm muitos bons componentes alimentares — carboidratos, proteínas, ferro e potássio —, mas eles são densamente compactos e protegidos por uma casca que é uma verdadeira armadura. O potencial é irresistível, só que, para torná-los comestíveis, é preciso uma reorganização radical. Uma explosão é o caminho ideal e, muito convenientemente, essa semente contém as sementes da própria destruição. Ontem à noite, decidi cozinhar algo explosivo e fiz pipoca. É sempre um alívio descobrir que um exterior duro e nada atraente pode ocultar um interior macio — mas por que ele se torna algo fofo em vez de explodir em mil pedacinhos?

Assim que o óleo ficou quente na panela, acrescentei uma colher de grãos, tampei e deixei no fogo durante algum tempo enquanto preparava a chaleira para fazer chá. Lá fora, caía uma tempestade forte, e gotas de chuva imensas batiam na janela. O milho assobiava baixinho no óleo.

23

TEMPESTADE NUMA XÍCARA DE CHÁ

Parecia que nada estava acontecendo, mas dentro da panela o show já havia começado. Cada grão de milho contém o gérmen de uma nova planta mais o endosperma, que é o alimento para a nova planta. O endosperma é composto por amido em grânulos, contendo cerca de 14% de água. Com os grãos no óleo, essa água estava começando a evaporar, transformando-se em uma névoa. Moléculas mais quentes se movimentam mais rápido, de modo que, à medida que cada grão ficava quente, surgiam mais e mais moléculas de água sibilando em forma de vapor. O propósito evolutivo de um grão de milho é suportar os ataques externos, mas ele agora precisava conter uma rebelião interna — e estava atuando como uma minúscula panela de pressão. As moléculas de água que haviam se transformado em vapor estavam presas, sem lugar para escapar, então a pressão interna estava aumentando. Moléculas de gás se chocavam repetidamente entre si e contra as paredes do seu recipiente, e à proporção que o número de moléculas de gás aumentava e mais rápido elas se movimentavam, mais fortes se tornavam os choques contra a parte interna da casca.

As panelas de pressão funcionam assim porque o vapor quente cozinha os alimentos com muita eficácia, e o mesmo acontece dentro do milho de pipoca. Enquanto eu procurava saquinhos de chá, os grânulos de amido estavam sendo cozidos para formar um mingau gelatinoso pressurizado, e a pressão aumentava cada vez mais. O exterior da casca de um grão de milho de pipoca pode suportar a pressão só até certo ponto. Quando a temperatura interna se aproxima dos 180°C e a pressão se torna cerca de dez vezes maior do que a pressão normal do ar ao nosso redor, o mingau vai se aproximando da vitória.

Agitei um pouco a panela e ouvi o primeiro estouro oco ecoar lá dentro; uns dois segundos depois, parecia que uma pequena metralhadora estava sendo disparada dentro da panela, e pude ver a tampa da panela sendo erguida enquanto era impactada por baixo. Cada estouro individual também acompanhava um sopro considerável de vapor pelas bordas da tampa. Eu a deixei por um momento para me servir de uma xícara de chá, e nesses poucos segundos o ataque que estava sendo desferido lá dentro destampou a panela e a explosão de fofura ganhou liberdade.

Em momentos catastróficos, as regras mudam. Até chegar a esse ponto, uma quantidade fixa de vapor de água estava confinada, e a pressão exercida por ela no interior da casca aumentava proporcionalmente à elevação da temperatura. Mas quando a casca dura enfim sucumbiu, seu interior foi exposto à pressão atmosférica do restante da panela e já não havia mais limites para o seu volume. O mingau rico em amido ainda estava cheio de moléculas quentes agitadas, mas não havia nada para contê-lo. Assim, ele se expandiu explosivamente até a pressão interna se igualar à pressão externa. O mingau branco compacto se transformou em uma fofa espuma branca em expansão, virando o grão inteiro pelo avesso e, à medida que esfriava, foi se solidificando. A transformação estava completa.

Ao virar a panela para servir a pipoca, encontrei algumas vítimas de guerra deixadas para trás: grãos de milho queimados que não haviam estourado e ficaram miseravelmente depositados no fundo da panela. Se a casca está danificada, o vapor de água escapa à medida que esquenta e a pressão não aumenta. O motivo pelo qual um milho de pipoca estoura enquanto o mesmo não acontece com outros grãos é que todos esses outros têm cascas porosas. Se um grão é seco demais, talvez por ter sido colhido na hora errada, não há água suficiente dentro dele para produzir a pressão necessária para o rompimento da casca. Sem a intensidade de uma explosão, o milho não se torna comestível.

Levei a tigela de pipocas perfeitas e o chá até a janela e fiquei ali observando a tempestade. A destruição nem sempre é algo ruim.

*

Há beleza na simplicidade. E é ainda mais gratificante quando essa beleza se forma a partir do que é complexo. Para mim, as leis que explicam como os gases se comportam são como uma dessas ilusões de ótica em

TEMPESTADE NUMA XÍCARA DE CHÁ

que pensamos ter visto algo, e, depois de piscar e olhar de novo, visualizamos algo completamente diferente.

Vivemos em um mundo formado de átomos. Cada uma dessas partículas minúsculas de matéria é coberta por um padrão distintivo de elétrons de carga negativa que acompanham o núcleo pesado de carga positiva no seu interior. A química é a história do compartilhamento de deveres entre esses acompanhantes de vários átomos, que mudam de formação, mas sempre obedecem às regras rígidas do mundo quântico, e contêm os núcleos cativos em padrões maiores chamados moléculas. No ar que respiro enquanto digito, há pares de átomos de oxigênio (cada par é uma molécula de oxigênio) movimentando-se a 1.450 quilômetros por hora, chocando-se contra pares de átomos de nitrogênio a 320 quilômetros por hora e talvez ricocheteando uma molécula de água a mais de 1.600 quilômetros por hora. É algo terrivelmente caótico e complicado (átomos diferentes, moléculas diferentes, velocidades diferentes), e cada centímetro cúbico de ar consiste em cerca de 30.000.000.000.000.000.000 (3×10^{19}) moléculas individuais, cada uma colidindo cerca de 1 bilhão de vezes por segundo. Talvez você pense que a melhor forma de encarar tudo isso é desistir enquanto é tempo e optar pela neurocirurgia, pela teoria econômica ou por hackear supercomputadores. Ou seja, qualquer tarefa mais simples. Então, talvez também fosse melhor que os pioneiros que descobriram como os gases se comportam não tivessem ideia de nada disso. A ignorância tem sua utilidade. A noção dos átomos não fazia parte da ciência até o início dos anos 1800, e a prova absoluta da sua existência só surgiu por volta de 1905. Em 1662, tudo de que Robert Boyle e seu assistente Robert Hooke dispunham eram utensílios de vidro, mercúrio, um pouco de ar preso e a dose precisa de ignorância. Eles descobriram que quando a pressão em um bolso de ar aumentava, seu volume diminuía. Eis a Lei de Boyle, e ela diz que a pressão dos gases é inversamente proporcional ao volume. Um século mais tarde, Jacques Charles descobriu que o volume de um gás é diretamente proporcional à sua temperatura. Se você dobrar a temperatura, dobrará o volume. Isso é quase inacreditável. Como tanta complicação atômica pode levar a algo tão simples e consistente?

*

Uma última inspiração de ar, uma calma pancada da cauda gorda, e o gigante deixa a atmosfera para trás. Tudo de que essa baleia cachalote precisa para sobreviver pelos próximos 45 minutos está armazenado em seu corpo, e então a caça começa. O prêmio é uma lula gigante, um monstro borrachudo armado de tentáculos, ventosas perversas e um bico aterrorizante. Para encontrar sua presa, a baleia precisa se aventurar nas profundezas da verdadeira escuridão do oceano, em lugares jamais alcançados pela luz do sol. Os mergulhos de rotina atingem entre 500 metros e 1 quilômetro, e o recorde registrado é de cerca de 2 quilômetros. A baleia explora a escuridão com seu sonar preciso, aguardando o eco fraco que sugere que o jantar pode estar próximo. E a lula gigante flutua inconsciente e despreocupada, pois é surda.

O tesouro mais precioso que a baleia leva consigo escuridão adentro é o oxigênio, necessário para suportar as reações químicas que alimentam os músculos usados no nado e a própria vida da baleia. Mas o oxigênio gasoso fornecido para a atmosfera torna-se um ponto fraco nas profundezas — aliás, assim que a baleia deixa a superfície, o ar em seus pulmões se transforma em um problema. Para cada metro adicional nadado para baixo, o peso de 1 metro extra de água pressiona o seu interior. Moléculas de nitrogênio e oxigênio chocam-se entre si e contra as paredes dos pulmões, e cada colisão provoca um golpe minúsculo de pressão. Na superfície, a pressão interna e a externa estão equilibradas. Mas à medida que o gigante afunda esse equilíbrio vai deixando de existir devido ao peso adicional da água acima, e a pressão externa sobrecarrega a pressão interna. Assim, as paredes

TEMPESTADE NUMA XÍCARA DE CHÁ

dos pulmões se contraem até atingir o equilíbrio, ponto em que as pressões voltam a se igualar. Esse equilíbrio é alcançado porque, com a compressão do pulmão da baleia, cada molécula fica com menos espaço, e as colisões entre elas tornam-se mais comuns. Isso significa que há mais moléculas colidindo em direção ao exterior em cada pedacinho dos pulmões, de modo que a pressão interna aumenta até que as moléculas em colisão passem a competir de igual para igual com as externas. Apenas 10 metros de profundidade na água são suficientes para exercer uma pressão adicional equivalente a uma atmosfera extra inteira. Dessa forma, mesmo a uma profundidade em que ainda conseguiria enxergar facilmente a superfície (se estivesse olhando para lá), os pulmões da baleia sofrem uma redução à metade do volume que tinham. Isso significa que o número de colisões moleculares contra as paredes dobra, igualando-se à pressão duplicada externa. Mas a lula pode estar 1 quilômetro abaixo da superfície, e a essa profundidade a pressão maciça da água produz uma redução dos pulmões a mero 1% do volume que tinham na superfície.

Em algum momento, a baleia ouve o reflexo de um de seus cliques altos. Com pulmões encolhidos e apenas o sonar para guiá-la, ela agora deve se preparar para uma batalha na escuridão. A lula gigante está armada, e mesmo que no final das contas ela termine por sucumbir, a baleia pode acabar com cicatrizes terríveis. Sem oxigênio nos pulmões, como sequer teria energia para brigar?

O problema dos pulmões encolhidos é que, se seu volume é de apenas um centésimo do que era na superfície, a pressão do gás dentro deles será cem vezes maior do que a pressão atmosférica. Nos alvéolos, a parte delicada dos pulmões onde há a troca de oxigênio por dióxido de carbono — um entrando e outro saindo do sangue —, essa pressão levaria tanto o nitrogênio quanto o oxigênio extras a se dissolverem na corrente sanguínea da baleia. O resultado seria um caso extremo do que os mergulhadores chamam de "mal da descompressão", e,

PIPOCA E FOGUETES

quando a baleia retornasse à superfície, o nitrogênio extra formaria bolhas no sangue, provocando todos os tipos de danos. A solução evolutiva da espécie foi fechar os alvéolos completamente a partir do momento em que a baleia deixa a superfície. Não há alternativa. Mas a baleia pode acessar suas reservas energéticas, pois seu sangue e seus músculos são capazes de armazenar uma quantidade extraordinária de oxigênio. Uma baleia cachalote tem duas vezes mais hemoglobina do que os humanos, e cerca de dez vezes mais mioglobina (a proteína usada para armazenar energia nos músculos). Enquanto estava na superfície, a baleia recarregava essas ricas reservas. As cachalotes nunca respiram pelos pulmões quando fazem mergulhos profundos. É perigoso demais. E elas não estão só usando o último fôlego enquanto estão submersas. Elas estão vivendo — e lutando — graças ao adicional armazenado em seus músculos, o depósito reunido enquanto estavam na superfície.

Ninguém jamais assistiu a uma batalha entre uma baleia cachalote e uma lula gigante. Mas os estômagos de cachalotes mortas contêm verdadeiras coleções de bicos de lulas — a única parte que não pode ser digerida. Assim, cada baleia carrega sua própria contagem interna de batalhas vencidas. À medida que uma baleia bem-sucedida nada de volta em direção à luz do sol, seus pulmões inflam gradualmente e se reconectam à corrente sanguínea. Com a diminuição da pressão, o volume volta a aumentar até alcançar seu ponto de partida original.

Curiosamente, a combinação entre um comportamento molecular complexo e a estatística (que não costuma ser associada à simplicidade) produz um resultado relativamente simples na prática. Na verdade, existem muitas moléculas, muitas colisões e muitas velocidades diferentes, mas os dois únicos fatores importantes são o alcance das velocidades em que as moléculas se movimentam e o número médio de vezes que colidem com as paredes do seu recipiente. O número de colisões e a força de cada uma (em virtude da velocidade e da massa da molécula)

TEMPESTADE NUMA XÍCARA DE CHÁ

determinam a pressão. O empurrão provocado por tudo isso comparado ao empurrão externo determina o volume. E então a temperatura tem um efeito levemente diferente.

*

"Quem geralmente estaria preocupado neste momento?" Nosso professor, Adam, está usando uma túnica branca esticada sobre uma barriguinha alegremente protuberante, exatamente o que uma equipe de seleção de elenco exigiria para o papel de um padeiro simpático. O sotaque forte é um bônus. Ele puxa a patética massa na tábua em cima da mesa à sua frente, e ela se agarra à tábua como se estivesse viva — e é claro que está. "O que precisamos para um bom pão", anuncia, "é de ar". Estou em um curso de padaria, aprendendo a preparar focaccia, um pão italiano tradicional. Tenho certeza de que não usava um avental desde os 10 anos de idade. E embora já tenha assado muitos pães, nunca vi uma massa parecida com aquela, então já estou aprendendo alguma coisa.

Seguindo as instruções de Adam, nós obedientemente começamos a preparar a nossa massa do início. Cada um mistura fermento biológico seco com água, e em seguida com farinha e sal, manipulando a massa com um vigor terapêutico para desenvolver o glúten, proteína que dá ao pão sua elasticidade. Enquanto esticamos e rompemos a estrutura física continuamente, a levedura viva presente ali está fermentando açúcares e produzindo dióxido de carbono. Essa massa, exatamente como todas as outras que já fiz, não contém nenhum ar — só muitas bolhas de dióxido de carbono. É um biorreator grudento que pode ser esticado, e os produtos da vida estão presos nele, fazendo-o inchar. Quando finalizamos a primeira etapa, a massa recebe um bom banho de azeite de oliva, e continua aumentando, enquanto limpamos o que ficou nas nossas mãos, na tábua e em uma quantidade surpreendente de objetos ao nosso redor. Cada reação de fermentação individual produz

PIPOCA E FOGUETES

duas moléculas de dióxido de carbono que são expelidas pelo fermento. O dióxido de carbono, ou CO_2 (dois átomos de oxigênio ligados a um átomo de carbono), é uma pequena molécula que não produz reação, e à temperatura ambiente tem energia suficiente para flutuar livre como se fosse um gás. Depois que forma uma bolha com várias outras moléculas de CO_2, ela passa horas brincando de carrinho bate-bate. Cada vez que se choca com outra molécula, é provável que haja certa troca de energia, exatamente como um taco atingindo uma bola de bilhar. Às vezes, uma molécula desacelera e para quase completamente, enquanto a outra absorve toda a energia e parte em alta velocidade. Às vezes, a energia é dividida entre ambas. Cada vez que uma molécula se choca com uma parede rica em glúten da bolha, ela quica de volta e empurra a parede. Neste momento, é isso que faz a bolha crescer — à proporção que cada uma adquire mais moléculas no seu interior, a pressão para fora vai se tornando mais insistente. Então, a bolha expande até que a pressão atmosférica externa se equilibre com a pressão interna das moléculas de CO_2. Às vezes, as moléculas de CO_2 estão viajando rapidamente quando se chocam contra a parede, enquanto em outras viajam lentamente. Os padeiros, como os físicos, não querem saber quais moléculas atingem quais paredes a que velocidade, pois isso é um jogo de estatística. À temperatura ambiente e à pressão atmosférica, 29% delas se locomovem entre 350 e 500 metros por segundo, e não importa quais são.

Adam bate palmas para chamar a nossa atenção, descobrindo a massa em expansão com o floreio de um mágico. E então ele faz algo que é novidade para mim: estica a massa coberta por azeite e a dobra sobre si; uma dobra de cada lado. O objetivo é prender o ar entre as dobras. Minha reação inicial é afirmar mentalmente "isso é trapaça!", porque eu sempre presumira que todo o "ar" presente no pão fosse o CO_2 do fermento. Certa vez, vi um mestre em origami no Japão ensinar com entusiasmo a seus alunos a aplicação correta de fita adesiva transparente em um cavalo de papel, e senti o mesmo ultraje irracional que senti na padaria.

31

TEMPESTADE NUMA XÍCARA DE CHÁ

Mas se você quer ar, por que não usar ar? Depois de cozido, ninguém vai saber. Eu me rendo ao conhecimento do especialista e dobro minha massa, submissa. Duas horas depois, após mais expansões e dobras, e depois da incorporação de mais azeite de oliva do que eu imaginara ser possível, minha focaccia e suas bolhas estão prontas para ir ao forno. Os dois tipos de "ar" estavam prestes a ter seu grande momento.

Dentro do forno, a energia do calor penetrava o pão. A pressão interna ainda era igual à pressão externa, mas a temperatura do pão de repente aumentara de 20 para 250°C. Em unidades absolutas, isso corresponde a um aumento de 293 para 523 na escala Kelvin, quase o dobro da temperatura.[1] Quando se trata de um gás, isso significa que as moléculas aceleraram. Curioso é que nenhuma molécula individual tem sua própria temperatura. Um gás — um aglomerado de moléculas — pode ter uma temperatura, mas o mesmo não se aplica a uma molécula no seu interior. A temperatura do gás é só uma forma de expressar a quantidade de energia proveniente do movimento que as moléculas possuem em média, mas cada molécula individual está constantemente acelerando e desacelerando, trocando sua energia com outras à medida que elas colidem. Qualquer molécula individual está apenas brincando de carrinho bate-bate com a energia que possui no momento. Quanto mais rápido viajam, com mais força se chocam contra as paredes das bolhas, e então maior é a pressão que produzem. Quando o pão foi para o forno, as moléculas do gás de repente ganharam muito mais energia em forma de calor, e então aceleraram. A velocidade média passou de 480 para 660 metros por segundo. Assim, a pressão para fora sobre as paredes da bolha tornou-se muito maior, e o exterior não estava pressionando de volta. Cada bolha se expandia proporcionalmente à temperatura, pressionando a massa para fora e forçando-a a se expandir também. E a questão é que... as bolhas de ar (basicamente nitrogênio

---

[1] Veremos o significado de temperatura absoluta no capítulo 6.

PIPOCA E FOGUETES

e oxigênio) se expandiram exatamente da mesma forma que as bolhas de CO_2. Aí está a última peça do quebra-cabeça. No final das contas, não importa de que sejam as moléculas. Se você dobrar a temperatura, ainda assim, o volume também dobra (isto é, se mantiver a pressão constante). Ou, se mantiver o volume constante e dobrar a temperatura, dobrará a pressão. A complexidade do fato de termos uma combinação de diferentes átomos presentes é irrelevante, pois a estatística é a mesma para qualquer mistura. Ao ver o pão produzido no final, ninguém jamais poderia distinguir quais bolhas haviam sido de CO_2 e quais haviam sido de ar. E então a matriz de proteína e carboidratos ao redor das bolhas cozinhou e se tornou sólida. O tamanho da bolha era fixo. Uma focaccia branquinha e fofinha estava garantida.

O comportamento dos gases é descrito por algo chamado "lei ideal do gás", e o idealismo é justificado pelo fato de que funciona. E funciona de forma espetacular. Essa lei nos diz que, para uma massa constante de gás, a pressão é inversamente proporcional ao volume (se você dobrar a pressão, reduzirá pela metade o volume); a temperatura é diretamente proporcional à pressão (se você dobrar a temperatura, dobrará a pressão); e a uma pressão constante, o volume é diretamente proporcional à temperatura. Não importa qual é o gás, mas apenas quantas moléculas há dele. A lei ideal do gás é o que está por trás do motor de combustão interna, do balão de ar quente e da pipoca. Além disso, ela não se aplica apenas quando as coisas esquentam, mas também quando esfriam.

*

Chegar ao polo sul foi um marco importante da história humana. Os grandes exploradores polares — Amundsen, Scott, Shackleton e outros — são figuras lendárias, e os livros sobre suas realizações e fracassos compreendem algumas das maiores aventuras de todos os tempos. E, como se não bastasse lidar com um frio inimaginável, a escassez de

TEMPESTADE NUMA XÍCARA DE CHÁ

comida, oceanos revoltos e roupas que não aqueciam o suficiente, a poderosa lei ideal do gás estava contra eles, literalmente.

O centro da Antártida é um planalto elevado e seco, coberto por uma camada profunda de gelo, embora quase nunca neve por lá. A clara superfície branca reflete quase toda a fraca luz do sol para o espaço, e as temperaturas podem chegar a 80°C negativos. É silencioso. No nível atômico, a atmosfera aqui é preguiçosa, pois as moléculas do ar têm pouca energia (em virtude do frio) e se movem relativamente devagar. Quando o ar desce sobre o planalto, o gelo rouba o seu calor. O ar frio torna-se ainda mais frio. A pressão é constante, então o ar encolhe em volume e se torna mais denso. As moléculas estão muito próximas, deslocando-se mais lentamente, incapazes de empurrar com força suficiente para competir com o ar ao seu redor, que as pressiona. À medida que o relevo desce, afastando-se do centro do continente em direção ao oceano, o mesmo acontece com o ar, que desliza implacavelmente a partir do centro pela superfície como uma lenta cachoeira. Ele é afunilado pelos vastos vales, ganhando velocidade à medida que os túneis fazem seu caminho descendente, sempre em direção ao oceano. São os ventos catabáticos da Antártida, e se você quiser fazer uma caminhada até o polo sul, eles vão castigar seu rosto por todo o caminho. É difícil pensar em um truque pior da natureza contra aqueles exploradores polares.

"Catabático" é apenas um nome para esse tipo de vento, e pode ser encontrado em muitos lugares, nem sempre sendo frio. Ao descerem, essas moléculas lentas vão se aquecendo, mesmo que só um pouco. No entanto, as consequências desse aquecimento podem ser dramáticas.

Em 2007, eu morava em San Diego e trabalhava no Scripps Institution of Oceanography. Como a boa nortista que sou, não confio em lugares onde sempre faz sol, mas eu podia nadar em uma piscina aberta ao ar livre de 50 metros, então não me queixava muito. E o pôr do sol era incrível. San Diego fica no litoral, e tem uma vista maravilhosa para o oceano Pacífico, com um horizonte simplesmente fantástico à noite.

PIPOCA E FOGUETES

Porém, eu sentia muita falta das estações. Parecia que o tempo nunca passava, era quase como se eu estivesse vivendo em um sonho. Mas então vieram os ventos de Santa Ana, e o tempo foi de ensolarado, quente e alegre para escaldante e seco. Os ventos de Santa Ana ocorrem sempre no outono, quando o ar proveniente dos desertos elevados flutua sobre o litoral da Califórnia em direção ao oceano. Esses ventos também são ventos catabáticos, exatamente como os da Antártida. Mas quando eles chegam ao oceano, o ar litorâneo está muito mais quente do que no planalto. Em um dia memorável, seguia eu pela rodovia I-5 em direção aos grandes vales que afunilam o ar quente para o mar. Havia um rio de nuvens baixas sobre o vale. O rapaz que eu namorava na época estava dirigindo. "Você está sentindo cheiro de fumaça?", perguntei. "Não seja boba", ele respondeu. Contudo, na manhã seguinte, acordei em um mundo estranho. Havia incêndios florestais ao norte de San Diego avançando pelos vales e cinzas no ar. Uma fogueira de acampamento tinha saído de controle por causa do tempo quente e seco, e os ventos estavam soprando o fogo para o litoral. O rio de nuvens era fumaça. As pessoas que tinham ido para o trabalho foram mandadas de volta para casa ou formavam grupos para ouvir o rádio, sem saber se suas residências estavam em segurança. Nós esperamos. O horizonte estava nublado por causa das nuvens cinzentas que podiam ser vistas do espaço, mas o pôr do sol era espetacular. Após três dias, a fumaça começou a levantar. Alguns conhecidos perderam suas casas para as chamas. Tudo tinha uma camada de cinza por cima, e as autoridades sanitárias aconselhavam as pessoas a passarem uma semana sem fazer exercícios ao ar livre.

Lá no planalto, o ar frio do deserto esfriara, tornara-se mais denso e descera, do mesmo jeito que os ventos que castigaram Scott na Antártida. Mas os incêndios florestais começaram porque o ar não apenas estava seco, como também quente. Por que ele ficaria mais quente enquanto descia? De onde vem essa energia? A lei ideal do gás continua se apli-

35

TEMPESTADE NUMA XÍCARA DE CHÁ

cando — estamos falando de uma massa constante de ar que estava avançando tão rápido que não teve tempo de trocar energia com o ambiente. À medida que o fluxo de ar denso descia, a atmosfera na base da encosta o pressionou, pois a pressão lá embaixo era maior. Pressionar algo é uma forma de transferir energia. Podemos imaginar moléculas de ar individuais batendo na parede de um balão que avança em direção a elas. Elas quicam com mais energia do que tinham no início, pois estão quicando em uma superfície em movimento. Assim, o volume do ar nos ventos de Santa Ana diminuiu, pois foi comprimido pela atmosfera ao redor. Essa compressão forneceu energia extra às moléculas de ar em movimento, causando a redução da temperatura do vento. Isso se chama aquecimento adiabático. A cada ano, quando os ventos de Santa Ana chegam, todos os habitantes da Califórnia ficam em estado de alerta contra focos de incêndio a céu aberto. Depois de esse ar quente e seco passar algum tempo roubando a umidade do ambiente, faíscas podem facilmente se transformar em incêndios. E o calor não vem apenas do sol da Califórnia — ele também vem da energia adicional fornecida às moléculas de gás quando elas são comprimidas pelo ar denso mais próximo do oceano. Qualquer coisa que altere a velocidade média das moléculas de ar muda a sua temperatura.

Podemos observar o mesmo fenômeno ao avesso quando espirramos chantilly de uma lata. O ar que sai com o creme se expande de repente e pressiona o que há ao redor, liberando energia e esfriando. É por isso que o botão da lata fica tão frio — o gás que passa por ele perde energia quando alcança a atmosfera. Como resta menos energia, a lata esfria.

A pressão do ar é apenas uma medida da intensidade com que essas moléculas minúsculas se chocam contra a superfície. Geralmente não observamos muito isso porque o choque é o mesmo em todas as direções — se você erguer uma folha de papel, ela não se move, pois é empurrada com a mesma força dos dois lados. Cada um de nós está sendo empurrado pelo ar o tempo todo, e raramente sentimos alguma coisa. Então, levou muito tempo para que as pessoas percebessem o quão fortes são esses empurrões, e quando perceberam, a resposta foi um choque. É fácil nos darmos conta da magnitude dessa descoberta, pois a demonstração foi incomumente memorável. Não é sempre que um importante experimento científico também se torna um espetáculo teatral, mas esse tinha todos os ingredientes para isso: cavalos, suspense, um resultado fantástico e a presença de um Imperador do Sacro Império Romano.

A dificuldade era que, para observar a intensidade da pressão exercida em algo pelo ar, é necessário eliminar todo o ar do outro lado deixando apenas um vácuo. No século IV antes de Cristo, Aristóteles havia declarado que "a natureza abomina o vácuo", e esse ainda era o ponto de vista que prevalecia quase mil anos mais tarde. Criar um vácuo parecia fora de questão. Contudo, em algum momento por volta de 1650, Otto von Guericke inventou a primeira bomba de vácuo. Em vez de escrever um artigo técnico a respeito e desaparecer na obscuridade, ele preferiu o espetáculo para demonstrar sua teoria.[2] O fato de ele ser um político e diplomata conhecido, e de seguir muito bem as regras de sua época, provavelmente ajudou.

No dia 8 de maio de 1654, Fernando III, imperador do Sacro Império Romano e senhor absoluto de grande parte da Europa, juntou-se a seus cortesãos em frente ao Reichstag, na Baviera. Otto apresentou uma esfera oca de 50 centímetros de diâmetro feita de cobre sólido. Ela era dividida no meio por uma superfície mole e reta onde as duas metades se tocavam. Cada metade tinha um laço ligado ao exterior, de forma que as duas cordas podiam ser amarradas e usadas para puxar e separar as duas partes. Ele lubrificou as superfícies planas, uniu os dois lados e usou sua nova bomba de vácuo para remover o ar do interior da esfera. Não havia nada para manter as duas partes

---

[2] Essa substituição não é a forma recomendada de se fazer ciência na atualidade.

TEMPESTADE NUMA XÍCARA DE CHÁ

ligadas, mas depois que o ar foi removido elas se comportaram como se estivessem coladas. Otto percebera que a bomba de vácuo forneceria um meio de observar a intensidade da pressão que a atmosfera podia fazer. Bilhões de moléculas minúsculas de ar estavam se chocando em todos os pontos da esfera, pressionando as metades para uni-las. Mas não havia nada no interior para pressionar na direção contrária.[3] Só seria possível afastar os dois hemisférios puxando com mais força do que o ar estava empurrando.

Em seguida, os cavalos foram reunidos. Um grupo foi amarrado a cada lado da esfera, os dois puxando em sentidos opostos, em um cabo de guerra em escala gigante. Sob os olhares do imperador e do seu cortejo, os animais mediram forças com o ar invisível. A única coisa que segurava a esfera era a força das moléculas de ar que se chocavam com algo do tamanho de uma enorme bola de praia. Mas nem a força de trinta cavalos foi capaz de separar as duas metades. No final, Otto abriu a válvula para deixar o ar entrar na esfera, e então as duas metades se separaram e caíram. Não havia dúvida de quem vencera. A pressão do ar era muito maior do que qualquer pessoa poderia ter suspeitado. Se você remover todo o ar de uma esfera daquele tamanho e pendurá-la no sentido vertical, o empurrão para cima do ar em tese poderia suportar 2 toneladas, o peso de um rinoceronte adulto grande. Isso significa que, se você desenhar um círculo de 50 centímetros de diâmetro no chão, o empurrão do ar apenas sobre esse pequeno pedaço do chão equivale ao peso de um rinoceronte de 2 toneladas. Aquelas moléculas minúsculas invisíveis estão nos atingindo com muita força mesmo. Otto fez essa demonstração inúmeras vezes diante de diferentes plateias, e a esfera ficou conhecida como Hemisférios de Magdeburgo, batizada em homenagem à sua cidade natal.

---

[3] Não sabemos quanto ar a bomba de vácuo de Otto removeu. Certamente, não foi todo o ar, mas sem dúvida foi uma proporção substancial.

PIPOCA E FOGUETES

As experiências de Otto tornaram-se famosas em parte porque outras pessoas escreveram sobre elas. Suas ideias foram introduzidas ao meio científico por intermédio de um livro de Gaspar Schott publicado em 1657. Foi a leitura sobre a bomba de vácuo de Otto que inspirou Robert Boyle e Robert Hooke a fazerem suas experiências com a pressão do gás.

Você pode experimentar uma versão própria, sem necessidade nem dos cavalos nem do imperador. Pegue um pedaço quadrado de papelão grosso e plano que seja grande o bastante para cobrir a boca de um copo. É melhor fazer isso em cima de uma pia, só para garantir. Encha o copo com água até a boca e cubra com o papelão. Pressione o papelão sobre a boca do copo de forma que não sobre nenhum ar entre a superfície da água e o papelão. Em seguida, vire o copo e retire a mão. O papelão, mesmo com todo o peso da água, permanecerá no lugar. Isso acontece porque as moléculas de ar estão atingindo-o por baixo, pressionando o papelão para cima. Esse empurrão é o suficiente para conter a água.

Os golpes das moléculas de ar não são úteis apenas para manter as coisas no lugar. Também podem ser usados para mover as coisas, e os humanos não foram os primeiros a tirarem vantagem disso. Vejamos o caso do elefante, um dos maiores especialistas da Terra na arte de manipular o seu ambiente com o ar.

O elefante-da-savana é um gigante majestoso, em geral encontrado trotando tranquilamente pela savana seca e poeirenta. A vida familiar do elefante gira em torno dos grupos de fêmeas. Uma líder anciã, a matriarca, guia cada manada na busca por alimento e água, lançando mão de sua memória da paisagem para tomar decisões. Mas esses animais não dependem só do seu peso para sobreviver. Os elefantes podem ter um corpo pesado e movimentos desajeitados, mas, para compensar, têm uma das ferramentas mais delicadas e sensíveis do reino animal: a tromba. Enquanto uma família avança, está sempre explorando o mundo por meio desse antigo apêndice, sinalizando, farejando, comendo e urrando.

TEMPESTADE NUMA XÍCARA DE CHÁ

A tromba de um elefante é fascinante em vários aspectos. Ela é uma rede de músculos interligados, capaz de se curvar, pegar e erguer objetos com uma destreza incrível. Se fosse só isso, já seria útil o suficiente, mas fica ainda melhor por causa das narinas que percorrem todo o comprimento da tromba. Essas narinas são canais flexíveis que conectam a ponta da tromba, que aspira o ar, aos pulmões do elefante — e é aqui que a diversão começa de verdade.

Quando a nossa elefanta e sua família se aproximam de um poço, o ar "parado" ao seu redor está golpeando e empurrando como em qualquer outro lugar, batendo contra a sua pele enrugada e cinzenta, contra o solo e contra a superfície da água. A matriarca está um pouco à frente do grupo, abanando a tromba e passando a ponta na superfície da água, produzindo marolas no seu reflexo. Ela mergulha a tromba na água, fecha a boca, e então os músculos imensos do seu peito erguem e expandem sua caixa torácica. À medida que os pulmões se expandem, as moléculas de ar no seu interior se espalham para preencher o novo espaço. Mas isso faz com que lá na ponta da tromba, onde a água fria toca o ar em suas narinas, restem menos moléculas de ar atingindo a água. As que atingem continuam se movimentando rapidamente, mas não há tantas colisões. A consequência é que a pressão dentro dos pulmões diminui. Agora, a atmosfera está vencendo o duelo de golpes entre as moléculas de ar que atingem a água e as moléculas de ar dentro da matriarca. A pressão interna não pode mais competir com a pressão externa, e a água é exatamente o que está no meio da competição. Com isso, a atmosfera empurra o líquido para o interior da tromba da elefanta, pois o que está lá dentro não pode empurrar de volta. Quando a água ocupa parte do espaço adicional, as moléculas de ar no interior se encontram tão próximas quanto estavam no início, e a água não se move mais.

Os elefantes não conseguem beber nada pelas trombas — se tentassem fazer isso, tossiriam da mesma forma que você faria se experimen-

40

tasse beber alguma coisa pelo nariz. Assim, quando a matriarca está com cerca de 8 litros de água retidos na tromba, ela para de expandir a caixa torácica. Enrolando a tromba, ela aponta para a abertura da boca. Em seguida, usa os músculos torácicos para contrair o peito, reduzindo o tamanho dos pulmões. Como as moléculas de ar no interior são comprimidas, a superfície da água que se encontra mais ou menos na metade da tromba passa a ser atingida com mais frequência. A batalha entre o ar interno e o ar externo se inverte, fazendo com que a água seja empurrada para fora da tromba em direção à boca do animal. A nossa matriarca está controlando o volume dos pulmões para ajustar a intensidade com que o ar no seu interior empurra para fora. Se ela fechar a boca, o único espaço onde alguma coisa poderá se movimentar será a sua tromba, e o que quer que esteja na ponta da tromba vai ser empurrado para dentro ou para fora. A tromba e os pulmões de um elefante se combinam para formar uma ferramenta capaz de manipular o ar, de modo que é esse ar, e não o elefante, que promove o empuxo.

Fazemos a mesma coisa quando sugamos uma bebida por um canudo.[4] Ao expandirmos os nossos pulmões, o ar interno se espalha e se torna menos denso. Há um número menor de moléculas de ar empurrando a superfície da água dentro do canudo. Desse modo, a atmosfera que está empurrando o resto da bebida a empurra canudo acima. Chamamos isso de sucção, mas não estamos puxando a bebida. É a atmosfera que a empurra pelo canudo e faz o trabalho para nós. Até mesmo algo pesado como a água pode ser desviado se os golpes das moléculas de ar forem mais fortes de um lado do que do outro.

No entanto, a sucção por uma tromba ou por um canudo tem limites. Quanto maior a diferença de pressão entre as duas extremidades, mais forte será o empurrão. A maior diferença que podemos produzir quando

---

[4] E também quando respiramos. Cada vez que você aspira, o ar entra nos seus pulmões porque a atmosfera o empurra para lá.

sugamos algo, porém, é a diferença entre a pressão atmosférica e zero. Mesmo com uma bomba de vácuo perfeita no lugar dos seus pulmões, você não poderia beber por um canudo vertical de comprimento maior do que 10,2 metros, porque a nossa atmosfera não pode empurrar a água mais alto do que isso. Assim, para explorar toda a capacidade das moléculas de gás de movimentar as coisas, precisamos submetê-las a uma pressão maior. A atmosfera não pode empurrar com muita força, mas se aquecermos outro gás e submetê-lo a uma pressão maior, ele poderá empurrar com mais força. Basta conseguir fazer as minúsculas moléculas de gás atingirem algo com frequência e força suficientes para movermos uma civilização.

Uma locomotiva a vapor é um dragão de ferro, uma besta musculosa respirando e sibilando alto. Há menos de um século, esses dragões estavam em todos os lugares, transportando os produtos da indústria e as necessidades das sociedades de países inteiros, e expandindo o mundo dos seus passageiros. Elas eram comuns, barulhentas e poluentes, mas eram lindas peças da engenharia. Mesmo depois de terem se tornado obsoletos, os dragões não morreram, porque a sociedade não suportaria assistir à sua morte. Eles foram mantidos vivos por voluntários, entusiastas e um profundo afeto. Cresci no norte da Inglaterra, de modo que a minha infância foi permeada por reminiscências da Revolução Industrial: moinhos, canais, fábricas e, mais do que qualquer coisa, vapor. Mas hoje moro em Londres, e é fácil esquecê-lo. Uma viagem com a minha irmã pela ferrovia Bluebell trouxe tudo de volta.

Era um dia frio de inverno, absolutamente perfeito para uma viagem movida a vapor com a promessa de chá e bolinhos na chegada. Não passamos muito tempo na estação de partida, mas quando chegamos a Sheffield Park saímos do trem para um lento, porém contínuo burburinho de atividade. As máquinas estavam sendo constantemente revisadas por enxames diferentes de humanos que se alternavam e pareciam minúsculos ao lado daquelas bestas de ferro. Era fácil identificar os humanos envolvidos com as máquinas: macacões azuis, quepes, expressões alegres, barbas bem aparadas, geralmente recostados a algum canto entre uma tarefa e outra. Como minha irmã observou, a grande maioria parecia se chamar Dave. A beleza de uma locomotiva a vapor é que o princípio por trás dela é incrivelmente simples, mas a força bruta gerada por ela precisa ser avivada, domada e alimentada. Uma locomotiva a vapor e seus humanos formam uma verdadeira equipe.

Ali de pé na plataforma, olhando para uma máquina preta imensa, era difícil compreender que seu coração era basicamente uma fornalha sobre rodas aquecendo uma chaleira gigante. Um dos Daves nos convidou para conhecer a cabine. Subimos a escada logo atrás do motor e nos deparamos com uma gruta cheia de alavancas, mostradores e canos de metal. Também havia duas canecas esmaltadas brancas e um sanduíche enfiados atrás de um dos canos. Mas a melhor coisa na cabine foi que pudemos ver o que havia dentro da barriga da besta. A fornalha gigante no coração da locomotiva a vapor estava cheia de carvão em brasa queimando em um amarelo intenso. O foguista me deu uma pá para alimentá-la, e eu obedientemente a enfiei na pilha de carvão no vagão logo atrás, recolhendo um pouco e colocando na boca brilhante. A máquina é faminta. Em uma viagem de 18 quilômetros, ela queima meia tonelada de carvão. Esses 500 quilos de ouro negro sólido são convertidos em gás — dióxido de carbono e água; e a queima libera quantidades imensas de energia, o que torna esses gases extremamente quentes. Esse é o início da conversão da energia que move o trem.

Quando olhamos para uma locomotiva a vapor, o principal elemento é o longo cilindro do motor propriamente dito, que vai da cabine até a chaminé. Eu nunca havia pensado no que poderia haver lá dentro, mas ele é cheio de tubos. Os tubos transferem o gás quente proveniente da fornalha por intermédio da máquina — e isso é a chaleira. A maior parte do espaço ao redor dos tubos é ocupado por água, uma banheira gigante de líquido fervente e borbulhante. À medida que ela é aquecida pelos tubos, produz vapor, moléculas de ar quente que se movimentam zunindo a altas velocidades no topo da máquina. Essa é a composição

TEMPESTADE NUMA XÍCARA DE CHÁ

básica da locomotiva a vapor: fornalha e chaleira produzindo imensas nuvens de vapor de água quente. Esse dragão não respira fogo, e sim bilhões de moléculas de energia, todas zunindo a velocidades espetaculares, mas presas na máquina. A temperatura do gás é de cerca de 180°C, e a pressão no topo da chaleira é cerca de dez vezes maior do que a pressão atmosférica. As moléculas chocam-se com força contra as paredes da máquina, mas só podem sair depois de terem feito seu trabalho.

Descemos da cabine e fomos até a frente do trem. A máquina imensa, a meia tonelada de carvão, a chaleira gigante e o trabalho humano em equipe estavam todos a serviço do que encontramos: dois cilindros contendo pistões, cada um de mais ou menos 50 centímetros de diâmetro e 70 centímetros de comprimento. É lá na frente, reduzido a proporções minúsculas diante do dragão acima, que o verdadeiro trabalho acontece. O vapor quente de alta pressão entra em um cilindro de cada vez. A pressão atmosférica do outro lado do pistão não consegue competir com as dez atmosferas que o dragão expirou. As moléculas atingem o pistão ao longo do cilindro, e são finalmente liberadas para a atmosfera com um "bufo" de satisfação. É isso que ouvimos quando o familiar "tuff, tuff, tuff" de uma locomotiva a vapor se aproxima. É a liberação do vapor de água cujo trabalho foi concluído para a atmosfera. O pistão movimenta as rodas, que aderem aos trilhos e arrastam os vagões. Sabemos que as locomotivas a vapor precisam de grandes quantidades de carvão para se movimentar, mas quase ninguém fala da água usada a cada viagem. Os 500 quilos de carvão colocados com a pá dentro do motor a cada viagem são usados para converter 4.500 litros de água em gás, e depois esse gás chega ao pistão e se perde na atmosfera a cada "tuff".[5]

---

[5] Se você já se perguntou o que move *Thomas e seus amigos*, saiba que é a água. Ela pode ser armazenada em um vagão separado com o carvão (um vagão de carga) ou em um tanque localizado perto da máquina. Thomas armazena sua água perto da máquina — é por isso que tem o formato retangular. Ele é uma locomotiva-tanque.

PIPOCA E FOGUETES

Por fim, era chegada a hora de deixar a locomotiva e voltar a um dos vagões para a viagem de volta. Essa jornada parecia diferente. As ondas de vapor que passavam sibilando pelas janelas haviam feito sua contribuição para nossa excursão. Em vez de parecer alta e intrusiva, a locomotiva que nos puxava agora parecia relativamente silenciosa e calma considerando o que estava acontecendo no seu interior. Seria maravilhoso se alguém um dia conseguisse construir uma locomotiva a vapor de vidro para que todos pudessem ver a besta em ação.

A revolução do vapor do início dos anos 1800 foi propiciada pelo uso do empurrão das moléculas de gás para coisas úteis. Só precisamos de uma superfície de moléculas de gás batendo em um lado com mais força do que do outro. Esse empurrão poderia abrir a tampa da panela no fogão, ou ser usado para transportar comida, combustível e pessoas, mas parte dos mesmos princípios básicos. Não usamos mais locomotivas a vapor, mas continuamos usando o mesmo empurrão. Uma locomotiva a vapor é tecnicamente um "motor de combustão externa", pois a fornalha é separada da chaleira. No motor de um carro, a queima acontece no cilindro — a gasolina queima logo ao lado do pistão, e é a própria queima que produz gás quente para impulsionar o pistão. Isso é classificado como motor de combustão interna. Todas as vezes que você entra em um carro ou ônibus, está sendo transportado pelo empurrão das moléculas de gás.

É fácil brincar com os efeitos da pressão e do volume, especialmente se você puder achar uma garrafa de gargalo largo e um ovo cozido descascado. O gargalo da garrafa precisa ser só um pouco mais estreito do que o ovo, de forma que ele fique sobre a abertura sem cair. Acenda um pedaço de papel, coloque-o dentro da garrafa, deixe queimar por alguns segundos, e em seguida coloque o ovo no orifício. Algum tempo depois, você verá o ovo escorregar para dentro da garrafa. Isso é um pouco estranho — e também inconveniente, pois agora você não vai mais conseguir tirar o ovo de dentro dela. Porém, há algumas soluções

TEMPESTADE NUMA XÍCARA DE CHÁ

possíveis. Uma delas é virar a garrafa de cabeça para baixo, fazendo o ovo cair no orifício do gargalo, e em seguida ligar uma torneira de água quente para molhar a garrafa. Basta esperar um pouco para que o ovo escorregue para fora.

O segredo aqui é que você tem uma massa de ar constante (no interior da garrafa) e uma forma de dizer se a pressão interna é maior ou menor do que a pressão atmosférica. Se o ovo está bloqueando o gargalo, o volume do gás lá dentro é constante. Se você aumentar a temperatura colocando fogo em alguma coisa, a pressão interna aumenta e o ar sai pelos lados do ovo (caso o ovo esteja no topo da abertura). Quando a garrafa esfria, a pressão interna diminui (já que o volume é constante) e o ovo é empurrado para dentro, pois o empurrão proveniente do exterior agora é maior do que o empurrão proveniente do interior. Você pode fazer o ovo se movimentar simplesmente usando o aquecimento e o resfriamento do ar em um recipiente de volume constante.

A alta pressão na locomotiva a vapor é controlada e estável, ideal para empurrar os pistões e fazer as rodas girarem. Mas isso não é tudo. Por que desperdiçar energia em estágios intermediários entre o gás e as rodas? Por que não simplesmente deixar os gases quentes de alta pressão empurrar seu veículo diretamente para a frente? É assim que armas, canhões e fogos de artifício sempre funcionaram — embora, como todos sabem, os primeiros não fossem nada confiáveis. No início do século XX, contudo, tecnologia e ambição haviam evoluído. Foi então que surgiu o foguete, a forma mais extrema de propulsão direta já inventada.

Foi só depois da Primeira Guerra Mundial que a tecnologia necessária alcançou algum grau de confiabilidade, mas na década de 1930 já podíamos lançar um foguete que provavelmente seguiria a direção certa e não mataria ninguém — pelo menos na maioria das vezes. Como acontece com muitas tecnologias novas, quando os inventores concluíram o foguete, ninguém sabia o que fazer com ele. E do fértil rio da criatividade entusiasta humana veio algo muito novo cujo nome soava muito moderno, mas completamente inútil: o correio via foguete.

Na Europa, o correio via foguete só foi levado a cabo por causa de um homem: Gerhard Zucker. Alguns inventores na época estavam brincando com foguetes, mas Zucker liderou a área com persistência e otimismo incansáveis diante das contínuas decepções. Esse jovem alemão era obcecado por foguetes, e como os militares não demonstraram interesse pelo que estava desenvolvendo, ele voltou seus olhos para o mundo civil em busca de uma desculpa para continuar. Mandar correspondências por foguetes parecia-lhe algo por que o mundo estava implorando — algo rápido, capaz de cruzar os mares e coberto pelo brilho da novidade. Os alemães toleraram suas primeiras experiências (malsucedidas), mas depois decidiram dar um basta, e então Zucker viajou para o Reino Unido. Encontrou amigos e apoio na comunidade colecionadora de selos, que gostou da ideia de um novo tipo de selo para acompanhar um novo tipo de sistema de correspondência. As coisas pareciam promissoras. Depois de um teste em pequena escala em Hampshire, Zucker foi mandado para a Escócia, em julho de 1934, com o intuito de testar seu correio via foguete com o envio entre duas ilhas, Scarp e Harris.

O foguete de Zucker não era particularmente sofisticado. Seu corpo principal consistia em um cilindro grosso de metal com cerca de 1 metro de comprimento. Dentro dele, um tubo estreito de cobre com uma mangueira na ponta estava cheio de pólvora explosiva. O espaço entre o tubo interno e o cilindro externo foi preenchido com cartas, e havia um nariz pontiagudo na frente com uma mola que provavelmente tinha como intuito ajudar a amortecer o pouso. No diagrama da montagem de Zucker, a camada fina entre o explosivo e as cartas altamente inflamáveis foi belamente chamada de "enchimento de asbesto, para evitar danos às correspondências". O foguete foi instalado de lado sobre um suporte inclinado, apontando para cima na diagonal. No momento do lançamento, uma bateria produziria a ignição do explosivo, e a queima

TEMPESTADE NUMA XÍCARA DE CHÁ

liberaria grandes quantidades de gás quente de alta pressão. As moléculas de gás, agora movimentando-se em alta velocidade, quicariam no interior da extremidade frontal do foguete, impulsionando-o para a frente, mas não haveria uma pressão equivalente na extremidade traseira — o gás escaparia pela mangueira para a atmosfera. Esse desequilíbrio entre as pressões poderia impulsionar o foguete para a frente com grande rapidez. A queima explosiva continuaria durante alguns segundos, o suficiente para elevar o foguete a uma altura em que ele pudesse atravessar o canal entre as ilhas. Não parecia haver muita preocupação em relação a como e onde ele pousaria, mas essa era uma das razões para se fazer a experiência em uma localidade escocesa muito remota e cercada pelo mar.

Zucker coletou 1.200 cartas a serem enviadas como parte do teste, cada uma adornada com um selo especial que dizia "Correio Via Foguete das Ilhas Ocidentais". Ele enfiou todas que couberam dentro do foguete e ajustou o suporte diante de uma multidão encantada de habitantes locais e uma câmera primitiva de TV da BBC. Era chegado o momento.

Quando o botão de lançamento foi pressionado, a bateria acendeu o explosivo. A queima rápida gerou a mistura esperada de gases quentes no interior do tubo de cobre, e as moléculas de energia começaram a golpear a dianteira do foguete, fazendo-o deslizar suporte acima em alta velocidade. Entretanto, após apenas dois segundos, ouviu-se um baque alto e surdo, e então o foguete desapareceu por trás de uma nuvem de fumaça. Quando a fumaça se dissipou, centenas de cartas podiam ser vistas descendo lentamente até o chão. O asbesto havia cumprido seu papel, mas o foguete, não. É difícil controlar gases quentes de alta pressão, e as moléculas de energia haviam rompido o invólucro. Zucker culpou o cartucho explosivo, e começou a recolher as cartas e a se preparar para um segundo teste.

Alguns dias depois, as 793 cartas sobreviventes do primeiro lançamento acrescidas de mais 142 novas cartas foram colocadas em um segundo foguete, que foi lançado da outra ilha, Harris, para Scarp.

PIPOCA E FOGUETES

Mas Zucker estava sem sorte. O segundo foguete também explodiu na plataforma de lançamento, e dessa vez o estouro foi ainda mais alto. As cartas que sobreviveram foram recolhidas novamente e enviadas para os destinatários pelo sistema comum de correspondência e com as extremidades chamuscadas como lembrança. A experiência foi abandonada. Nos anos seguintes, Zucker persistiu teimosamente, sempre convencido de que da próxima vez funcionaria. Mas nunca funcionou[6] — ao menos não para o envio de correspondências. Zucker perseverou contra o desconhecido, e é só olhando em retrospecto que podemos perceber que não era o momento certo, nem o lugar certo, nem a ideia certa. Se tivéssemos a combinação desses três fatores, hoje estaríamos celebrando sua genialidade. Mas os foguetes de pequena escala não eram confiáveis nem práticos para o envio de correspondência com mais qualidade e rapidez do que o transporte motorizado e o telégrafo. Por um lado, ele estava certo: o uso de gases quentes de alta pressão como sistema de propulsão tinha um imenso potencial para levar coisas de um ponto A a um ponto B. Mas foram outras pessoas que pegaram esse princípio, encontraram uma aplicação adequada para ele e resolveram problemas práticos até que se tornasse um sucesso. O desenvolvimento de foguetes tornou-se uma exclusividade das forças militares, com os foguetes alemães V1 e V2 saindo na frente e mostrando o caminho para o desenvolvimento de outros durante a Segunda Guerra Mundial, depois do que os programas espaciais civis assumiram.

Hoje em dia, estamos acostumados às imagens de foguetes gigantes levando imensas cargas de pessoas e equipamentos para a Estação Espacial Internacional ou colocando satélites em órbita. Os foguetes

---

[6] A Sociedade Indiana de Correio Aéreo também fez experiências com o correio via foguete por volta da mesma época. Eles promoveram 270 voos, enviando tanto pacotes quanto cartas, mas nunca conseguiram obter um sucesso de longo prazo. No final das contas, o correio via foguete nunca conseguiu competir com os sistemas de entrega de correspondências em solo em termos de confiabilidade e custo.

TEMPESTADE NUMA XÍCARA DE CHÁ

podem parecer assustadoramente poderosos, e os sistemas de controle modernos que agora os tornam seguros e confiáveis são realizações humanas substanciais. Mas o mecanismo básico por trás de cada foguete Saturn V, Soyuz, Arianne e Falcon 9 é o mesmo que foi usado pelo foguete primitivo de Zucker. Se você produzir gás quente de alta pressão em quantidade e velocidade grandes o bastante, pode fazer uso da imensa força cumulativa proveniente de bilhões de moléculas individuais batendo nas coisas. A pressão em voo no primeiro estágio do foguete Soyuz é cerca de sessenta vezes maior do que a pressão atmosférica, então o empurrão é sessenta vezes maior do que o empurrão normal do ar. Mas é exatamente o mesmo tipo de empurrão: são só moléculas batendo em coisas. Grandes quantidades delas colidindo com frequência e velocidade suficientes podem mandar um homem para a Lua. Nunca subestime as coisas que são pequenas demais para serem vistas!

As moléculas de gás estão sempre conosco. A Terra tem uma atmosfera que nos cerca, esbarra em nós, empurra-nos e também nos mantém vivos. O que é maravilhoso na nossa atmosfera é que ela não é estática, mas está constantemente se movimentando e mudando. O ar é invisível aos nossos olhos, mas se pudéssemos enxergá-lo veríamos massas imensas aquecendo e resfriando, expandindo e contraindo, sempre em movimento. O que a nossa atmosfera faz é ditado pelas leis dos gases cuja ação vimos neste capítulo, como acontece a qualquer outro aglomerado de moléculas de gás. Apesar de não estar contida nos pulmões de uma baleia ou em uma locomotiva a vapor, ela também empurra. Porém, como também está cercada por ar, constantemente empurra a si mesma de um lado para outro, reajustando-se de acordo com as condições. Não podemos enxergar os detalhes, mas temos um nome para as consequências: clima.

O melhor lugar para assistir a uma tempestade é em uma vasta planície aberta. Um dia antes, o ar pode estar calmo, e a amplidão azul lá em cima pode parecer infinita. Moléculas de ar invisíveis se aglomeram

PIPOCA E FOGUETES

perto do solo e se espalham para cima, sempre empurrando, causando perturbação, reajustando-se e flutuando. O ar é desviado de regiões de alta pressão para regiões de baixa pressão, reagindo ao aquecimento e ao resfriamento, sempre a caminho de algum outro lugar. Mas os ajustes são lentos e tranquilos, e não há sinal das grandes quantidades de energia transportadas pelas moléculas.

O dia da tempestade amanhece exatamente como o anterior, mas o céu está mais claro, então o solo se aquece mais rápido. As moléculas de ar absorvem parte dessa energia e ganham velocidade. No início da tarde, uma parede densa de nuvens se aproxima e se expande à medida que avança até tomar todo o horizonte. A energia está em movimento. Uma diferença de pressão empurra essa placa arquitetônica gasosa pela planície. O drama é causado pela instabilidade dessa estrutura gigante. Embora as moléculas de ar estejam empurrando com força umas às outras, elas não tiveram tempo de se rearranjar em uma estrutura mais organizada. Além disso, grandes quantidades de energia estão sendo desviadas, o que produz alterações constantes nas condições. O ar aquecido pelo solo empurra em sentido ascendente na direção das nuvens, subindo à força e formando torres que se erguem por sobre a parede.

À medida que as nuvens carregadas dominam o céu sobre nossas cabeças, o azul é substituído na amplidão por uma tampa baixa e escura que cobre a paisagem. No solo, somos encurralados pela batalha que está sendo travada lá em cima. Não conseguimos enxergar as moléculas de ar, mas podemos ver as nuvens agitando-se em ondas. E isso é apenas um pequeno indício da violência que está se desenrolando no seu interior enquanto os aglomerados de ar são esmurrados e golpeados, pois a diferença na pressão é tão grande que o reajuste é um processo rápido e enérgico. Com a troca de energia pelas moléculas de ar, pingos de água são resfriados e aumentam, então as primeiras gotas volumosas de chuva começam a cair. Ventos fortes passam por nós, ao passo que as moléculas de ar se movimentam rapidamente rentes ao nível do solo.

51

TEMPESTADE NUMA XÍCARA DE CHÁ

Grandes nuvens de tempestade servem para nos lembrar de quanta energia há no céu azul. Vemos apenas sinais das colisões e empurrões, e eles parecem extremos — mas não passam de uma noção superficial das verdadeiras colisões e empurrões que ocorrem num nível molecular acima de nossas cabeças. As moléculas de ar podem absorver energia do Sol, perder energia para o oceano, ganhar energia da condensação com a formação das nuvens ou perder energia irradiando-a para o espaço, já que estão constantemente se ajustando de acordo com a lei ideal do gás. O nosso planeta em rotação, com sua superfície sólida e multicolorida, complica os ajustes, e o mesmo pode ser dito das nuvens, das partículas minúsculas e dos gases específicos presentes. Uma previsão do tempo é, na verdade, apenas uma maneira de acompanhar as batalhas que se desenrolam sobre nossas cabeças e identificar aquelas que mais irão nos afetar aqui embaixo. Mas o processo que está na raiz de tudo isso é o mesmo que é usado pelo elefante, por um foguete e pelas locomotivas a vapor. São só as leis dos gases em ação. Os mesmos princípios da física que fazem o milho de pipoca estourar também regem o clima.

2

O que sobe tem que descer

A gravidade

A curiosidade é um mal de família. Nós nos lançamos alegremente à investigação de qualquer novidade que possa surgir, estamos dispostos a experimentar coisas novas e fazemos tudo isso com o maior prazer. Assim, ninguém ficou surpreso quando desapareci na cozinha durante um almoço em família em uma missão subitamente urgente para encontrar uma garrafa de refrigerante de limão e um punhado de uvas-passas. Fazia um lindo dia de verão, e estávamos todos sentados no jardim da minha mãe: minha irmã, minha tia, minha avó e meus pais. Encontrei um daqueles refrigerantes baratos de limão, tirei o rótulo e coloquei a garrafa plástica de 2 litros no centro da mesa. Essa nova maluquice era observada com um interesse silencioso, mas eu já havia chamado a atenção deles, então retirei a tampa e coloquei as uvas-passas na garrafa. O líquido espumou e, quando as bolhas diminuíram, pudemos ver que as passas estavam dançando. Eu havia pensado que isso só seria divertido por um ou dois minutos, mas minha avó e meu pai não conseguiam parar de observá-las. A garrafa

53

TEMPESTADE NUMA XÍCARA DE CHÁ

havia se transformado em uma luminária de lava com passas, que se movimentavam com rapidez entre o fundo e o topo da garrafa, girando loucamente e se chocando.

Um pardal pousou na mesa para pegar algumas migalhas e olhou desconfiado para a garrafa. Meu pai a encarava com o mesmo olhar de desconfiança do outro lado. "Só funciona com uvas-passas?", ele perguntou.

A resposta é sim, e por uma razão muito boa. Antes de tirar a tampa de uma bebida efervescente, a pressão interna é maior do que a pressão atmosférica ao redor, mas a diferença é insignificante. No momento em que você gira a tampa, a pressão interna cai. A água contém muito gás dissolvido nela, que é mantido pela pressão maior, mas de repente todo esse gás pode sair. O problema é que ele precisa de uma rota de saída. Criar uma nova bolha de gás é muito difícil, então as moléculas só podem se unir a uma bolha preexistente. O que elas precisam é de uma uva-passa. Essa fruta é convenientemente coberta por rugas em V que não serão completamente preenchidas pelo refrigerante. No fundo de cada ruga há uma protobolha, uma minúscula bolsa de gás. É por isso que precisamos de uvas-passas, ou de alguma outra coisa pequena com rugas e só um pouquinho mais densa do que a água. O gás sai do refrigerante de limão nessas protobolhas, e cada uva-passa desenvolve um colete salva-vidas, feito de bolhas, que adere a ela. Sozinhas, as passas são mais densas do que a água, então a gravidade puxa-as para o fundo. Contudo, depois de terem ganho algumas bolhas, elas em geral se tornam menos densas e dão início à sua jornada para o topo. Quando chegam ao gargalo, as bolhas que alcançam a superfície estouram, e podemos observar as passas virando à medida que as bolhas de baixo se erguem e estouram também. Como não há mais colete salva-vidas, as passas se tornam mais densas que o refrigerante de limão e afundam. Isso acontece até todo o dióxido de carbono sair do refrigerante de limão.

O QUE SOBE TEM QUE DESCER

Meia hora depois no centro da mesa, a dança frenética das uvas-passas havia sido reduzida a um ocasional passeio até a superfície, e o refrigerante de limão adquirira uma cor amarelada pouco atraente. Sua bela exuberância flutuante fora transformada no que parecia uma amostra gigante de urina com moscas mortas no fundo.

Experimente fazer isso. É uma boa forma de animar uma festa que esteja um pouco entediante, caso você encontre uvas-passas ou groselhas secas entre os petiscos servidos. O segredo é que as bolhas e as passas se tornam um único objeto, movimentando-se como tal. Quando equipamos as passas com bolsas de ar portáteis, seu peso praticamente não aumenta, mas elas começam a ocupar mais espaço. A proporção entre as "coisas" e o espaço preenchido é a densidade, então a combinação de passas com bolhas é menos densa do que as passas sozinhas. A gravidade só pode puxar "coisas", então o que é menos denso é puxado com menos intensidade na direção da Terra. É por isso que alguns objetos flutuam — a flutuação nada mais é do que uma hierarquia gravitacional se organizando. A gravidade puxa líquidos densos para baixo, e quaisquer objetos menos densos no líquido são relegados a flutuar no topo. Dizemos que qualquer coisa menos densa do que um líquido é flutuante.

Espaços preenchidos por ar são muito úteis no controle da densidade relativa — e, portanto, também do empuxo. Como se sabe, uma das características do design do *Titanic* que deveriam torná-lo "impossível de afundar" eram os grandes compartimentos estanques que ocupavam a parte inferior do navio. Eles atuavam como as bolhas nas uvas-passas: bolsas cheias de ar que tornavam o navio mais flutuante, mantendo-o à tona. Quando o *Titanic* precisou deles, esses compartimentos acabaram não sendo estanques, e ao se encherem de água o efeito foi o mesmo que o observado nas últimas poucas bolhas que estouraram na superfície. Assim como a uva-passa sem seu cole-

55

TEMPESTADE NUMA XÍCARA DE CHÁ

te salva-vidas, o *Titanic* não poderia ter tido outro destino que não afundar nas profundezas.[1]

Aceitamos que as coisas afundam e flutuam, mas raramente pensamos na verdadeira causa por trás disso: a gravidade. O teatro das nossas vidas é encenado em um palco dominado por uma força constante que sempre deixa claro o que é "embaixo". Ela é de uma utilidade fantástica — para começar, mantém todas as coisas organizadas ao conservá-las no chão. Mas também é a força mais óbvia a se manipular. Forças são estranhas — não podemos vê-las, e pode ser difícil saber o que farão. Mas a gravidade está sempre presente, com a mesma intensidade (ao menos na superfície da Terra) e apontando no mesmo sentido. Se você quiser brincar com as forças, a gravidade é um ótimo lugar para começar. E qual seria uma maneira melhor de começar a brincar do que cair?

O salto ornamental de trampolim e plataforma encontra-se em algum lugar na escala entre a total liberdade e a absoluta loucura. No momento em que você salta, está completamente livre da sensação da gravidade. Não que ela desapareça, mas nos entregamos a ela completamente, então não resta nenhum tipo de pressão sobre nós. Você pode girar como um corpo teoricamente livre, como se estivesse flutuando no espaço, e isso é incrivelmente libertador. Mas o que chamamos de queda livre não existe, e o problema vem mais ou menos um segundo depois, quando você atinge a superfície da água. Há duas formas de lidar com isso: ou você abre um pequeno túnel na água com as mãos ou pés, organizando-se de modo que o restante do seu corpo deslize graciosamente pelo túnel e minimizando os respingos; ou pode deixar que seus braços e pernas, a barriga ou as costas, cada um produza

---

[1] Por coincidência, a relação entre a distância que o *Titanic* percorreu ao afundar (14 vezes o seu comprimento) é igual à relação entre o tamanho de uma uva-passa e a distância que ela afunda em uma garrafa de 2 litros. Uma uva-passa grande tem cerca de 2 centímetros de comprimento, enquanto a garrafa tem 30 centímetros de profundidade; o *Titanic* tinha 269 metros de comprimento e afundou em águas de 3.784 metros de profundidade.

seu próprio impacto, espalhando uma grande quantidade de água. A segunda opção é dolorosa.

Quando tinha 20 e poucos anos, pratiquei por algum tempo saltos ornamentais e fui técnica de salto de trampolim, mas eu detestava mergulhar de plataformas. Os trampolins são os que balançam, e ficam de 1 a 3 metros acima da piscina. É como saltar em uma cama elástica, mas com um pouso mais suave. As plataformas são estruturas sólidas bem mais altas, com 5, 7,5 e 10 metros. A piscina em que eu treinava tinha apenas uma plataforma de 5 metros, mas eu fazia tudo que podia para evitá-la.

Lá em cima, na plataforma de 5 metros, a água parecia muito distante. Havia sempre um pequeno fluxo de bolhas vindo lá de baixo para podermos ver onde ficava a superfície da água, mesmo quando a piscina estava completamente estática. O salto mais básico para aquecer é o "de frente", que é exatamente o que parece. De pé na extremidade da tábua, você se inclina para a frente, formando um "L" com os braços unidos acima da cabeça e mantendo o corpo reto na frente da curvatura dos quadris. A situação se torna um pouco mais assustadora a partir daí, porque sua cabeça fica mais perto da água, mas não muito. Então você fica na ponta dos dedos e se rende. De uma hora para outra, está livre. Tudo que há são você e um planeta com uma massa de 6 milhões de bilhões de bilhões de quilos, ligados apenas por uma coisa chamada gravidade, e as leis do universo fazem com que ambos puxem um ao outro.

A gravidade, como qualquer outra coisa, altera sua velocidade — ela o acelera. Isso é uma consequência da famosa Segunda Lei de Newton,[2] que afirma que qualquer força resultante que atua sobre você altera a sua velocidade. Antes de pular de uma plataforma, você está parado, e então começa a mover-se lentamente. O que é interessante na acele-

---

[2] Geralmente escrita como: força resultante = massa x aceleração, ou $F = ma$.

TEMPESTADE NUMA XÍCARA DE CHÁ

ração é que ela é medida em unidades de mudança de velocidade por segundo. A princípio, você está só começando, então leva um tempo relativamente longo (0,45 segundo) para cair o primeiro metro. Mas depois passa muito mais rápido pelo segundo, e então há menos tempo para acelerá-lo. Após o primeiro metro, sua velocidade é de 4,2 metros por segundo; ao fim do segundo metro, ela é de 6,2 metros por segundo.

Assim, você passa a maior parte do tempo durante um mergulho no pior lugar — bem acima da água. Na primeira metade do tempo que passa no ar em um salto de 5 metros, você cai só 1,22 metro. Depois disso, tudo acontece muito rápido. Leva um segundo para a queda de 5 metros, e ao final você está viajando a 9,9 metros por segundo. Você endireita seu corpo de modo a que fique reto, estica as mãos em direção à água, e torce para conseguir fazer uma entrada sem respingos.

Quando as competições começavam, os outros membros da equipe aproveitavam ansiosamente a oportunidade para saltar de plataformas mais altas em qualquer piscina que estivéssemos visitando. Eu, não. Para mim, mais tempo no ar significava mais tempo para as coisas darem errado. Mas isso nunca teve muita lógica, porque você viaja tão rápido que a distância extra para a queda não o acelera muito. Leva um segundo para cair 5 metros, mas somente 1,4 segundo para cair 10 metros. E você só está caindo 40% mais rápido, embora a distância seja duas vezes maior. Eu sabia disso. Mas pratiquei o esporte durante cerca de quatro anos, e nunca saltei de uma plataforma mais alta do que 5 metros. Não tenho medo de altura. Só tenho medo de impactos. Quanto mais tempo a gravidade tiver para me acelerar, menos agradável provavelmente será a fase de desaceleração. Até mesmo deixar o seu celular cair serve para lembrar que nem sempre é uma boa ideia permitir que a gravidade assuma o controle. Uma distância adicional para a queda oferece a oportunidade para mais velocidade... exceto quando isso não acontece.

Na Terra, há um limite para a ação da gravidade. Isso porque você só é acelerado pela força geral que atua sobre você, a chamada força

O QUE SOBE TEM QUE DESCER

resultante. À medida que acelera, você precisa empurrar mais ar para fora do seu caminho em qualquer determinado período de tempo, e esse ar empurra de volta, efetivamente reduzindo a força da gravidade, pois pressiona na direção oposta. Em algum momento, essas duas coisas entram em equilíbrio, e você passa a viajar na sua velocidade terminal, incapaz de se deslocar mais rápido. Para as folhas, os balões e os paraquedas, a força do ar que empurra de volta é muito grande em comparação à força maligna da gravidade, então o equilíbrio entre as forças é alcançado a uma velocidade relativamente menor. Para um ser humano, por outro lado, a velocidade terminal perto do chão é de cerca de 190 quilômetros por hora. Infelizmente, para qualquer ser humano em queda livre, a resistência do ar é irrelevante até você alcançar velocidades muito altas. E sem dúvida não empurra de volta com força o bastante para me deixar segura em relação à perspectiva de pular de uma plataforma de 10 metros — mesmo hoje.

*

Minhas pesquisas científicas giram em torno da física da superfície do oceano. Sou experimentalista, então parte do meu trabalho é ir até o oceano e medir o que acontece na bela e caótica fronteira entre o ar e o mar. Isso requer que eu passe semanas trabalhando em um navio de pesquisa, uma vila científica móvel, funcional e flutuante. O problema de morar em um navio é que você precisa viver com uma gravidade que basicamente deu errado. "Para baixo" torna-se um conceito incerto. As coisas podem cair à mesma velocidade e na mesma direção que cairiam se você as tivesse derrubado em terra, ou não. Se virmos um objeto solto sobre uma mesa, a tendência é observá-lo com suspeita, pois não há garantia de que ele ficará no mesmo lugar. A vida no mar é cheia de extensores elásticos com gancho, barbantes, cordas, tapetes aderentes, gavetas fechadas — qualquer coisa que ajude a manter uma

TEMPESTADE NUMA XÍCARA DE CHÁ

rotina organizada quando há uma força inconstante puxando as coisas em direções imprevisíveis, como um *poltergeist* científico. Meu tópico de pesquisa especificamente são as bolhas produzidas pela rebentação das ondas durante tempestades, e por isso passei meses vivendo no mar em condições bem complicadas. Na verdade, eu até que gosto — é possível se adaptar muito rapidamente —, mas é uma boa lição de como subestimamos a gravidade. Em um navio de pesquisa no oceano Antártico, o comissário de bordo costumava levar os mais irracionalmente entusiasmados do grupo para um circuito de treinamento três vezes por semana. Nós nos reuníamos no porão — um espaço de ferro com muito eco nas entranhas do navio — e obedientemente passávamos uma hora pulando, levantando pesos e saltando. Provavelmente foi o circuito de treinamento mais eficaz que já fiz, porque nunca podíamos prever a que força teríamos de resistir. Os primeiros abdominais podiam ser ridiculamente fáceis se o navio estivesse oscilando para baixo, o que tinha o efeito de reduzir a gravidade. Você começava a se sentir muito bem, mas então o verdadeiro teste chegava e o navio alcançava o ponto inferior do vale da onda. Nesse momento, a gravidade ficava 50% mais forte, e de repente parecia que os músculos do seu estômago precisavam lutar contra tiras elásticas puxando-o para o chão. Mais quatro abdominais, e a gravidade desaparecia outra vez... Qualquer coisa que envolvesse saltos era ainda pior, porque você nunca sabia ao certo onde estava o chão. E depois, no banho, precisávamos perseguir o fluxo de água no cubículo do chuveiro, já que a oscilação do navio tornava impossível prever onde ela cairia.

É claro que não havia nada de errado com a gravidade. Tudo naquele navio estava sendo puxado para o centro da Terra com a mesma força. Mas quando sente a força da gravidade, você está resistindo a uma aceleração. Se o ambiente à sua volta está acelerando aleatoriamente à medida que a lata gigante onde você está morando é jogada de um lado para outro pela natureza, seu corpo não consegue diferenciar a aceleração gravitacional de qualquer outra aceleração que possa estar atuando sobre você. Então você experimenta a "gravidade efetiva", que é a sua sensação geral, sem se preocupar de onde ela está vindo. É por isso que aquela sensação estranha que temos em um elevador só ocorre no início e no final da viagem, quando o elevador está acelerando para alcançar sua velocidade máxima ou desacelerando (uma aceleração negativa) para parar. Seu corpo não consegue diferenciar a aceleração do elevador da aceleração da gravidade,[3] então você experimenta uma redução ou um aumento da "gravidade efetiva". Por uma fração de segundo, você pode sentir como provavelmente seria viver em um planeta com um campo de gravidade diferente.

Felizmente para nós, estamos totalmente livres dessas complicações durante a maior parte do tempo. A gravidade é constante e aponta para o centro da Terra. "Para baixo" é o sentido em que as coisas caem. Até as plantas sabem disso.

Minha mãe é uma jardineira dedicada. Assim, durante a minha infância, tive muitas oportunidades de plantar sementes, arrancar ervas daninhas, torcer o nariz com nojo de lesmas e revirar montes de estrume. Lembro-me de ficar fascinada com as mudas, porque elas claramente sabiam diferenciar o sentido para baixo do sentido para cima. Na escuridão do subsolo, a casca da semente se abria e novas raízes rastejavam para baixo, enquanto um broto explorava lá em cima. Eu podia puxar uma nova muda e ver que não houvera nenhuma hesitação nessa exploração. As raízes desciam diretamente, enquanto o broto fazia o sentido inverso. Como elas podiam adivinhar? Quando fiquei

---

[3] Caso você já tenha se perguntado do que trata realmente a Relatividade Geral, ela se baseia nessa percepção. Se você se encontra em um elevador fechado — não importa que esteja parado, brincando de pique-pega ou fazendo abdominais —, não consegue diferenciar as forças provenientes da "gravidade" das forças produzidas pela aceleração do elevador. Einstein percebeu que há uma maneira de observar o que a matéria faz com o espaço que mostra que essas forças são indistinguíveis pelo fato de na realidade serem a mesma coisa.

TEMPESTADE NUMA XÍCARA DE CHÁ

um pouco mais velha, descobri a resposta, que é de uma simplicidade deliciosa. Acontece que, dentro da semente, há células especializadas denominadas estatocistos, que são miniglobos de neve vegetais. Dentro de cada uma há grãos de amido especializados que são mais densos do que o restante da célula e que se depositam na parte inferior delas. Redes proteicas podem sentir onde eles estão, permitindo que a semente, e mais tarde a planta, saiba exatamente qual é o sentido para cima. Da próxima vez que plantar uma semente, vire-a de cabeça para baixo e pense no miniglobo de neve lá dentro, e então plante onde quiser, pois a planta é capaz de resolver a charada.

A gravidade é uma ferramenta fantástica. Prumos e níveis são baratos e precisos. "Para baixo" é um conceito universalmente acessível. Mas se tudo puxa tudo, o que dizer da montanha que posso ver à distância? Ela não me puxa? O que há de tão especial no centro do planeta?

Eu adoro litorais por mil motivos (ondas, bolhas, pôr do sol e brisa do mar), mas o que mais amo é a sensação libertadora e agradável de contemplar a vastidão do mar. Quando morava na Califórnia, dividi uma casinha minúscula que ficava muito perto da praia, tão perto que podíamos ouvir as ondas à noite. Havia uma laranjeira no quintal e uma varanda para vermos o mundo girar. O maior luxo ao final de um dia agitado era caminhar até o fim da estrada, sentar nas pedras desgastadas e lisas, e olhar para o oceano Pacífico. Quando eu fazia esse tipo de coisa na Inglaterra durante a infância, estava só procurando peixes, pássaros ou ondas grandes. Mas quando observava o oceano em San Diego, eu imaginava o planeta. O Pacífico é imenso — ocupa um terço inteiro da circunferência da Terra no equador. Observando o sol se pôr sobre ele, eu podia imaginar a bola rochosa gigante onde morava, o Alasca e o Ártico distantes à minha direita, ao norte, e toda a extensão dos Andes, que iam até a Antártida à minha esquerda, ao sul. Eu quase ficava tonta observando tudo mentalmente. E, certa vez, ocorreu-me que eu estava diretamente sentindo todos aqueles lugares.

O QUE SOBE TEM QUE DESCER

Cada um estava me puxando, e eu também os puxava. Cada unidade de massa puxa as outras. A gravidade é uma força muito fraca — até uma criancinha pode gerar a força necessária para resistir à atração gravitacional de um planeta inteiro. Não obstante, cada uma dessas diminutas forças de atração continua ali. Juntas, um número incontável de forças minúsculas de atração combinam-se para formar uma única força: a gravidade que experimentamos.

Esse foi o passo dado pelo grande cientista Isaac Newton quando publicou sua Lei da Gravitação Universal em *Philosophiae naturalis principia mathematica* — o famoso *Principia* —, em 1687. Usando a regra de que a força gravitacional entre duas coisas é inversamente proporcional ao quadrado da distância que as separa, ele mostrou que, se somássemos a força de atração de cada pedacinho de um planeta, grande parte dessas forças se anulavam, e o resultado era uma única força para baixo, puxando em direção ao centro do planeta e proporcional à massa da Terra e à massa do objeto sendo puxado. Uma montanha duas vezes mais distante vai puxar você com apenas um quarto da força. Assim, objetos distantes têm menos importância para nós. Mas ainda contam. Sentada ali, contemplando o pôr do sol, eu estava sendo puxada na posição horizontal para o norte e um pouco para baixo pelo Alasca, e na posição horizontal para o sul e um pouco para baixo pelos Andes. Mas as forças de atração do norte e do sul se anulavam, e o que restava era a força de atração para baixo.

Assim, embora estejamos sendo puxados (agora mesmo) pelo Himalaia, pela Ópera de Sydney, pelo núcleo da Terra e por muitas lesmas marinhas, não precisamos saber os detalhes. As complexidades se resolvem por si só, e nos deixam apenas uma ferramenta simples. Para prever a força de atração que a Terra exerce sobre mim, só preciso saber qual é a distância até o centro dela e conhecer a massa do planeta. A beleza da teoria de Newton é que era simples, elegante e funcionava.

TEMPESTADE NUMA XÍCARA DE CHÁ

Contudo, as forças não deixam de ser esquisitas. Apesar da sua genialidade, a explicação de Isaac Newton da gravidade apresentava uma grande falha: não havia um mecanismo. É muito simples afirmar que a Terra está puxando uma maçã,[4] mas o que está por trás dessa força de atração? Seriam cordas invisíveis? Isso só seria esclarecido satisfatoriamente quando Einstein criou a Teoria da Relatividade Geral. Antes, porém, por 230 anos, o modelo de Newton da gravidade foi aceito (e continua sendo amplamente utilizado na atualidade) porque funcionava muito bem.

Não podemos ver as forças, mas quase todas as cozinhas contêm um dispositivo para medi-las. Isso porque precisamos de algo importante para cozinhar (e especialmente para assar) que nenhum livro chique de receita menciona. Esse dispositivo se torna necessário porque as quantidades fazem a diferença: você precisa medir "coisas", e precisa medi-las com precisão. O ingrediente crítico omitido que permite que você faça isso é simples: alguma coisa (qualquer coisa) do tamanho de um planeta. Felizmente para todo fã de bolinho de Eccles, pão de ló vitoriano e petit gâteau, estamos bem em cima de um.

Tenho um caderno de receitas escrito à mão que venho ampliando desde os meus 8 anos, e adoro poder retornar às receitas da minha infância. Bolo de cenoura é uma delas, escrita em uma página manchada pelo tempo. A receita começa com a instrução de pegar 200 gramas de farinha de trigo. Então, o cozinheiro faz algo muito inteligente que todos nós subestimamos. Ele coloca um pouco de farinha em uma tigela e mede diretamente o quanto a Terra a puxa. É isso que as balanças fazem. Você coloca-as na lacuna entre o imenso planeta e a minúscula tigela, e então mede a compressão. A atração entre o objeto e o nosso planeta é diretamente proporcional tanto à massa do objeto quanto à da Terra. Como a massa da Terra não se altera, a atração depende apenas

---

[4] Sim, eu sei que a história é apócrifa, mas o fato continua sendo verdadeiro!

O QUE SOBE TEM QUE DESCER

da massa da farinha que caiu na tigela. As balanças medem o peso, que é a força entre a farinha e o planeta. Mas o peso é apenas a massa da farinha multiplicada pela força da gravidade, que é uma constante nas nossas cozinhas. Assim, se você mede o peso e conhece a força da gravidade, pode descobrir a massa da farinha na tigela. Em seguida, precisará de 100 gramas de manteiga, que deve colocar na tigela até que a força de compressão seja igual à metade da anterior. Essa é uma técnica incrivelmente útil e muito simples para descobrirmos quanto de uma coisa temos, e funciona para todo mundo no planeta. Objetos pesados são pesados apenas porque contêm mais matéria, então a Terra puxa-os com mais força. Nada é pesado no espaço porque a gravidade local é fraca demais para exercer uma atração perceptível sobre as coisas, a não ser que você esteja muito perto de um planeta ou estrela.

Mas o que aquelas balanças de cozinha estão realmente dizendo é que a gravidade — a importante força que segura o nosso planeta e o nosso sistema solar, e domina a nossa civilização — é incrivelmente fraquinha. A Terra tem uma massa de 6×10^{24} quilos (6 mil bilhões de bilhões de toneladas, se você preferir essa unidade), e só pode puxar a sua tigela de farinha com a força de um elástico pequeno. E que bom que é assim, pois de outra forma a vida não seria possível. Mas o fato é que isso nos faz olhar as coisas de uma perspectiva diferente. Todas as vezes que você pega um objeto, está resistindo à atração gravitacional do planeta inteiro. O sistema solar é grande porque a gravidade é fraca. A gravidade, contudo, possui uma vantagem considerável sobre todas as forças fundamentais: o seu alcance. Ela pode ser fraca, e até ficar ainda mais fraca quando você se afasta da Terra, mas se estende às vastas distâncias espaciais, atraindo outros planetas, sóis e galáxias. Cada força de atração é minúscula, mas é esse frágil campo de força que determina a estrutura do nosso universo.

Por outro lado, até mesmo segurar o bolo de cenoura pronto requer certo esforço. Quando ele está sobre a mesa, sua superfície puxa o bolo

TEMPESTADE NUMA XÍCARA DE CHÁ

para cima apenas o suficiente para compensar a força de atração entre o bolo e o planeta. Para pegá-lo, você precisa aplicar a mesma força acrescida de um pouquinho mais — só o bastante para que a força geral exercida sobre o bolo o puxe para cima. Nossas vidas não são controladas pelas forças individuais atuantes sobre nós, quaisquer que elas sejam, mas sim com base no que resta em equilíbrio. E isso simplifica muito as coisas. Forças maciças podem se tornar irrelevantes se forem opostas a outras forças maciças. O ponto de partida mais simples para começar a pensar sobre isso são os objetos sólidos, pois eles mantêm sua própria forma enquanto são puxados. E a Tower Bridge, Londres, é bem sólida.

A gravidade pode atrapalhar, porque de vez em quando você quer manter as coisas no ar. Para fazer isso, precisa resistir à atração para baixo. Caso contrário, tudo cairia no chão. Os líquidos fluem para baixo, o que é uma característica natural. No caso dos sólidos, as coisas são diferentes. Um único conceito, o do eixo, permite neutralizarmos a gravidade colocando objetos estupidamente pesados de um lado de uma gangorra. A misteriosa segunda metade em geral fica inteligentemente escondida, e não existe um exemplo melhor disso do que as duas graciosas torres da Tower Bridge. Construída sobre duas ilhas feitas pelo homem, cada uma a um terço de distância das margens do Tâmisa, essas torres guardam a entrada de Londres pelo mar e sustentam a estrada que liga o norte ao sul da cidade.

O passeio é um aglomerado barulhento de turistas fazendo poses para as câmeras, enquanto os táxis de Londres, os vendedores de lembrancinhas, as barracas de café, os passeadores de cães e os ônibus seguem com sua rotina ao fundo. Nosso guia turístico segue nos conduzindo em meio ao caos, e nós o acompanhamos como uma fila de patinhos obedientes. Ele abre um portão de ferro na base de uma das torres, nos orienta a entrar em uma espécie de cabana de luxo feita de pedra, e de repente tudo fica calmo. Quase pode-se ouvir um suspiro

O QUE SOBE TEM QUE DESCER

de alívio quando seu grupo se dá conta de que sobreviveu ao corredor polonês de turistas e alcançou a recompensa: os mostradores de metal, alavancas gigantes e válvulas de aparência robusta e reconfortante da sólida engenharia vitoriana. O belo e delicado exterior de conto de fadas da Tower Bridge é mundialmente famoso, mas estamos aqui para ver o que se esconde no seu interior: as gigantescas entranhas de aço dessa elegante e poderosa besta.

Londres tem sido um porto por mil anos, e o bom de termos uma cidade sobre um rio é que isso nos dá duas margens para brincarmos, e não apenas uma faixa litorânea. Mas o Tâmisa é ao mesmo tempo uma via crucial para qualquer coisa que flutue e um obstáculo gigante para qualquer coisa que ande ou role. Várias pontes surgiram e desapareceram ao longo dos séculos, e na década de 1870 a cidade clamava por outra. O problema era: como satisfazer os carroceiros sem bloquear o rio para os grandes navios? A engenhosa solução foi a Tower Bridge.

A pequena cabana de pedra fica no topo de uma escada em espiral que desce para uma série de grutas de tijolos improvavelmente grandes, ocultas no interior da torre. É como o guarda-roupa que leva a Nárnia, exceto pelo fato de que esta é a Nárnia dos engenheiros. A primeira gruta contém as bombas hidráulicas originais, e a gruta seguinte (muito maior) é quase completamente tomada por um monstro de madeira: um barril da altura de dois andares que antes servia como dispositivo de armazenamento temporário de energia — uma bateria sem eletricidade. Mas meu interesse ali é a terceira e maior das grutas: a câmara que abriga o contrapeso.

A estrada entre as duas torres se divide em duas metades separadas. Cerca de mil vezes por ano, um navio ou barco passa pela ponte e o tráfego é interrompido. Cada metade da pista é erguida, e de cada lado do eixo, nessa câmara escura sob a torre, a metade escondida da ponte desce. Olho para cima por baixo da gangorra e pergunto o que há exatamente sobre nossas cabeças. Glen, nosso guia, explica animadamente: "Ah, tem

67

TEMPESTADE NUMA XÍCARA DE CHÁ

umas 460 toneladas de lingotes de chumbo e pedaços de ferro-gusa lá em cima", ele responde. "Eles estão soltos e se chocam — você pode ouvir quando a ponte é aberta. Quando eles mudam qualquer coisa na ponte, geralmente retiram ou acrescentam mais um pouco para que ela permaneça perfeitamente equilibrada." Aparentemente, estamos bem embaixo do maior saco de sementes do mundo.

O segredo é o equilíbrio. Nada levanta a ponte. Tudo que aquelas engrenagens fazem é incliná-la um pouco — o que está de um lado do eixo tem seu peso compensado com exatidão pelo que fica do outro lado. Isso significa que é necessária pouquíssima energia para movê-la — só o suficiente para superar a fricção dos mancais. O problema da gravidade desaparece, pois a força de atração para baixo de um lado é exatamente compensada pela força de atração para baixo do outro. Não podemos vencer a gravidade, mas podemos usá-la contra si mesma. E você pode fazer gangorras do tamanho que quiser, como descobriram os vitorianos.

Depois da excursão, quando me afastava às margens do rio, virei para olhar para a ponte. O modo como a via fora completamente transformada, e eu simplesmente amava o fato de estar vendo-a de forma diferente. Os vitorianos não tinham o recurso da eletricidade, computadores para controlar as coisas ou novos materiais sofisticados como o plástico ou o concreto reforçado. Mas eram os mestres dos princípios básicos da física, e a simplicidade da ponte me impressiona muito. É exatamente por ela se basear em um mecanismo tão simples que continua trabalhando após 120 anos praticamente sem alterações. A arquitetura gótica (ao que parece, o termo técnico para "estilo de castelo de conto de fadas") revisitada no projeto não passa de uma bela fachada para uma gangorra gigante. Se um dia construírem outra ponte como a Tower Bridge, espero que a façam transparente para que todos possam enxergar a genialidade por trás dela.

Esse truque para a redução dos problemas da gravidade pode ser visto em todos os lugares. Por exemplo, imagine um eixo 4 metros acima do

O QUE SOBE TEM QUE DESCER

chão com duas metades de 6 metros de comprimento de uma gangorra compensando o peso uma da outra de cada lado. Não estou falando de uma ponte, mas de um Tiranossauro Rex, o carnívoro icônico do mundo cretáceo. Duas pernas robustas o sustentam, e o eixo fica nos quadris. A razão para ele não ter passado a vida caindo de cara no chão é que sua cabeça imensa e pesada, com dentes aterrorizantes, era contrabalançada por uma longa e musculosa cauda. Mas há um problema na vida de uma gangorra ambulante: até o Tiranossauro mais determinado de vez em quando precisava mudar de direção, e eles eram péssimos nisso. Estima-se que levavam entre um e dois segundos para que se virassem em um ângulo de 45 graus, o que os tornava um pouco mais desastrados do que o Tiranossauro perspicaz e ágil de *Jurassic Park*. O que poderia limitar tanto um dinossauro imenso e forte? Entra em cena a física...

A patinação do gelo traz muitas coisas para o mundo: estética, graça e espanto diante do que o corpo humano é capaz de fazer. Mas ao passar tempo o suficiente ouvindo as explicações dos físicos, ninguém poderia condená-lo por pensar que a única contribuição de um patinador no gelo é mostrar a todo mundo que esticar os braços faz você girar mais devagar do que se estivesse com eles abaixados. Eles são um exemplo útil porque o gelo é quase desprovido de atrito. Assim, quando alguém começa a girar, tem uma "quantidade" constante de giro. Não há nada que possa reduzir sua velocidade. Portanto, é muito interessante o fato de que, quando mudam de forma, eles também mudam de velocidade. Acontece que quando as coisas estão mais longe do eixo de rotação, elas precisam viajar mais longe a cada volta, e com isso usam uma quantidade maior do "giro" disponível.[5] Se você esticar os braços, eles ficam mais longe do eixo, o que é compensado por uma diminuição da velocidade de rotação. E esse é basicamente o problema que o Tiranossauro tinha. Ele não conseguia gerar muita

---

[5] Momento angular, para os puristas.

força de giro ("torque") com as pernas, e por causa da cabeça enorme e da cauda — versões muito gordas, pesadas e escamosas dos braços esticados dos patinadores — ele se virava muito devagar. Qualquer mamífero ágil (por exemplo, um dos nossos distantes ancestrais) estaria muito mais seguro depois de se dar conta disso.

A mesma noção também explica por que esticamos os braços quando achamos que vamos cair. Se eu estiver de pé e começar a cair para a direita, estarei girando sobre os tornozelos. Se esticar os braços antes de começar a cair, a mesma força de inclinação não vai me mover tão rápido, então tenho mais tempo de fazer os ajustes necessários para permanecer de pé. É por isso que os ginastas quase sempre esticam os braços na horizontal quando estão de pé sobre o aparelho conhecido como trave de equilíbrio — isso aumenta o momento de inércia, então eles ganham mais tempo para corrigir a postura antes de caírem. Além disso, esticar os braços permite que você realize uma rotação erguendo-os ou abaixando-os, o que também ajuda no equilíbrio.

Em 1876, Maria Spelterina tornou-se a única mulher a atravessar as cataratas do Niágara na corda bamba. Existe uma foto dela na metade da travessia, calmamente equilibrada e com cestos de pêssegos nos pés (para aumentar ainda mais o drama). Mas o equipamento mais óbvio na imagem é a vara comprida que ela carrega na horizontal, o melhor auxílio para o equilíbrio. Os braços têm um alcance pequeno, mas esse substituto era um dos principais responsáveis pelo elegante autocontrole de Maria.[6] Se ela começasse a perder o equilíbrio, isso aconteceria muito lentamente, pois a distância entre as extremidades da vara fazia com que o mesmo torque tivesse menos efeito. Maria estava preocupada com a possibilidade de cair para um lado, mas a vara comprida também teria dificultado a sua virada da esquerda para a direita. O mesmo acontecia

---

[6] Depois disso, ela atravessou com as mãos e os pés algemados, e também com uma venda cobrindo os olhos.

com o Tiranossauro. A melhor defesa de Maria contra o risco de cair 50 metros para a morte certa nas águas agitadas foi o mesmo ingrediente da física que, 70 milhões de anos antes, também havia impossibilitado o Tiranossauro de mudar de direção com rapidez.

A gravidade que puxa objetos sólidos é um conceito familiar, basicamente porque nós somos objetos sólidos que são puxados. Mas ao redor dos sólidos do nosso mundo, os fluidos estão fluindo — o ar e a água correm ao nosso redor em reação às forças que atuam sobre eles. Acho que é uma verdadeira tragédia o fato de não vermos os fluidos mudando de direção tão claramente quanto vemos folhas caindo ou pontes sendo erguidas. Os líquidos sofrem a atuação das mesmas forças, mas não estão limitados pela conservação da mesma forma, e é isso que torna o mundo da dinâmica dos fluidos tão maravilhoso: correndo, rodopiando, serpenteando, surpreendendo e existindo em todos os lugares.

O que encanta nas bolhas é que elas estão sempre presentes. Vejo-as como heroínas anônimas do mundo físico, formando-se e estourando em chaleiras e bolos, biorreatores e banheiras, fazendo todo tipo de coisas úteis mesmo quando sua existência na maioria das vezes é tão fugaz. Elas são elementos tão comuns na nossa paisagem que raramente olhamos para elas com atenção. Alguns anos atrás, perguntei a grupos de crianças de 5 a 8 anos onde podemos encontrar bolhas, e todas me falaram alegremente sobre bebidas gasosas, banheiras e aquários. Mas o último grupo do dia estava cansado, e o meu encorajamento animado não suscitou mais do que um silêncio mal-humorado e olhares vazios. Após uma longa pausa e muito arrastar de pés, um menino completamente desinteressado de 6 anos levantou a mão. "Então", perguntei com entusiasmo, "onde podemos encontrar bolhas?". O menino me olhou como se perguntasse "Eu preciso mesmo responder?", e anunciou em voz alta: "Queijo... e catarro." Eu não podia condenar a lógica dele, embora nunca tivesse pensado em nenhum desses exemplos. Aparentemente a experiência dele com muco cheio de bolhas havia superado a minha. Mas, pelo menos para um animal, o muco com bolhas é a chave para todo um estilo de vida. Conheçam o caramujo marinho roxo, *Janthina janthina*.

Os caramujos que habitam o mar geralmente deslizam pelo assoalho oceânico ou sobre as rochas. Se você algum dia arrancar um caramujo de uma rocha, o trouxer para a superfície e soltá-lo, ele afundará. Arquimedes (ele mesmo, da famosa "eureca"), polímata da Grécia Antiga, foi o primeiro a identificar o princípio que determina quando algo vai flutuar ou afundar. Ele provavelmente estava muito mais interessado em navios, mas o mesmo princípio se aplica aos caramujos, às baleias e a qualquer coisa que esteja completa ou parcialmente submersa em qualquer fluido. Arquimedes descobriu que há uma competição entre o objeto submerso (o nosso caramujo) e a água — algo que aconteceria mesmo se retirássemos o caramujo da equação. Tanto o caramujo quanto a água ao seu redor estão sendo puxados para baixo, em direção ao centro da Terra. Como a água é um fluido, as coisas podem se mover com muita facilidade. A atração gravitacional sobre um objeto é diretamente proporcional à sua massa — se dobrar a massa do seu caramujo, você dobrará a atração exercida sobre ele. Mas a água ao seu redor também está sendo puxada para baixo, e se a água for puxada com mais intensidade, o caramujo precisará flutuar a fim de deixar espaço para a água que descer. O Princípio de Arquimedes, aplicado ao nosso pobre molusco, é que o caramujo sofre um empurrão para cima igual à atração gravitacional para baixo da água que deveria estar ocupando aquele espaço. A essa força damos o nome de empuxo, e todo objeto submerso está submetido a ela. Em termos práticos, isso significa que, se o caramujo tiver uma massa maior do que a água que preencheria um buraco em forma de caramujo, ele vencerá a batalha gravitacional e afundará. Se o caramujo possuir menos massa (e, portanto, for menos denso), a água vencerá a batalha para ser puxada para baixo, e então o caramujo flutuará. A maioria dos caramujos marinhos são mais densos do que a água do mar em geral, então eles afundam.

O QUE SOBE TEM QUE DESCER

Durante a maior parte da história dos caramujos marinhos, eles sempre afundavam, e era simplesmente assim. Em algum momento no passado, porém, um caramujo marinho "normal" teve um dia ruim e ficou com uma bolha de ar presa no invólucro dos seus **ovos**. O que é inteligente na força do empuxo é que só a densidade média do objeto é considerada. Você não precisa alterar a massa do objeto, apenas o espaço que ele ocupa — e bolhas de ar ocupam muito espaço. Certo dia, uma bolha de ar maior ficou presa, o equilíbrio foi para o lado errado e o primeiro caramujo marinho flutuou água acima, emergindo sob a luz do sol. A porta para a grande escada da superfície do mar havia sido aberta... mas só para um caramujo capaz de inflar; e então, a evolução lançou mãos à obra.

Hoje, a *Janthina janthina*, descendente do primeiro caramujo que se perdeu no espaço, é comum nos oceanos mais quentes do mundo. Atualmente de uma cor púrpura clara, os caramujos secretam muco, o mesmo tipo de limo que vemos em pedras de jardim de manhã cedinho, e usam o pé, ou sola de rastejamento, para dobrar o muco e prender ar da atmosfera. Eles constroem uma balsa de bolhas, muitas vezes maior do que os próprios caramujos, garantindo assim que sua densidade total seja sempre menor do que a da água do mar. Então, flutuam de cabeça para baixo (a balsa de bolhas virada para cima; e a concha, para baixo), aproveitando-se da distração das águas-vivas que passam. Se você avistar uma concha de caramujo roxa na praia, provavelmente é de um desses.

O empuxo pode ser muito útil como um eficiente indicador do que há dentro de um objeto fechado. Por exemplo, se você pegar latas de tamanhos idênticos de uma bebida gasosa, uma diet e outra com uma boa dose de açúcar, verá que a lata da bebida diet flutua na água doce, enquanto a outra afunda. As latas têm exatamente o mesmo volume, então a diferença está dentro, mais especificamente em todo aquele açúcar denso. Uma lata-padrão de 330 mililitros de refrigerante tem entre 35 e 50 gramas de açúcar, e essa massa extra conta, tornando a lata mais densa do que a água. Isso significa que ela vence a água na batalha com a gravidade, por isso afunda. A massa do adoçante no refrigerante diet é minúscula, então a lata está basicamente cheia de apenas água e ar, e por isso flutua. Um exemplo um pouco mais útil é o de um ovo cru. Os ovos novos são mais densos do que a água. Portanto, quando colocados em água fria, afundam e se depositam no fundo na horizontal. Mas se já passaram alguns dias na sua geladeira, eles foram gradualmente secando, e à medida que a água sai pela casca, moléculas de ar entram e formam uma bolsa de ar na extremidade arredondada para preencher a lacuna. Um ovo que já passou cerca de uma semana na geladeira também afunda, mas se posiciona de cabeça para baixo (desse modo, o ar adicional fica mais perto da superfície). E se o ovo flutuar completamente, talvez ele já esteja velho demais — então, é melhor pensar em outra opção para o café da manhã!

É claro que, se você puder controlar a quantidade de ar que leva e o espaço que ela ocupa, pode escolher entre flutuar ou afundar. Quando comecei a estudar as bolhas, lembro-me de ter encontrado um artigo escrito em 1962 que declarava com autoridade: "As bolhas são criadas não apenas pela rebentação das ondas, mas também por matéria em decomposição, pelos arrotos dos peixes e pelo metano do assoalho oceânico." Arrotos dos peixes? Aquilo me pareceu ter sido escrito do conforto limitante de uma enorme poltrona, provavelmente nas profundezas de um clube londrino e muito mais perto de um decanter do que do mundo real. Aquela era, para mim, uma confusão muito engraçada, e foi o que eu disse. Três anos depois, quando trabalhava submersa no mar de Curaçao, me deparei com um imenso camurupim (com cerca de 1,5 metro de comprimento) nadando bem acima do meu ombro e arrotando copiosamente pelas guelras. E assim fui convencida... Acontece que muitos osteíctes têm uma bolsa de ar conhecida como bexiga natatória para ajudá-los a controlar seu empuxo. Se você puder manter

O QUE SOBE TEM QUE DESCER

sua densidade exatamente igual à do ambiente onde se encontra, ficará em equilíbrio com ele, e então permanecerá parado. As bexigas natatórias do camurupim são incomuns (ele é um raro exemplo de peixe que tanto pode respirar diretamente quanto extrair o oxigênio pelas guelras), mas precisei admitir que os peixes de fato arrotam. Por outro lado, continuo afirmando que isso não contribui muito com o número de bolhas no oceano.[7]

As consequências da gravidade dependem do que está sendo puxado. A Tower Bridge é um objeto sólido, então a gravidade pode mudar a posição da ponte, mas não seu formato. O caramujo é outro objeto sólido que trafega pelas águas oceânicas, as quais podem fluir e se ajustar ao seu redor. Mas os gases também fluem (é por causa dessa capacidade de fluir que tanto líquidos quanto gases são chamados de fluidos). Os sólidos também podem se movimentar por meio dos gases à medida que seguem a atração gravitacional: um balão de gás hélio de festa e um Zepelim sobem pela mesma razão que um simples caramujo equipado com bolhas. Na batalha contra a gravidade, eles usam os fluidos ao seu redor e perdem.

Assim, a presença de uma força gravitacional constante pode tornar as coisas instáveis, o que geralmente implica a presença de forças desequilibradas que fazem os objetos mudarem de lugar até o equilíbrio ser recuperado. Se um sólido fica instável, ele vira ou cai, e qualquer líquido ou gás ao seu redor vai fluir a fim de abrir espaço para o movimento. Mas o que acontece quando o que está desequilibrado não é só um sólido como um balão, mas o próprio fluido?

---

[7] Quando essas bexigas natatórias evoluíram, elas trouxeram uma considerável vantagem evolutiva por terem reduzido a energia necessária para permanecer à mesma profundidade. Contudo, nos últimos anos, tornaram-se uma grande desvantagem, pois podem ser detectadas com muita facilidade pelo uso da acústica. Uma das principais tecnologias que permitiram a maciça pesca predatória nos nossos oceanos foi o sonar detector de peixes, um dispositivo acústico que é sintonizado para detectar bolhas de ar — e, consequentemente, peixes. Cardumes inteiros podem ser perseguidos e capturados, traídos pelas próprias bolhas de ar.

TEMPESTADE NUMA XÍCARA DE CHÁ

Risque um fósforo, acenda o pavio de uma vela, e com isso uma fonte de ar quente e claro será produzida. Por séculos, as chamas das velas lançaram um brilho agradável sobre copistas, conspiradores, estudantes e amantes. A cera é um combustível mole e despretensioso, o que torna sua transformação mais surpreendente ainda. Mas cada uma dessas chamas amarelas tão familiares é uma fornalha compacta e poderosa, implacável o bastante para quebrar moléculas e forjar diamantes minúsculos. E cada uma é esculpida pela gravidade.

Quando você acende o pavio, o calor do fósforo derrete tanto a cera no pavio quanto a cera ao seu redor, e a primeira transformação é a liquefação. As ceras da parafina são hidrocarbonetos, longas moléculas formadas por cadeias com uma espinha dorsal carbônica de vinte a trinta átomos de comprimento. O calor não apenas lhes dá energia para se empilharem como cobras (a aparência que a cera líquida teria se pudéssemos ver suas moléculas). Algumas adquirem energia suficiente para escapar por completo, deixando o pavio. Uma coluna de combustível gasoso e quente se forma — tão quente que exerce uma forte pressão no ar ao redor, ocupando um espaço considerável para um número relativamente pequeno de moléculas. As moléculas são as mesmas, então a força total da atração gravitacional que atua sobre elas também é a mesma. Mas agora elas estão ocupando mais espaço, então a força gravitacional para cada centímetro cúbico diminuiu.

Assim como o caramujo com bolhas no oceano, esse gás quente precisa subir, pois há um ar frio denso tentando ocupar o espaço embaixo dele. O ar quente é empurrado por uma chaminé invisível, misturando-se com o oxigênio ao longo do caminho. Mesmo antes de você ter afastado o fósforo da vela, o combustível está quebrando e queimando o oxigênio, tornando o gás ainda mais quente. Aí

O QUE SOBE TEM QUE DESCER

estão as partes azuis da chama, que alcançam a temperatura incrível de 1.400°C. A fonte que você iniciou se intensifica à medida que o ar quente é empurrado para cima cada vez mais rápido. Ele é alimentado por baixo, pois o pavio é apenas uma esponja fina e longa, encharcando outras moléculas de cera que foram derretidas pela fornalha.

Mas o combustível não queima com perfeição. Se queimasse, a chama permaneceria azul e as velas seriam inúteis como fontes de luz. Enquanto as moléculas formadas por cadeias são quebradas e pressionadas pelo calor, parte dos detritos permanece intacta, pois não há oxigênio suficiente. A fuligem — partículas minúsculas de carbono — é carregada para cima pelo fluxo e aquecida. Essa é a fonte da acolhedora luz amarela que ilumina quando a fuligem chega a 1.000°C. A luz de uma vela não passa de um subproduto do calor intenso, e essa luz é apenas o brilho de um carvão em miniatura em uma fogueira. Essas partículas minúsculas de carbono são tão quentes que liberam energia extra na forma de luz para o ambiente. Foi descoberto que o torvelinho de uma vela não produz só fuligem na forma de grafite (aquilo que para nós parece carbono preto). Também produz quantidades microscópicas das estruturas mais exóticas que podem ser formadas quando átomos de carbono se combinam: buckminsterfulerenos, nanotubos de carbono e partículas de diamante. Estima-se que a chama de uma vela comum produz 1,5 milhão de nanodiamantes por segundo.

Uma vela é o exemplo perfeito do que acontece quando um fluido precisa se rearranjar a fim de satisfazer a atração gravitacional. Um combustível quente queimando sobe muito rápido ao ser empurrado por baixo pelo ar frio, formando uma corrente contínua de convecção. Se você apagar a vela com um sopro, a coluna de combustível gasoso continuará fluindo para cima sobre a vela por alguns segundos, e caso

TEMPESTADE NUMA XÍCARA DE CHÁ

aproxime um fósforo, você verá a chama pular no pavio, pois a coluna será reacendida.[8]

Correntes de convecção como essa ajudam a transferir a energia de um lugar para outro e compartilhá-la onde quer que um fluido seja aquecido por baixo. É por causa delas que os aquecedores para aquários, os pisos térmicos e as caçarolas no fogão são tão eficazes — nada disso funcionaria tão bem sem a gravidade. Quando dizemos que "o calor sobe", não é exatamente verdade. O mais correto seria dizer que "o fluido mais frio desce e vence a batalha gravitacional". Mas ninguém vai agradecer se você fizer essa observação.

O empuxo não é importante apenas para balões de ar quente, caramujos e jantares à luz de velas. Os oceanos, as gigantescas engrenagens do nosso planeta, acatam as ordens da gravidade do mesmo jeito que tudo que está a nossa volta. As profundezas não são estáticas. A água que não vê a luz do sol há séculos flui através e ao redor do nosso planeta em uma jornada longa e lenta de volta à luz do dia. Antes de olhar para o fundo do mar, no entanto, olhe para cima. Da próxima vez que vir um brilho minúsculo em movimento no céu em um dia claro, um avião comercial em voo de cruzeiro, permita-se apreciar sua altitude: cerca de 10 quilômetros. Em seguida, imagine-se de pé na parte mais profunda do assoalho oceânico, o fundo da Fossa das Marianas. A superfície oceânica estaria à mesma distância de você que aquele avião.[9] Mesmo a

---

[8] Em 1826, Michael Faraday, o famoso experimentalista do século XIX creditado por muitas descobertas científicas práticas, fez uma série de palestras na Royal Institution, em Londres, que tinham as crianças como público-alvo e que continuam sendo realizadas até hoje — as chamadas Palestras de Natal. Entre suas próprias contribuições está uma série de seis palestras intitulada "História química de uma vela", em que ele discutiu a ciência das velas, ilustrando muitos princípios científicos importantes que tinham outras aplicações no mundo. Aposto que ele teria ficado impressionado ao saber da existência dos nanodiamantes, e provavelmente encantado pelo fato de uma simples vela continuar produzindo surpresas.
[9] A altitude de cruzeiro de uma aeronave comercial é de cerca de 10 mil metros, e a Depressão Challenger, a parte mais profunda da Fossa das Marianas, tem 10.994 metros de profundidade.

profundidade *média* dos oceanos é de 4 quilômetros, um pouco menos do que a metade da distância até aquele avião. O oceano cobre 70% da superfície da Terra. Há muita água no nosso planeta.

E, escondido na escuridão das profundezas, há um padrão conhecido. O mesmo mecanismo que faz com que as uvas-passas dancem no refrigerante de limão também impele os vastos oceanos da Terra em sua lenta jornada ao redor do planeta. A escala é diferente, e as consequências são mais importantes, porém o princípio é exatamente o mesmo. O azul do nosso planeta azul está em movimento.

Mas por que ele se move? Os oceanos tiveram milhões de anos para se ajustar à situação. É claro que já teriam alcançado qualquer que fosse o seu destino a esta altura, certo? Dois fatores, no entanto, continuam mexendo o caldo: o calor e a salinidade. Esses são relevantes porque afetam a densidade, e um fluido com áreas de densidades diferentes flui para se ajustar enquanto ocorre a batalha da gravidade. Todos nós sabemos que o oceano é salgado, mas ainda me impressiono sempre que penso em quanto sal há nele. Para tornar uma banheira doméstica comum tão salgada quanto o oceano, precisaríamos acrescentar cerca de 10 quilos de sal — um balde grande e cheio, inteiro só para uma banheira! A salinidade não é a mesma para todos os pontos do oceano — ela varia de cerca de 3,1% a cerca de 3,8%, e embora essa diferença pareça muito pequena, ela importa. Assim como acrescentar açúcar a uma bebida gasosa a torna mais densa, a grande quantidade de sal torna a água do mar mais densa do que a água doce. A água mais fria também é mais densa do que a água quente, e a temperatura dos oceanos varia de cerca de 0 (perto dos polos) a 30°C (perto do equador). Assim, a água fria e salgada afunda, enquanto a água mais quente e doce sobe. E é esse princípio simples que faz com que a água do mar esteja em uma jornada constante ao redor do planeta. Pode levar milhares de anos antes que uma gota de água retorne à mesma parte do oceano.

TEMPESTADE NUMA XÍCARA DE CHÁ

No Atlântico Norte,[10] a água esfria à medida que os ventos absorvem o seu calor. Nos lugares onde a superfície do mar congela para formar os bancos de gelo, o gelo novo é em sua maior parte composto por água; o sal fica para trás. Juntos, esses processos tornam a água do mar mais fria, mais salgada e densa, e com isso ela começa a afundar, empurrando a água menos densa para fora do seu caminho ao responder ao chamado da gravidade e ir fazendo sua trajetória até o fundo do mar. Enquanto desliza lentamente pelo assoalho oceânico, ela é canalizada por vales e bloqueada por cordilheiras, assim como aconteceria com um rio. Do Atlântico Norte, ela flui para o sul ao longo do assoalho oceânico a alguns centímetros por segundo, e depois de milhares de anos se depara com o seu primeiro obstáculo: a Antártida. Não podendo avançar mais para o sul, ela desvia para o leste ao chegar ao oceano Antártico. Esse oceano — a grande rotatória aquosa no fundo do planeta — conecta toda a água do mar da Terra, pois, em seu caminho ao redor do continente branco, funde-se com as extremidades inferiores dos oceanos Atlântico, Índico e Pacífico. O imenso e lento fluxo da água do Atlântico Norte circunda a Antártida até iniciar o seu retorno para o norte, fazendo uma longa viagem pelo oceano Índico ou Pacífico. A mistura gradual com a água ao redor reduz sua densidade, e ele acaba por voltar à superfície após talvez 1.600 anos sem ser tocado por um único raio de sol.

Lá, tanto a chuva quanto a água proveniente dos rios e do gelo derretido diluem o sal outra vez, enquanto correntes impulsionadas pelo vento a empurram pelo restante da sua jornada de volta ao Atlântico Norte, talvez prestes a repetir o ciclo. Isso se chama circulação termoalina: "termo" de calor e "alina" por causa do sal. Essa inversão do oceano às vezes também é chamada de esteira oceânica, e, embora ela transmita uma imagem um pouco simplista, esses fluxos circulam por todo o planeta e são impulsionados pela gravidade. A superfície

---

[10] E também perto da costa da Antártida.

O QUE SOBE TEM QUE DESCER

empurrada pelo vento foi responsável pela locomoção de exploradores e comerciantes por séculos. Mas o sistema da esteira oceânica como um todo transporta uma carga pelo menos igualmente importante para a civilização: o calor.

No equador, é absorvida uma quantidade maior de calor do Sol do que em qualquer outra região do planeta, tanto pelo fato de lá o Sol alcançar um ponto mais alto do céu, quanto pelo fato de o horizonte ser mais amplo no equador, o que abre espaço para uma área maior de absorção. Mesmo o menor aquecimento da água requer muita energia, então os oceanos quentes são como uma bateria gigante para o sistema solar. As correntes oceânicas redistribuem essa energia em torno do planeta, e a circulação termoalina é o mecanismo oculto por trás dos nossos padrões climáticos. Grande parte da nossa fina e frágil atmosfera passa por cima de um reservatório constante de calor, que está continuamente fornecendo energia e moderando os extremos.

A atmosfera recebe toda a glória, mas os oceanos são o poder por trás do trono. Da próxima vez que olhar para um globo ou para uma imagem da Terra feita por um satélite, não pense nos oceanos como lacunas vazias entre todos os continentes interessantes. Imagine a atração exercida pela gravidade sobre aquelas correntes lentas e gigantescas, e observe as manchas azuis pelo que são: o maior motor do planeta.

3

O pequeno é belo

A tensão superficial e a viscosidade

O café é uma commodity global incrivelmente valiosa, e a magia negra necessária para extrair a perfeição de seu humilde grão é uma fonte constante de debate (e também de um pouco de esnobismo) para os especialistas. Mas o meu interesse particular não depende de como ele é tostado ou da pressão na sua máquina de espresso. Sou fascinada pelo que acontece quando derramamos café.[1] É uma daquelas curiosidades do dia a dia que ninguém nunca questiona. Uma poça de café sobre uma superfície sólida não chama nenhuma atenção, pois não passa de um pouco de líquido em forma de bolha. Mas se você deixar o café secar, quando voltar encontrará um contorno marrom semelhante à linha desenhada ao redor de um corpo nos dramas policiais da década de 1970. Ela sem dúvida estava preenchida no início, mas durante o processo de

---

[1] Sinto muito. De verdade. Se serve de consolo, o que estou prestes a dizer se aplica igualmente ao café instantâneo, então você jamais precisará desperdiçar xícaras de café gourmet com a ciência.

TEMPESTADE NUMA XÍCARA DE CHÁ

secagem todo o café migrou para o exterior. Para quem está disposto a desperdiçar cafeína, analisar uma poça de café com o objetivo de ver o que acontece é o equivalente a assistir à tinta secar — mas mesmo que tentasse, você não veria muita coisa. A física que movimenta o café só opera em escalas muito pequenas, na maioria das vezes pequenas demais para vermos diretamente. Mas com certeza podemos ver suas consequências.

Se pudesse ampliar a imagem da poça, você veria uma piscina de moléculas de água brincando de carrinho bate-bate e partículas esféricas amarronzadas muito maiores de café movimentando-se de um lado para outro no meio da brincadeira. As moléculas de água atraem umas às outras com muita intensidade. Então, se uma única molécula se afastar um pouco da superfície, ela imediatamente é puxada para baixo pela horda. Isso quer dizer que a superfície da água se comporta um pouco como um lençol com elástico, puxando a água abaixo para dentro, de forma que a superfície fique sempre lisa. Essa aparente elasticidade da superfície é conhecida como tensão superficial (sobre a qual veremos muito mais adiante). Nas extremidades da poça, a superfície da água faz uma curva suave para baixo e toca a mesa, segurando a poça no lugar. Mas a sala provavelmente está quente, então de vez em quando uma molécula de água escapa da superfície completamente e flutua pelo ar como vapor de água. É a evaporação, que acontece gradualmente e apenas com as moléculas de água. O café não pode evaporar, então na prática está preso à poça.

A parte inteligente acontece à medida que mais água escapa, pois a extremidade da água está fixada na mesa (veremos o motivo mais tarde). A água está tão fortemente ligada à mesa que a extremidade precisa permanecer onde se encontra. Mas a evaporação está ocorrendo nas extremidades mais rápido do que no meio, pois uma proporção maior de moléculas de água estão expostas ao ar ali. O que você não vê (enquanto tenta convencer seu companheiro no cafezinho de que assistir à tinta secar é a última tendência) é que o conteúdo da poça está se movimentando. O café líquido do centro precisa migrar para as extremidades e substituir a água perdida. As moléculas de água transportam as partículas de café como passageiros, mas, quando chega a sua vez de escapar para o ar, o café não pode segui-las. Assim, as partículas de café são gradualmente levadas para as extremidades, e quando não há mais água, tudo que resta é um anel de café abandonado.

A razão pela qual acho isso tão fascinante é que acontece bem diante do seu nariz, mas todas as partes interessantes do processo são pequenas demais para sermos capazes de assistir. Esses detalhes das coisas pequenas é quase um mundo inteiramente diverso. As regras são diferentes lá embaixo. Conforme veremos, as forças a que estamos acostumados, como a gravidade, continuam presentes. Mas outras forças, aquelas que surgem pela forma como as moléculas dançam ao redor umas das outras, começam a ter mais impacto. Quando você faz uma viagem ao mundo das coisas pequenas, tudo pode parecer muito esquisito. No entanto, as regras que operam nessa pequena escala explicam todos os tipos de coisas no nosso mundo de grande escala: por que não há mais nata no leite, por que os espelhos ficam embaçados e como as árvores bebem. Mas também podemos aprender a usar essas regras para manipular o nosso mundo, e veremos como elas podem nos ajudar a salvar milhões de vidas com um design hospitalar melhor e novos exames médicos.

*

Antes de começarmos a nos preocupar com coisas que são pequenas demais para vermos, você precisa saber que elas estão lá. A humanidade foi vítima de uma armadilha aqui — se você não sabe que há alguma coisa lá, por que procuraria? Mas tudo isso mudou em 1655 com a

TEMPESTADE NUMA XÍCARA DE CHÁ

publicação de um livro, o primeiro best seller científico: *Micrographia*, de Robert Hooke.

Robert Hooke era o curador de experimentos da Real Sociedade de Londres, e, portanto, era um generalista, livre para trafegar entre os brinquedos científicos da época. *Micrographia* era uma apresentação do microscópio, escrita para impressionar o leitor com o potencial do novo dispositivo. O momento era perfeito. Estamos falando da era de grandes experiências e de rápidos avanços no entendimento científico. Já fazia alguns séculos que as lentes vinham rondando a periferia da civilização humana, quase unanimemente subestimadas e vistas como modas, em vez de ferramentas científicas sérias. Com *Micrographia*, porém, seu grande momento havia chegado.

O que é maravilhoso nesse livro é que, embora vista o manto da respeitabilidade e da autoridade, como exigiria qualquer publicação da Real Sociedade de Londres, ele é desavergonhadamente o produto da diversão de um cientista. Está cheio de descrições detalhadas e belas ilustrações, produzidas sem preocupação com custos e cuidadosamente apresentadas. Contudo, por trás de tudo isso, Robert Hooke estava basicamente fazendo o que qualquer criança faz quando ganha seu primeiro microscópio: ele simplesmente saiu explorando tudo que encontrava pela frente. Há fotos com detalhes incríveis de giletes, queimaduras de urtiga, grãos de areia, vegetais queimados, cabelos, centelhas, peixes, traças e seda. O nível dos detalhes revelados naquele mundo minúsculo era chocante. Quem poderia imaginar que o olho de uma mosca era tão lindo? Apesar das observações meticulosas, Hooke em nenhum momento fingiu ter feito um estudo aprofundado. Na seção sobre "pedras na urina" (os cristais que são observados no interior dos urinóis), ele especula sobre uma forma de curar essa dolorosa condição para em seguida deixar o trabalho duro de resolver de fato o problema para outra pessoa:

O PEQUENO É BELO

É possível, portanto, que seja válida a condução de uma investigação por parte dos Médicos a fim de determinar se pode haver alguma mistura com a Urina, na qual a Areia ou as Pedras se encontram, que possa fazê-los se dissolver — a primeira dos quais parece, a partir de suas Imagens regulares, em alguns casos ter desaparecido pela Cristalização... Mas, deixando esses questionamentos para os Médicos ou Químicos, aos quais são mais apropriados, eu prossigo.

E é isso mesmo que ele faz, vasculhando não só em meio ao mofo, às penas e à ferrugem, como em meio aos dentes de um caramujo e à picada de uma abelha. No processo, ele cunha a palavra "célula" para descrever as unidades que compunham a cortiça, o que marcou o surgimento da biologia como uma disciplina independente.

Hooke não apenas mostrara o caminho para o mundo das coisas pequenas; ele havia aberto as portas e convidado todo mundo para uma festa. *Micrographia* inspirou alguns dos mais famosos microscopistas dos séculos seguintes, e também aguçou o apetite científico da badalada Londres. E o fascínio veio do fato de que essa fabulosa riqueza estivera sempre presente. A irritante mancha preta que zunia ao redor da carne estragada agora era revelada como um monstro minúsculo de pernas cabeludas, olhos bulbosos, com bolhas e uma armadura reluzente. Foi uma descoberta chocante. Na época, grandes expedições tinham dado a volta ao mundo, novas terras e novos povos tinham sido descobertos, e havia muita animação em torno do que poderia ser encontrado nesses novos lugares. Não ocorrera a ninguém que o autoexame pudesse ter sido tão subestimado, e que até a sujeira do umbigo pudesse ter tanta coisa a dizer sobre o mundo. E depois de superar o choque com as pernas cabeludas das pulgas, você podia ver como o planeta funcionava. O mundo lá embaixo era mecânico, podia ser compreendido, e o microscópio explicava coisas que os seres humanos haviam observado durante anos, mas que nunca haviam podido explicar.

TEMPESTADE NUMA XÍCARA DE CHÁ

Mas aquilo ainda era apenas o início da viagem pelo mundo microscópico. Ao longo de dois séculos, muitos outros eventos se desdobrariam antes da confirmação da existência dos átomos, cada um tão minúsculo que precisaríamos de 100 mil deles para compor uma fila com o mesmo comprimento de uma única célula de cortiça. Como o famoso físico Richard Feynman observaria muitos anos mais tarde, há um enorme espaço lá embaixo. Nós, seres humanos, estamos apenas arrastando os pés no meio das escalas de tamanho, alheios às estruturas minúsculas que constituem e servem de base para o nosso mundo. Porém, 350 anos após a publicação de *Micrographia*, as coisas estão mudando. Podemos fazer mais do que apenas ter um vislumbre desse mundo como uma criança que contempla um objeto através do vidro de proteção de um museu, proibida de tocá-lo. Hoje, estamos aprendendo a manipular átomos e moléculas nessa escala; o vidro da caixa foi retirado, e agora podemos entrar. "Nano" é a nova moda.

Um detalhe importante a respeito do que compõe o mundo microscópico ao mesmo tempo fascinante e extremamente útil é que tudo funciona de forma diferente nesse nível. Algo que é impossível para um ser humano pode ser uma habilidade essencial para a vida de uma pulga. Todas as mesmas leis da física se aplicam; a pulga existe no mesmo universo físico que você e eu. Mas forças diferentes têm prioridade.[2] Aqui em cima no nosso mundo, existem duas influências dominantes. A primeira é a gravidade, que puxa a todos nós para baixo. A segunda é a inércia: por sermos tão grandes, precisamos de muita força para nos movimentar ou parar. Entretanto, à medida que diminuímos, a atração gravitacional e a inércia também diminuem. Assim, acabam competindo com forças inferiores que sempre estiveram presentes,

---

[2] Podemos falar o quanto quisermos sobre o mundo microscópico sem precisar lidar com a estranheza da mecânica quântica. Ela entra em cena quando exploramos o que acontece com átomos e moléculas individuais, e há muitas coisas maiores do que isso e ainda assim menores do que aquilo que podemos enxergar. Essa parte intermediária é interessante, porque conseguimos compreendê-la de forma intuitiva (algo por natureza impossível em se tratando das regras do mundo quântico), ainda que não possamos vê-la com clareza.

O PEQUENO É BELO

mas que até então eram insignificantes. Temos a tensão superficial, a força que movimenta os grânulos de café enquanto a poça de café seca. E temos também a viscosidade, o motivo no mundo microscópico por não termos mais uma bela camada de nata sobre o leite.

Era sempre das garrafas de leite prateadas com tampa dourada que eles estavam atrás. Se fosse rápido e cuidadoso o bastante ao abrir a porta da frente, você podia surpreendê-los. Passarinhos alegres de olhos claros em cima da garrafa, extraindo goles rápidos de nata pelo buraco que haviam feito na tampa fina de alumínio, sem tirar seus olhinhos radiantes do mundo ao redor. Assim que percebiam que haviam sido descobertos, eles alçavam voo, provavelmente para tentar a sorte na porta do vizinho. Por cerca de cinquenta anos no Reino Unido, o chapim-azul era um mestre em surrupiar nata. Eles aprenderam uns com os outros que logo abaixo da frágil tampa havia um rico tesouro de gordura, e esse conhecimento se espalhou por toda a população britânica do chapim-azul. Outras espécies de pássaros não pareciam ter dominado o truque, mas o chapim-azul esperava toda manhã pelo leiteiro. E então veio o fim súbito da brincadeira, não só por causa das garrafas plásticas de leite, mas por outro motivo mais fundamental. Desde que os seres humanos começaram a ordenhar vacas, a nata subia para a superfície. Mas hoje isso não acontece mais.

A garrafa sobre a qual o faminto chapim-azul saltitava continha uma mistura de todos os tipos de gostosuras. A maior parte do leite (quase 90%) é composta por água, mas dentro dele flutuam açúcares (a lactose que algumas pessoas não toleram), moléculas de proteína reunidas em minúsculos aglomerados redondos e glóbulos maiores de gordura. Tudo isso é misturado, mas se você deixar o leite descansar por algum tempo surge um padrão. Os glóbulos de gordura no leite são minúsculos — de 1 a 10 micrômetros de tamanho, o que significa que você poderia colocar de 100 a 1.000 deles em uma fila entre as marcações dos milímetros de uma régua. E essas bolhas minúsculas são menos densas do que a água ao seu redor. Há menos matéria no mesmo volume de espaço. Então, enquanto são empurradas de um lado para outro com todo o resto, há uma pequeníssima diferença na direção que tomam. A gravidade está puxando a água ao seu redor para baixo um pouquinho mais forte do que está puxando os glóbulos de gordura, e a gordura acaba sendo suavemente espremida para cima. Com isso, ela adquire um leve empuxo, e lentamente sobe para a superfície do leite.

A questão é: a que velocidade ela sobe? E é aí que entra em cena a viscosidade da água. A viscosidade é apenas uma forma de medir o quão difícil é para uma camada de um fluido deslizar para cima de outra camada. Imagine que está mexendo uma xícara de chá. Enquanto a colher gira, o líquido ao seu redor precisa se mover, passando por outra parte do líquido em volta. A água não é muito viscosa, então é muito fácil as camadas passarem uma pela outra. Agora, pense que está mexendo uma xícara de melado. Cada molécula de açúcar está firmemente agarrada às outras moléculas. Para fazer essas moléculas se moverem umas em torno das outras, você precisa quebrar esses vínculos. Então é mais difícil mexer o fluido, e é por isso que dizemos que o melado é viscoso.

No leite, os glóbulos de gordura são empurrados para cima porque são flutuantes. Mas se eles quiserem de fato subir, precisam tirar o líquido ao redor do caminho. Como parte desse processo de empurrar, o líquido em torno precisa deslizar sobre si mesmo, e aí a viscosidade faz diferença. Quanto mais viscoso ele for, mais resistência os glóbulos que sobem enfrentam.

Essa batalha acontece logo abaixo dos pés do chapim-azul. Cada glóbulo de gordura está sendo empurrado para cima pelo seu empuxo, mas sofre uma força de atrito pelo fato de o líquido ao redor precisar se mover para deixá-lo passar. E as mesmas forças que atuam sobre o mesmo tipo de glóbulo de gordura cedem de forma diferente, de acordo com o tamanho do glóbulo. O atrito tem um efeito muito maior quando se é pequeno, porque você tem uma grande área de superfície em relação à sua massa. Você só tem um pequeno empuxo para usar a fim de empurrar grande parte das coisas ao redor para fora do caminho. Então, embora um glóbulo de gordura menor esteja exatamente no mesmo líquido, ele sobe mais devagar do que um glóbulo maior. No mundo microscópico, a viscosidade costuma vencer a gravidade. As coisas se movimentam lentamente. E o seu tamanho exato faz uma grande diferença.

No leite, os glóbulos de gordura maiores sobem mais rápido, chocam-se contra alguns glóbulos menores e mais lentos e aderem a eles, formando aglomerados. Esses aglomerados sofrem menos atrito em seu empuxo, pois são ainda maiores do que os glóbulos individuais, subindo ainda mais rápido. O chapim-azul só precisava ficar esperando no gargalo da garrafa até que o café da manhã chegasse, bem aos seus pés.

Mas então veio a homogeneização.[3] Os produtores de leite descobriram que, se passassem o leite a uma pressão muito alta por tubos muito finos, podiam quebrar os glóbulos de gordura e reduzir seu diâmetro por um fator de cinco. Isso reduz a massa de cada glóbulo por um fator de 125. Agora, o indesejável empuxo para cima sobre cada glóbulo produzido pela gravidade é completamente desbancado por forças viscosas. Os glóbulos de gordura homogeneizados sobem tão devagar que não deveriam nem se dar ao trabalho.[4] O mero fato de torná-los menores muda completamente o campo de batalha, e nesse novo terreno a viscosidade vence fácil. A nata não sobe mais para a superfície. O chapim-azul precisou encontrar outro lugar de onde tirar seu café da manhã.

---

[3] Como alguém que ama a diversidade e os temperos da vida, fico sempre um pouco triste ao pensar neste novo mundo. Tornar tudo igual definitivamente tem sua utilidade, mas às vezes parece tirar um pouco da diversão da vida. Especialmente se você é um chapim-azul.

[4] Essa subida é ainda mais desacelerada pela camada adicional de proteína que cerca cada um dos novos glóbulos menores. Ela se torna um peso e os puxa um pouco para baixo, deixando-os ainda menos flutuantes. Isso foi medido nos mínimos detalhes. Você ficaria surpreso ao descobrir quanta ciência há em uma caixa de leite.

TEMPESTADE NUMA XÍCARA DE CHÁ

Assim, as forças são as mesmas, mas a hierarquia é diferente.[5] Tanto os gases quanto os líquidos possuem viscosidade — apesar de as moléculas de gás não se agarrarem umas às outras como as dos líquidos, elas se chocam muito, e a brincadeira gigante de carrinho bate-bate tem o mesmo efeito. É por isso que um inseto e uma bola de canhão não caem à mesma velocidade, a não ser que você remova todo o ar e os lance no vácuo. A viscosidade do ar faz uma grande diferença para o inseto, mas quase nenhuma para a bola de canhão. Se você retirar o ar, a gravidade é a única força que importa em ambos os casos. E um inseto minúsculo tentando voar no ar usa as mesmas técnicas que utilizamos para nadar na água. A viscosidade domina o ambiente deles do mesmo modo que domina o nosso em uma piscina. Na verdade, os insetos menores mais nadam do que voam através do ar.

O leite homogeneizado demonstra o princípio, mas a aplicação vai muito além da sua porta. Da próxima vez que espirrar, talvez você queira pensar no tamanho das gotículas que está espalhando pelo recinto. O que impede que a nata suba também evita o contágio de doenças.

A tuberculose acompanha a espécie humana há milênios. O registro mais antigo da doença vem de múmias egípcias de 2400 a.C.; Hipócrates a conhecia como "tísica" em 240 a.C., e a realeza europeia foi convocada a curar o "mal do rei" na Idade Média. Depois que a Revolução Industrial levou as pessoas a viverem em cidades, a "consunção", a doença do pobre urbano, foi responsável por 25% de todas as mortes da Inglaterra e do

---

[5] Se você estiver interessado em ler mais sobre o assunto, o biólogo J. B. S. Haldane escreveu um ensaio muito famoso na década de 1920 intitulado "On being the right size" [Sobre ter o tamanho certo]. Ele pode ser encontrado no endereço: <http://irl.cs.ucla.edu/papers/right-size.html>. A citação mais memorável do ensaio é uma verdade dolorosa: "Para o camundongo e qualquer animal menor, ela [a gravidade] não representa praticamente nenhum risco. Você pode jogar um camundongo no fosso de 3 mil pés de uma mina; ao chegar ao fundo, ele vai sofrer um pequeno choque e vai sair andando, contanto que o chão seja macio. Um rato morre, um homem se quebra, um cavalo explode." Até onde sei, ninguém até hoje fez essa experiência específica. Por favor, não seja o primeiro. E, principalmente, não me culpe caso decida ser.

O PEQUENO É BELO

País de Gales na década de 1840. Mas foi só em 1882 que foi descoberto o culpado: uma bactéria ínfima chamada *Mycobacterium tuberculosis*.* Charles Dickens relatou o quanto era comum ver os acometidos pela doença tossindo, mas não pôde descrever um dos aspectos mais importantes do mal, já que não podia vê-lo. A tuberculose é uma doença transmitida pelo ar. A cada tosse, são expelidos pelos pulmões milhares de gotículas de fluido — uma pluma de guerreiros minúsculos. Alguns contêm a minúscula bactéria em forma de bastão da tuberculose (cada uma de apenas 3 milésimos de milímetros de comprimento). Já as gotículas do fluido têm um tamanho considerável, talvez com alguns décimos de milímetros. Essas gotículas são puxadas para baixo pela gravidade, e quando chegam ao chão pelo menos não vão mais a lugar algum. Mas isso não acontece rápido, porque não são apenas os líquidos que são viscosos. O ar também é — ele precisa ser empurrado para fora do caminho quando as coisas passam por ele. Ao caírem, as gotículas esbarram com moléculas de ar e são empurradas por elas — o que torna sua descida mais lenta. Assim como a nata sobe lentamente através do leite viscoso até o gargalo da garrafa, essas gotículas precisam deslizar pela viscosidade do ar para alcançar o chão.

Só que não é isso que ocorre. A maior parte de uma gotícula consiste em água, e nos primeiros segundos no ar externo a água evapora. O que era uma gotícula grande o bastante para ser puxada pela gravidade através da viscosidade do ar agora se torna não mais do que uma partícula, uma sombra do que foi. Se antes era uma gotícula de saliva com uma bactéria de tuberculose flutuando dentro dela, agora é uma bactéria de tuberculose compactamente coberta pelos restos de uma crosta orgânica. A atração gravitacional sobre esse novo elemento não pode competir com os golpes do ar. Aonde quer que o ar vá, a bactéria o acompanha. Como as gotículas em

---

* No Brasil, mais conhecida como bacilo de Koch. [*N. da T.*]

TEMPESTADE NUMA XÍCARA DE CHÁ

miniatura de gordura do leite homogeneizado de hoje em dia, ela não é mais do que uma passageira. E se pousar em uma pessoa com um sistema imunológico fraco, pode iniciar uma nova colônia, que se espalha lentamente até novas bactérias estarem prontas para serem tossidas para fora outra vez.

A tuberculose pode ser tratada com o acesso aos medicamentos certos. É por isso que ela praticamente foi erradicada do mundo ocidental. Mas, enquanto escrevo estas linhas, a tuberculose continua sendo a segunda principal assassina da nossa espécie depois do HIV/AIDS, e é um problema gigantesco no mundo subdesenvolvido. Nove milhões de pessoas contraíram tuberculose em 2013, e 1,5 milhão delas morreram. A bactéria se modificou em reação aos antibióticos, tornando-se resistente a tantas ondas de drogas que é óbvio que não pode ser erradicada apenas pela medicina. O número de variantes da tuberculose está crescendo. Surtos eclodem em hospitais e escolas. Assim, recentemente, o foco mudou para aquelas pequenas gotículas. Em vez de curar a tuberculose depois que ela é contraída, que tal alterar o lugar onde você vive a fim de evitar a disseminação daquelas plumas cheias da doença para que elas sequer o infectem?

A professora Cath Noakes trabalha com engenharia civil na Universidade de Leeds, e é uma das pesquisadoras que está se dedicando a resolver esse problema em particular. Cath acredita muito no potencial para o surgimento de soluções relativamente simples a partir da compreensão sofisticada de minúsculas partículas flutuantes. Engenheiros como ela agora estão aprendendo como esses pequenos veículos das doenças se locomovem, e a novidade é que isso está pouco relacionado ao que se encontra dentro delas ou há quanto tempo estão presentes. Por outro lado, está intimamente ligado à batalha das forças que atuam sobre as partículas, e as linhas de batalha são traçadas pelo tamanho delas. Foi descoberto que até as maiores gotículas podem se deslocar para mais longe do que qualquer pessoa jamais pensara, pois a turbulência no

O PEQUENO É BELO

ar serve para mantê-las no alto.[6] As menores podem passar dias no ar, embora as luzes ultravioleta e azul sejam prejudiciais para elas. Se você souber onde está sua partícula na escala do tamanho, pode descobrir o que ela vai fazer. Então, ao projetar um sistema de ventilação para um hospital, já está se tornando possível hoje planejar a remoção ou a contenção de determinados tamanhos de partículas, e com isso controlar a disseminação da doença. Cath me explicou que cada doença transmitida pelo ar pode requerer um plano de ataque diferente, dependendo da quantidade necessária para o contágio (no caso do sarampo, é uma quantidade muito pequena) e da parte do seu corpo em que a doença se instala (a bactéria da tuberculose tem efeitos diferentes nos nossos pulmões e nas nossas traqueias). Esses estudos ainda se encontram em fase inicial, mas estão avançando muito rápido.

Os seres humanos têm estado à mercê da tuberculose há gerações, mas agora podemos visualizar sua disseminação, o que nos dá a chance de controlá-la. Onde nossos ancestrais viam não mais do que um ambiente marcado pela doença, cheio de miasmas misteriosos, agora entendemos os torvelinhos de ar em torno de cada paciente, a distribuição e disseminação das partículas contendo a doença e como as consequências se aplicam. Os resultados dessa pesquisa serão incorporados aos projetos dos hospitais do futuro, e muitas vidas serão salvas pela influência da engenharia de macroescala sobre as partículas na microescala.

A viscosidade influencia quando algo pequeno se move em um único fluido — glóbulos de gordura subindo pelo leite ou um vírus pequenino caindo pelo ar. A tensão superficial, sua parceira no mundo microscópico, influencia quando há contato entre dois fluidos diferentes. Para nós, isso geralmente ocorre quando o ar toca a água, e a bolha costuma

---

[6] Se você mexer o leite por tempo suficiente, a nata não vai subir porque está constantemente sendo misturada de volta. O mesmo princípio se aplica aqui — as partículas não descem muito porque não param de ser misturadas de volta pelas correntes de ar que se movem mais rápido do que elas caem.

TEMPESTADE NUMA XÍCARA DE CHÁ

ser o exemplo favorito de como o ar se mistura com a água.[7] Então, comecemos com um banho de espuma.

O som de uma banheira sendo cheia é distinto e agradável. Ele anuncia a recompensa iminente de um dia difícil, um momento de relaxamento para nos recuperarmos de uma partida particularmente dura de badminton ou só para nos mimarmos um pouco. Mas quando você adiciona um pouco de espuma de banho, o som muda. Ele se torna mais suave e baixo à medida que a espuma se forma, e começa a ficar difícil identificar onde a água termina e o ar começa. Bolsas de ar estão presas dentro de invólucros aquosos, e para isso só foi necessária uma quantidade ínfima de um produto.

Foi um grupo de cientistas europeus no final do século XIX que desvendou a charada da tensão superficial. Os vitorianos amavam bolhas, então a produção de sabão se expandiu dramaticamente entre 1800 e 1900, e os banhos de espuma branca entraram nas vidas dos trabalhadores da Revolução Industrial. As bolhas deram aos vitorianos um bom alimento para a moralidade; elas eram o símbolo perfeito da limpeza pura e da inocência. Além disso, também eram um bom exemplo da física clássica em ação poucos anos antes de a Relatividade Especial e a mecânica quântica aparecerem e estourarem a ideia que vinha sendo inflada como um balão de que o universo era organizado e comportado. Não obstante, os homens sérios de cartola e barba não desvendaram os segredos da ciência das bolhas sozinhos. As bolhas eram tão universais que qualquer um podia tentar. E é então que entra em cena Agnes Pockels, frequentemente descrita como uma simples "dona de casa alemã", mas na realidade uma pensadora crítica de mente aguçada que usou os materiais limitados a que tinha acesso e uma boa dose de engenhosidade para examinar por conta própria a tensão superficial.

---

[7] Especialmente no meu caso, já que sou uma física especializada em bolhas.

O PEQUENO É BELO

Nascida em 1862 em Veneza, Agnes fazia parte de uma geração convicta de que o lugar de uma mulher era dentro de casa. Assim, era lá que ela brincava enquanto seu irmão fazia faculdade. Mas ela foi aprendendo sobre física avançada com os materiais que ele lhe mandava, realizando suas próprias experiências em casa e acompanhando o que acontecia no mundo acadêmico. Quando ouviu falar que o famoso físico britânico Lord Rayleigh estava começando a se interessar pela tensão superficial, um tema que ela vinha explorando a partir de várias experiências, Agnes lhe escreveu. Ele ficou tão impressionado com a carta descrevendo os resultados dela que a enviou para ser publicada no periódico *Nature*, de modo que pudesse ser lida por todos os grandes pensadores científicos da época.

Agnes tinha feito algo muito simples e muito inteligente. Ela havia suspendido um pequeno disco de metal (mais ou menos do tamanho de um botão) amarrado na ponta de uma corda e deixado que tocasse a superfície da água. Em seguida, medira a força necessária para puxá-lo para longe da superfície. O mistério era que a água não soltava o disco com facilidade; era preciso puxar com mais força para afastá-lo da superfície do que teria sido se ele estivesse em cima de uma mesa. É esse puxão da água que denominamos de tensão superficial; assim, ao medir o puxão, Agnes estava medindo a tensão superficial. Em seguida, ela pôde investigar a superfície da água, muito embora a fina camada de moléculas responsável pelo puxão fosse pequena demais para ela ver diretamente. Discutiremos como ela fez isso em um momento; mas, primeiro, voltemos à banheira.

Uma banheira cheia de água pura é um enxame de moléculas de água em uma partida superlotada de encontrões de carrinho bate-bate. Mas um dos motivos que torna a água um líquido tão especial é que todas essas moléculas sofrem uma atração muito forte umas pelas outras. Cada uma tem um átomo de oxigênio maior e dois átomos de hidrogênio pequenos (são os dois Hs e o O em H_2O). O oxigênio fica no meio, com

TEMPESTADE NUMA XÍCARA DE CHÁ

os dois hidrogênios ligados a ele a cada lado, formando um V achatado. Mas, embora o oxigênio seja atraído com muita força e esteja ligado aos seus átomos de hidrogênio, ele também flerta com quaisquer outros que por acaso passem por ali. Assim, está constantemente se ligando ao hidrogênio de outras moléculas de água. É isso que mantém a estrutura da água. Estamos falando das ligações de hidrogênio, que são muito fortes. Na banheira, as moléculas de água estão sempre atraindo as outras moléculas de água ao seu redor — uma atração que sustenta toda a massa aquosa.

As moléculas de água na superfície são deixadas um pouco de fora. Elas estão sendo puxadas pelas moléculas de água abaixo, mas não há mais nada acima para puxar de volta. Assim, estão sendo puxadas para baixo e para os lados, mas não para cima; e o efeito disso é que a superfície se comporta como um lençol com elástico que comprime todas as moléculas de água abaixo da camada superior e se puxa para dentro a fim de se tornar o menor possível. A isso se dá o nome de tensão superficial.

Quando se abre uma torneira, o ar é arrastado para baixo e para dentro da banheira, produzindo as bolhas. Porém, quando essas bolhas flutuam até a superfície, não podem durar muito. A abóbada arredondada da bolha estica a superfície, e a tensão superficial não é forte o bastante para puxar de volta. Assim, as bolhas estouram.

Um dos procedimentos de Agnes foi ajustar o botão de modo a puxá-lo para cima, mas não com força suficiente para erguê-lo da superfície. Em seguida, ela tocou a superfície da água ao redor com uma gota de algo semelhante a detergente. Após mais ou menos um segundo, o botão foi repelido pela superfície. O detergente havia se espalhado pela água, reduzindo a tensão superficial. Para produzir essa redução, basta acrescentar uma camada superior fina, de forma que as moléculas da água não precisem ser mais as moléculas na superfície.

Quando enfim chega o momento de acrescentar o produto para o banho de espuma, é hora de dizer adeus a uma superfície clara, plana e simples. Aquela substância grudenta e perfumada mergulha na água e imediatamente faz o possível para se esconder nas extremidades. Cada molécula possui uma extremidade que adora a água e outra que a detesta. Se a extremidade que detesta a água conseguir encontrar algum ar, ela vai ficar com ele, mas a extremidade que adora a água não vai ceder tão facilmente. Assim, em qualquer lugar onde a água toca o ar, uma fina camada de bolha se forma na superfície. Ela tem não mais do que a espessura de uma molécula, e cada molécula aponta para o mesmo lado, de modo que as extremidades amantes da água continuam submersas nela, enquanto as que detestam a água permanecem no ar. Com essa fina película, uma superfície grossa não é problema. A espuma não exerce a mesma atração que a água, então o efeito de lençol de elástico torna-se muito fraco. Chegou a hora de uma festa na superfície, e é isso que é a espuma. Ao reduzir a tensão superficial, a espuma facilita uma maior duração das bolhas, pois sua superfície grossa é muito mais estável.

Vale notar que associamos a espuma branca à limpeza, mas nos detergentes atuais a melhor coisa para se ligar à superfície da água e produzir a espuma não é o ideal para remover sujeira e gordura de roupas e pratos. Você pode preparar um detergente muito bom praticamente sem nenhuma espuma, e na verdade a espuma pode até atrapalhar. Mas os vendedores de produtos de limpeza fizeram uma divulgação tão eficaz para convencer as pessoas de que uma bela espuma garante uma limpeza profunda que hoje são forçados a acrescentar agentes que garantem a formação de bolhas, caso contrário, os consumidores reclamam.

Como a viscosidade, a tensão superficial é algo que observamos na nossa escala de tamanho, embora geralmente seja menos importante do que a gravidade e a inércia. Quanto menor o objeto, mais a tensão superficial sobe na hierarquia das forças. Isso explica por que os óculos ficam embaçados e como funcionam as toalhas. A verdadeira beleza do mundo microscópico é que um objeto gigante pode conter muitos processos minúsculos, e seus efeitos se combinam. Por exemplo, a tensão

TEMPESTADE NUMA XÍCARA DE CHÁ

superficial, que só domina os menores cenários, também possibilita a existência dos maiores seres vivos do nosso planeta. Mas, para chegar lá, precisamos analisar outro aspecto da tensão superficial. O que acontece quando a superfície que separa um gás e um líquido se choca com um sólido?

A primeira vez que nadei em mar aberto acabou sendo um evento para quem aguenta fortes emoções. Por sorte, eu não sabia disso de antemão, então não me preocupei. Quando eu trabalhava no Scripps Institution of Oceanography em San Diego, o grande evento anual para a minha equipe de natação era ir da praia de La Jolla até o píer de Scripps e voltar, uma travessia de 4,5 quilômetros sobre um cânion submerso bastante profundo. Eu só havia nadado com algum nível de profissionalismo em piscinas, mas sempre estive disposta a novas experiências e já nadava fazia um bom tempo, então resolvi participar na esperança de não parecer tão amadora. O mergulho coletivo foi uma confusão, mas melhorou um pouco depois disso. A primeira parte da travessia foi sobre uma encantadora floresta submersa, e foi quase como voar. O sol cintilava através dos imensos caules das algas do mesmo jeito que acontece nas florestas terrestres, e em seguida as algas desapareciam nas profundezas lodosas — o que serviu para lembrar que havia muitas criaturas nadando por ali que eu não podia ver. Depois que passamos pelas algas, o mar ficou agitado, e precisei prestar muito mais atenção ao sentido em que estávamos nadando. Ficava cada vez mais difícil fazer isso. O píer era uma visão indistinta no horizonte, e eu não conseguia enxergar nada lá embaixo. Depois de um período um pouco longo demais, percebi que o motivo por que tudo havia desaparecido era que meus óculos de mergulho estavam embaçados. Ops.

O suor havia evaporado dentro dos meus óculos de plástico, pois a pele ao redor dos meus olhos estava quente. Quanto mais esforço eu fazia, mais suor evaporava. O ar preso entre mim e os óculos agora havia se tornado uma sauna em miniatura, quente e úmida. Mas o oceano ao meu redor estava mais frio, então os meus óculos estavam sendo resfriados por fora. Quando se chocavam contra o plástico frio, as moléculas de ar perdiam calor e condensavam, tornando-se líquidas outra vez. Mas esse não era o problema. À medida que todas aquelas moléculas de água se encontravam dentro dos óculos, elas ficavam juntas, sofrendo uma atração muito maior umas pelas outras do que a que sofriam do plástico. A tensão superficial estava puxando-as para dentro, forçando-as a uma combinação em gotículas minúsculas, de forma que sobrasse o mínimo possível de superfície. Cada gotícula tinha uma largura muito pequena — talvez de 10 a 50 micrômetros. Assim, a gravidade era insignificante se comparada às forças da superfície que as atraíam para o plástico, e não havia razão para esperar que elas simplesmente escorressem.

Cada gotícula fazia o papel de uma lente, dobrando-se e refletindo a luz que a atingia. Quando levantei a cabeça para visualizar o píer, a luz que vinha diretamente para os meus olhos estava completamente alterada pelas gotículas. Como uma casa de espelhos em miniatura, elas haviam modificado a imagem, então o que eu via era apenas uma distorção cinzenta muito vaga. Parei por um momento para limpar os óculos, e durante um breve período de tempo voltei a ter uma visão límpida do píer. Mas a neblina retornou. Limpar. Neblina. Limpar. Por fim, simplesmente colei na minha parceira, pois ela estava usando uma toca de natação de um tom vermelho forte que atravessava as gotículas.

Quando chegamos ao píer, paramos para ver se todos estavam bem. Com um pouco de tempo para pensar, finalmente me lembrei de algo que havia aprendido cerca de uma semana antes com um mergulhador: cuspa nos seus óculos e esfregue no interior do plástico. Na época, eu havia feito cara de nojo, mas naquele momento não queria atravessar todo o cânion de volta sem enxergar, então cuspi. E o retorno foi uma experiência completamente diferente. Isso se deu em parte porque minha parceira decidira que estava achando tudo muito chato e resolvera desistir, então tive de me desdobrar para acompanhar os outros

TEMPESTADE NUMA XÍCARA DE CHÁ

competidores; mas principalmente porque consegui enxergar — nadadores, algas, a praia para onde estávamos indo e os ocasionais peixes curiosos. A saliva humana age um pouco como detergente: ela reduz a tensão superficial. Os meus óculos continuavam sendo uma sauna em miniatura, e a água continuava condensando, mas a tensão superficial não era forte o suficiente para reuni-la em gotículas. Então, ela se espalhava em uma fina camada que cobria toda a superfície. Como não havia aglomerados aquosos e extremidades, a luz podia passar em linha reta, e assim consegui enxergar com nitidez. De volta à praia, saí da água eufórica — por um lado pelo alívio de ter concluído o trajeto, mas por outro, pelo meu novo conhecimento do que o mundo subaquático tinha a oferecer.

Esta é uma das formas de evitar que as coisas fiquem embaçadas: espalhar uma fina camada de surfactante à superfície. Existem várias alternativas: saliva, xampu, creme de barbear ou caros produtos comerciais antiembaçantes. Se o surfactante for aplicado, qualquer água que condensar vai ser imediatamente coberta por ele. Ao acrescentar essa cobertura, você estará enfraquecendo a tensão superficial e influenciando a batalha das forças em cada gotícula para que a água cubra o plástico uniformemente. A água pode aderir a toda a superfície das lentes se não houver forças mais fortes para puxá-la. A tensão superficial é a única outra força que pode competir, então, quando a enfraquecemos, o problema é resolvido.[8]

Assim, uma solução é reduzir a tensão superficial. Mas existe outra: aumentar a força de atração nas lentes. Uma gotícula sozinha vai formar uma bola. Caso seja colocada em plástico ou vidro, ela vai

---

[8] Você pode observar esse efeito por si mesmo se pingar uma gotícula de água em alguma coisa que seja pelo menos um pouco hidrofóbica — um tomate serve. A gotícula ficará de pé, quase separada da superfície. Em seguida, toque-a com um palito de dente com um pouco de detergente na ponta, e a gotícula vai se espalhar imediatamente. Recomendo lavar o tomate para remover o detergente antes de consumi-lo.

O PEQUENO É BELO

ficar em pé, elevada, mal tocando a superfície, já que as moléculas de água vão se ajustar até que o mínimo possível delas esteja tocando o plástico. Mas se a gotícula for colocada em uma superfície sólida que atrai moléculas de água com uma força próxima à exercida por outras moléculas, a água vai se aninhar na superfície. Em vez de uma gotícula elegante quase esférica, será formada uma gota achatada que sentirá a atração da superfície tanto quanto sente a das suas vizinhas. Hoje em dia, compro óculos de mergulho com uma cobertura interna que atrai a água — chamada hidrófilo. A água ainda condensa, mas se espalha pela superfície, atraída pela cobertura. A condensação nas lentes não vai desaparecer, mas lentes embaçadas são coisas do passado.[9]

Enfraquecer a tensão superficial tem suas utilidades. Mas a atração entre moléculas de água é muito forte. E quanto menor for o volume de água que você tem como alvo, mais ela interfere. Assim, a tensão superficial é muito útil no encanamento em pequeníssimas escalas. Lá embaixo, você não precisa de bombas e sifões ou grandes quantidades de energia para mover a água; basta tornar as coisas pequenas o bastante para que a gravidade se torne irrelevante e deixar a tensão superficial fazer o trabalho árduo. Fazer faxina é muito chato, mas o mundo seria muito diferente sem o esfregão.

Sou uma cozinheira bagunceira, razoavelmente competente, mas muito mais interessada no processo de cozinhar do que no rastro de devastação que geralmente deixo para trás. Isso faz com que eu fique

---

[9] Esse equilíbrio — a relação entre a atração da água por uma superfície sólida e a atração que a água exerce sobre si mesma — ajuda em todos os tipos de problemas. O mais importante para qualquer britânico é o motivo que faz alguns bules puxarem a água quando estamos terminando de colocá-la na xícara para preparar o chá, fazendo com que caia na mesa em vez de cair na xícara. A explicação para isso é que o bule atrai muito a água. Quando o fluxo diminui, as forças que a atraem superam o impulso da água para a frente. Podemos resolver isso com um bule hidrofóbico, que não atraia a água. Infelizmente, no momento em que escrevo este livro, ninguém parece estar vendendo nenhum bule desse tipo.

TEMPESTADE NUMA XÍCARA DE CHÁ

nervosa quando cozinho na casa de outras pessoas. Anos atrás na Polônia, decidi preparar uma torta de maçã para o grupo internacional de voluntários com o qual estava trabalhando em uma escola.[10] Já não começou bem. A cozinheira alta e mal-humorada da escola gritou "NO!" com certo entusiasmo quando perguntei se poderia usar a cozinha, e precisei de alguns segundos confusos para lembrar que estávamos falando em polonês, e que "no"* significa "sim" nesse idioma. O meu polonês não era muito bom, e não entendi todos os detalhes das orientações que ela me deu em seguida, mas captei a mensagem muito incisiva de que a cozinha no final deveria estar limpa. Muito limpa. Nada derramado. Definitivamente, imaculada. Assim, mais tarde naquela noite, depois que ela retornara para casa e eu reunira todos os ingredientes, é claro que a primeira coisa que fiz foi derrubar uma imensa e recém-aberta caixa de leite.

Minha primeira reação foi querer que o leite desaparecesse, assim a exigente cozinheira jamais saberia o que tinha acontecido. O leite é escorregadio e grudento, não pode ser recolhido nem varrido, e essa poça em particular estava avançando pelo chão da cozinha a uma velocidade alarmante. Mas existe uma ferramenta muito eficaz para recolher um líquido. Ela se chama toalha.

Assim que a toalha encostou no leite, o líquido foi submetido a um novo conjunto de forças. Toalhas são feitas de algodão, e o algodão atrai a água. Lá embaixo, em uma escala minúscula, as moléculas de água eram atraídas pelas fibras de algodão, e lentamente escalavam as superfícies de cada fibra. E a atração que as moléculas de água exercem

---

[10] Na verdade, a torta seria um pedido de desculpas. Durante uma viagem à Cracóvia, eu prometera um jantar fabuloso ao alojamento judaico, mas estamos falando de uma época anterior aos smartphones, então me perdi no caminho. Levei doze pessoas famintas em um passeio alegre por ruas escuras e desertas, sem conseguir encontrar nenhum restaurante, quem dirá os excelentes lugares que eu tinha em mente. Acabamos comendo no McDonalds. Achei que a torta de maçã seria o mínimo que eu poderia fazer para compensar.
* Em inglês, "não". [N. da T.]

O PEQUENO É BELO

umas sobre as outras é tão forte que a primeira a tocar a toalha não pode subir sozinha. Ela só consegue se mover se levar junto a molécula de água seguinte. E essa, por sua vez, tem de levar a próxima. Assim, a água sobe pelas fibras de algodão levando consigo tudo mais no leite. As forças que ligam a água às fibras da toalha são tão fortes que a inexpressiva atração gravitacional que puxa para baixo se torna irrelevante. O que desce volta para cima de bom grado.

Mas essa é só metade da história. A verdadeira genialidade da toalha é que ela é felpuda. Se uma toalha pudesse apenas cobrir cada uma de suas fibras com uma fina camada de água, não conseguiria juntar tanto líquido. Mas as felpas dão ao objeto bolsas de ar e canais estreitos. Quando a água encontra seu caminho por um desses canais, é puxada para cima por todos os lados, e a água no meio vai sendo arrastada junto. Quanto mais estreito o canal, maior a superfície para cada gota de água no meio. Toalhas felpudas têm grandes áreas de superfície e lacunas muito estreitas entre uma e outra, então podem absorver muita água.

Enquanto eu via a poça de leite desaparecer na toalha, moléculas microscópicas de água aglomeravam-se, empurrando umas às outras para o interior das felpas. As de baixo estavam simplesmente seguindo a multidão, coladas às demais moléculas de água ao lado. As que tocavam o algodão se ligavam tanto ao algodão quanto às moléculas de água do outro lado, conservando sua posição. As que tocavam as áreas secas da toalha aderiam ao novo algodão seco, e depois de terem aderido puxavam as que estavam logo atrás, preenchendo as lacunas da estrutura. As da superfície estavam arrastando as moléculas de água diretamente abaixo, tentando cercar-se o máximo possível de outras moléculas de água e puxando a água para cima nesse processo. Isso se chama capilaridade. A gravidade estava atraindo todo o leite para baixo, onde quer que ele estivesse nas felpas. Mas ela não conseguia competir com as forças que seguravam tudo, as forças de cima, onde o leite tocava o algodão seco dentro de milhões de bolsas minúsculas de ar. À medida que eu virava a

TEMPESTADE NUMA XÍCARA DE CHÁ

toalha e a esfregava de um lado para outro, regiões diferentes dela eram preenchidas, armazenando a água nas bolsas de ar.

A água continua subindo pelas lacunas, levando consigo mais água, até a soma dessas forças minúsculas de várias bolsas de ar finalmente entrar em equilíbrio com a atração exercida pelo planeta. É por isso que, quando mergulhamos a ponta de uma toalha na água, o líquido sobe rapidamente alguns centímetros e em seguida para. Nesse momento, o peso da água é exatamente proporcional à força da tensão superficial que puxa para cima. Quanto mais estreitos os canais nas felpas, mais superfície haverá para contribuir com a tensão superficial, e com isso mais a água será puxada para cima. A escala tem uma grande importância aqui — se você tivesse felpas do mesmo formato, mas cem vezes maiores, elas não seriam nem um pouco absorventes. Mas quando reduzimos o formato, alteramos a hierarquia das forças, e com isso a água sobe.

A melhor parte da coisa toda é que, se você deixar a toalha secando lá fora, a água vai evaporar dessas bolsas de ar e desaparecer no ar. Seria difícil encontrar uma forma melhor de se livrar de um problema; a toalha absorve e retém o líquido até ele sair flutuando espontaneamente.[11]

O leite que eu havia derramado desapareceu. Terminei de preparar a torta de maçã e deixei a cozinha imaculada. Mas eu tinha mais um problema que a ciência de superfícies não podia resolver. O chantilly que servi com a torta de maçã estava abominável, e a expressão das pessoas que experimentaram a torta deixou isso bem claro. Não foi a melhor maneira de aprender a palavra polonesa para "azedo", que precedeu a palavra "creme". Mas vivendo e aprendendo — esse erro eu não cometo mais.

As toalhas são feitas de algodão porque ele é composto principalmente de celulose, longas cadeias de açúcares às quais as moléculas da água

---

[11] É claro que a gordura, a proteína e o açúcar presentes no leite não evaporam, e por isso a toalha precisa ser lavada.

aderem com muita facilidade. Rolos de algodão, panos de prato, papel barato: todos são absorventes porque têm uma estrutura felpuda em uma escala minúscula feita da celulose que adora água. A questão é: quais são os limites dessa física regida pela diferença de tamanho? Se você reduzir os canais o máximo possível fisicamente, o que pode fazer com eles? Não são só as toalhas que sugam a água para canais minúsculos feitos de celulose. A natureza chegou lá muito antes de nós. O melhor exemplo do que a física do pequeno é capaz de fazer também é o maior organismo vivo do planeta: as sequoias gigantes.

*

A floresta é silenciosa e úmida. Parece que sempre foi assim, que mudanças são algo raro aqui. O solo da floresta entre os troncos das árvores é coberto por musgo e samambaias, e os únicos sons ouvidos são os dos pássaros cantarolando que não conseguimos ver e os estalos perturbadores das árvores acomodando seu peso. Lá em cima, o céu azul pode ser visualizado entre os galhos verdes, finos e compridos, e aos meus pés há água por todos os lados: riachos, trechos de solo úmido, filetes explorando o caminho vale abaixo. Enquanto caminho aqui e ali, meu subconsciente me coloca em estado de alerta, pois há uma sombra se aproximando na floresta, uma sombra que se destoa naquele local. Mas não é um predador. É uma árvore, uma das realmente gigantes, um colosso de mil anos erguendo-se sobre as mais jovens, deixando claro qual é o seu lugar na floresta com sua sombra.

A sequoia-vermelha, *Sequoia sempervirens*, costumava cobrir grandes áreas desta parte do norte da Califórnia. Hoje, essas florestas gigantescas foram reduzidas a um punhado de aglomerados, e estou visitando um dos mais conhecidos, o Parque Nacional de Redwood, no condado de Humboldt. Essas gigantes são fascinantes porque cada tronco é completamente reto e vertical, estendendo-se apenas em direção ao céu. A

TEMPESTADE NUMA XÍCARA DE CHÁ

árvore mais alta conhecida no planeta está aqui, e tem assombrosos 116 metros de altura.[12] Na minha caminhada de rotina, frequentemente passo por árvores com troncos de 2 metros ou mais de diâmetro. Talvez o mais surpreendente seja que, logo por trás dos sulcos profundos e rugas da casca, essas árvores continuam ganhando anéis de crescimento. Elas estão vivas. As minúsculas folhas sempre-verdes 100 metros acima de mim estão capturando a energia do Sol, armazenando-a, produzindo a matéria a partir da qual uma nova árvore é formada.

Mas a vida demanda água, e a água está lá embaixo, onde eu estou. Assim, ao meu redor na floresta, a água está fluindo lá para cima. E esse fluxo nunca foi interrompido — pelo menos não desde que cada árvore brotou de sua semente. Algumas dessas árvores estão aqui desde a queda do Império Romano. Elas já se encontravam no meio da neblina californiana quando a pólvora foi inventada, quando o *Domesday Book** foi escrito, quando Genghis Khan espalhava pânico por toda a Ásia, quando Robert Hooke publicou *Micrographia* e os japoneses bombardearam Pearl Harbor. E em nenhum momento, durante todo esse tempo, a água parou de fluir. O que nos permite ter certeza disso é que o mecanismo depende da continuidade desse fluxo. Não há como reiniciá-lo. Mas é um sistema de encanamento muito inteligente, e o fabuloso exemplar de arquitetura viva que mantém tudo em funcionamento dá certo porque tem somente alguns nanômetros de largura.

A água viaja pelo xilema, um sistema de canos microscópicos de celulose que percorrem a árvore, estendendo-se das raízes às folhas. A "madeira" é basicamente isso, embora sua parte mais profunda vá deixando de ajudar na canalização da água quanto maior a árvore fica. A capilaridade, o mecanismo que tornou minha toalha absorvente,

---

[12] A torre do relógio de Westminster, que abriga o Big Ben, tem 96 metros de altura. Essas árvores são gigantes de verdade.

* Grande levantamento realizado na Inglaterra em 1086 por Guilherme I, semelhante ao censo da atualidade. [*N. da T.*]

O PEQUENO É BELO

só é forte o suficiente para sugar a água alguns metros para cima no encanamento da árvore. Isso é inútil para um tronco alto. As raízes da árvore também podem gerar sua própria pressão para impulsionar a água pelos canos, mas isso só é o bastante para empurrar a água alguns metros acima. A maior parte do trabalho não é feita empurrando. A água é puxada. O mesmo sistema opera em todas as árvores, mas as sequoias são as rainhas dele.

Sento-me sobre um tronco caído, logo ao lado de uma das gigantes, e olho para cima. Folhas minúsculas flutuam na brisa 100 metros acima da minha cabeça. Para fazer a fotossíntese, elas precisam da luz do sol, de dióxido de carbono e de água. O dióxido de carbono vem do ar e entra na árvore pelos bolsos minúsculos embaixo de cada folha, os estômatos. Parte da parede interna de cada um desses bolsos é uma rede de fibras de celulose, e entre as fibras há canais cheios de água. Estamos no topo do sistema de encanamento de água, depois de os canos terem se dividido sucessivas vezes, reduzindo-se em tamanho a cada vez que alcançam os estômatos. Aqui, onde os canos de água finalmente tocam o ar, cada um tem cerca de 10 nanômetros de largura.[13] As moléculas de água agarram-se firmemente às laterais de celulose de cada canal, e a superfície da água no meio curva-se para adquirir o formato de uma tigela em escala nano. A luz do sol aquece a folha e o ar em seu interior, e às vezes transfere energia suficiente para que uma molécula de água da superfície se liberte das outras. Essa molécula de água que evapora deixa a folha para o ar. Mas agora a tigela em escala nano está deformada — tornou-se profunda demais. A tensão superficial ficou puxando-a para dentro, atraindo as moléculas de água umas para as outras ainda mais a fim de reduzir a área da superfície. Há muitas novas moléculas que poderiam preencher a lacuna, mas estão todas muito atrás no canal. Assim, a água no canal é puxada para a frente

---

[13] Um nanômetro é muito, muito pequeno — há milhões de nanômetros em 1 milímetro.

TEMPESTADE NUMA XÍCARA DE CHÁ

com o objetivo de substituir a molécula perdida. Com isso, a água lá atrás no canal precisa fazer o mesmo para substituí-la — processo que se propaga pelo restante da árvore. Como o canal é tão minúsculo, a tensão superficial pode exercer uma atração imensa sobre a água abaixo, o suficiente (quando incluímos a contribuição de milhares de outras camadas) para puxar a coluna inteira de água árvore acima. É algo impressionante, se pensarmos bem. A gravidade está puxando toda a água presente na árvore inteira para baixo, mas a combinação entre várias forças minúsculas está vencendo a batalha.[14] E não é só uma batalha contra a gravidade; as forças para cima também estão derrotando o atrito das paredes dos tubos à medida que a água passa pelos microscópicos canais.

Emergindo do solo da floresta ao meu redor estão os verdadeiros bebês — árvores de apenas 1 ano de idade. Suas colunas de água estão só começando a se formar. À medida que a nova árvore cresce, o sistema de encanamento se prolonga, mas em nenhum momento é interrompido, de modo que o topo da coluna de água está sempre irrigando o interior do estômato. A água é puxada para cima, em direção ao ar, enquanto ela cresce. A árvore não pode reabastecer os canais se eles secarem, mas pode mantê-los preenchidos durante seu crescimento. Por mais alto que o tronco fique, essa coluna de água em nenhum momento deve ser interrompida. A razão pela qual as sequoias mais altas ficam perto do litoral é que a neblina costeira ajuda as folhas a permanecerem úmidas.[15] Uma quantidade menor de água precisa

---

[14] Mas existe um limite. Para aumentar a tensão na água a fim de puxá-la mais para cima, os estômatos precisam ficar menores. E estômatos menores absorvem menos dióxido de carbono, reduzindo a quantidade da matéria-prima disponível para a fotossíntese. A teoria sugere que o mais alto que uma árvore poderia chegar seria entre 122 e 130 metros, já que depois desse nível de altitude ela não conseguiria mais absorver o dióxido de carbono necessário para o seu crescimento.

[15] Também há evidências de que a neblina penetra os estômatos para mantê-los abastecidos com água, não só se limitando a evitar a evaporação.

O PEQUENO É BELO

deslocar-se das raízes até o topo, então o sistema pode ser mais lento, e as árvores, mais altas.

Esse processo de evaporação da água das folhas das árvores chama-se transpiração, e está acontecendo sempre que você olha para uma árvore sob a luz do sol. Essas sonolentas sequoias gigantes, na verdade, são imensas tubulações de água, sugando-a do solo da floresta, destinando parte dela à fotossíntese e depois liberando o restante para o céu. O mesmo acontece em todas as árvores. As árvores são uma parte essencial do ecossistema terrestre, e elas não conseguiriam subir em direção ao céu se não pudessem levar água consigo. E a beleza disso é que elas não precisam de um mecanismo ou de uma bomba para essa tarefa. Elas simplesmente encolhem o problema, lançando mão das regras do mundo microscópico para resolvê-lo e em seguida repetindo o processo tantos milhões de vezes que ele se torna a física dos gigantes.

O mundo minúsculo onde as forças da tensão superficial, da capilaridade e da viscosidade superam a gravidade e a inércia sempre fez parte do nosso dia a dia. Os mecanismos podem ser invisíveis, mas as consequências não são. E hoje não somos mais apenas espectadores admirando a elegância e o exotismo do que acontece lá embaixo. Estamos começando a nos tornar engenheiros, trabalhando com isso. Existe uma palavra para o campo em rápido desenvolvimento do encanamento lilliputiano, a manipulação e o controle dos fluidos que fluem pelos estreitos canais: "microfluidos". Por enquanto, não é um mundo familiar para a maioria de nós, mas no futuro terá um grande impacto nas nossas vidas, especialmente na medicina.

Hoje, quem sofre de diabetes pode monitorar sua glicemia usando um dispositivo eletrônico muito simples e uma tira de teste. Uma pequena gota de sangue em contato com a tira é sorvida imediatamente pelo material absorvente por causa da capilaridade. Há uma enzima alojada nos poros minúsculos da tira, a glicose oxidase, que reage com o açúcar presente no sangue e produz um sinal elétrico. O dispositivo

TEMPESTADE NUMA XÍCARA DE CHÁ

portátil mede esse sinal, e — *voilà!* — a medida precisa da glicemia é mostrada na tela. É fácil ver isso como uma descrição do óbvio — o papel absorve um fluido para que ele possa ser avaliado. E daí? Acontece que o processo não passa de uma demonstração rudimentar do princípio. Ele é muito mais sofisticado do que isso.

Se você pode passar um fluido por tubos e filtros minúsculos, reuni-lo em reservatórios, misturá-lo com outras substâncias químicas ao longo do processo e ver os resultados, é porque possui todos os componentes de um laboratório químico. Não precisa de tubos de ensaio, pipetas ou microscópios. Essa é a premissa da crescente indústria do "laboratório em um chip": o desenvolvimento de pequenos dispositivos para realizar exames médicos. Ninguém gosta de ter uma ampola inteira de sangue extraída de si, mas não é tão difícil abrir mão de uma única gota. Dispositivos menores de diagnóstico costumam ter uma produção mais barata e ser mais fáceis de distribuir. E você sequer precisa de materiais sofisticados como polímeros ou semicondutores para produzi-los. Basta papel.

Um grupo de pesquisadores de Harvard liderado pelo professor George Whitesides está cuidando do caso. Eles desenvolveram kits de diagnóstico do tamanho aproximado de um selo postal, feitos de papel, mas contendo um labirinto de canais de papel que adoram água com paredes de cera, que detestam a água. Quando você coloca uma gota de sangue ou urina na parte certa do papel, a capilaridade suga-a para o canal principal, que divide o líquido e o destina a várias zonas de teste diferentes. Cada uma contém os ingredientes necessários para um exame biológico diferente, e cada reservatório muda de cor dependendo dos resultados do teste.[16] Os pesquisadores sugerem que alguém que esteja muito longe de um médico poderia fazer o exame onde está, tirar uma

---

[16] Esses dispositivos têm um nome bem fácil de lembrar: "dispositivos eletroquímicos microfluídicos baseados em papel", ou uPADs [sigla do nome em inglês para *microfluidic paper-based electrochemical devices*]. Uma organização sem fins lucrativos chamada Diagnostics for All foi montada para ajudar a trazer a ideia para o mundo real.

O PEQUENO É BELO

foto do resultado com o celular e enviá-la por e-mail para um especialista capaz de interpretá-la, independente de onde ele estiver. No campo das ideias, isso é brilhante. O papel é barato, o dispositivo não requer energia elétrica para funcionar, é leve, e você só precisa de uma chama para descartá-lo com segurança. Como acontece com todos esses tipos de dispositivos, ele ainda precisa passar por muitas análises e ajustes antes de sabermos se uma ideia que soa tão simples pode dar conta do mundo real. Mas não é difícil ser convencido de que, de uma forma ou de outra, dispositivos como esse no futuro serão comuns na medicina.

A genialidade de tudo isso é que, quando olhamos para um problema, podemos optar por solucioná-lo em uma escala de tamanho que o torne mais fácil. É como ser capaz de escolher com quais leis da física você quer trabalhar. O pequeno é realmente belo.

4

Um momento no tempo

A marcha para o equilíbrio

Na hora do almoço de um domingo preguiçoso, o melhor lugar para se estar é em um pub inglês. As entranhas desses estabelecimentos sempre dão a impressão de terem sido cultivadas, e não projetadas — um aglomerado de espaços com formatos estranhos escondidos dentro de um esqueleto de carvalho. Você se acomoda a uma mesa posicionada entre comadres de latão polido e quadros de porcos premiados da era georgiana, e pede um almoço típico de um pub. O prato sempre vem acompanhado de uma tigela de batatas chips e um frasco de vidro de ketchup, mas essa combinação tem seu preço. Por décadas, as vigas de carvalho testemunharam um antigo ritual. O ketchup deve ser extraído da garrafa, mas isso não acontece sem uma boa luta.

Tudo começa quando uma pessoa otimista simplesmente vira o ketchup de cabeça para baixo sobre a tigela de batatas chips. Nada nunca acontece, mas ninguém pula essa etapa. O ketchup é grosso, viscoso, e a mera força da gravidade não é suficiente para extraí-lo do frasco. Ele é feito assim por duas razões. A primeira é que a viscosidade não deixa

115

que os temperos desçam para o fundo do frasco caso ele seja esquecido por algum tempo, então você não precisa se dar ao trabalho de agitá--lo para misturar o conteúdo. Mas o mais importante é que as pessoas preferem uma camada grossa para cada batata, e não conseguiríamos obter essa cobertura se o ketchup fosse aguado. Entretanto, ele ainda não está na batata. Ele continua no frasco.

Após alguns segundos, tendo se dado conta de que o frasco de ketchup é tão imune à gravidade quanto qualquer outro que já tenha encontrado pela frente, o esperançoso amante de batatas chips começa a agitá-lo. A agitação torna-se mais e mais violenta, até que chega a hora de tentar bater no fundo do frasco com a mão livre. No momento em que os outros ocupantes da mesa começam a se afastar para se proteger, boa parte do conteúdo cai todo de uma vez. O estranho é que o ketchup claramente pode fluir com muita facilidade e rapidez — a grossa camada que agora cobre a tigela (e provavelmente também metade da mesa) é prova disso. Ele simplesmente não flui — até fluir, e então flui com um entusiasmo e tanto. O que há de errado?

O que acontece com o ketchup é que, se você tentar empurrá-lo devagar, ele se comporta quase como um sólido. Mas no momento em que o forçamos a se mover rapidamente, ele age de forma muito mais parecida com um líquido, e flui com muita facilidade. Quando está em repouso dentro do frasco ou sobre uma batata chip, só está submetido à fraca força de atração gravitacional, então se comporta como um sólido e permanece estático. Mas se você agitá-lo com força suficiente e der início ao seu movimento, ele se comporta como um líquido e se movimenta muito rápido. É apenas uma questão de tempo. Fazer a mesma coisa rápido ou devagar rende resultados muito diferentes.

O ketchup consiste sobretudo em tomates triturados, temperados com vinagre e especiarias. Se fosse só isso, seria fino e aquoso, e não teria nada de interessante. Mas há ainda 0,5% de mais um ingrediente composto por longas moléculas constituídas de uma cadeia de açúcares ligados. É a goma xantana: originalmente produzida por bactérias, ela é um aditivo alimentar muito comum. Quando o frasco está em cima da mesa, essas longas moléculas se cercam de água e ficam um pouco enroladas com outras cadeias parecidas. Elas mantêm o ketchup no lugar. À medida que o nosso fã de ketchup vai agitando o frasco cada vez com mais força, essas longas moléculas vão se separando, mas voltam a se enroscar muito rápido. As batidas no fundo do frasco empurram o ketchup com mais velocidade, e os emaranhados continuam se desfazendo, em algum ponto mais rápido do que estão se refazendo. Depois desse ponto crítico, o comportamento anterior semelhante ao de um sólido desaparece, e o ketchup começa a sair do frasco.[1]

Existe um jeito de contornar esse problema, mas se considerarmos quanto tempo um britânico passa comendo batatas chips com ketchup, é surpreendente que seja tão difícil identificá-lo. A tática de virar o frasco de cabeça para baixo e bater no fundo não ajuda muito, porque o ketchup que é forçado a se tornar líquido está lá em cima, perto de onde você está batendo no fundo. O gargalo do frasco ainda está bloqueado pela substância grossa e grudenta que se recusa a sair do lugar. A solução é fazer o ketchup no gargalo tornar-se líquido, então a forma como você deve proceder é inclinar o frasco e bater no gargalo. A quantidade que vai sair é limitada, porque só o ketchup no gargalo tornou-se líquido. Os ocupantes da mesa ao redor serão salvos dos acidentais golpes dos seus cotovelos (e de um possível banho de ketchup), e as batatas serão salvas de um afogamento.

O tempo é importante no mundo da física, porque a velocidade em que as coisas acontecem é relevante. Se você fizer alguma tarefa duas vezes mais rápido, é possível que obtenha o mesmo resultado na metade do tempo. Mas na maioria das vezes obtém um resultado completamente

---

[1] Esse comportamento é chamado de "pseudoplasticidade", e também é útil para as lesmas, como veremos em breve.

TEMPESTADE NUMA XÍCARA DE CHÁ

diferente. Isso é muito útil, e é algo que usamos para controlar o nosso mundo de todas as maneiras. Também temos à nossa disposição muito tempo para brincar — já que há várias escalas de tempo diferentes em que as coisas podem acontecer. O tempo é relevante para o café, para os pombos e para prédios altos, e a escala de tempo a ser considerada é diferente em cada caso. Não se trata apenas de regular as coisas comuns das nossas vidas por conveniência. Na verdade, a vida só é possível porque o mundo físico nunca consegue acompanhar o próprio ritmo. Mas comecemos do princípio, com uma criatura que é conhecida por nunca acompanhar o ritmo de nada, o mascote para aqueles que sempre chegam em último lugar.

*

Em um dia ensolarado em Cambridge, finalmente tive de admitir que havia sido derrotada por uma lesma.

Não é muito comum dedicar-se à jardinagem no seu último ano de faculdade, mas a casa que eu estava dividindo com três amigas tinha um jardim, e a tentação era grande demais. Nas raras horas livres entre o trabalho e os esportes naquele ano, eu cortava alegremente a imensa floresta de urtigas que haviam tomado conta do lugar, e acabei descobrindo um tesouro enterrado na forma de pés de ruibarbo e roseiras. Meu pai riu de mim por ter plantado batatas ("tão polonês", comentou), mas eles faziam apenas parte da minha nova horta. O mais legal era que havia uma estufa suja cheia de entulhos e com uma videira. Eu podia plantar mudas (alho-poró e beterraba, imaginei) antes de transferi-los para a horta na primavera. No final de fevereiro, plantei as sementes em bandejas e esperei que as novas plantas crescessem.

Após algum tempo, estava claro que não havia nenhuma muda, mas havia muitas lesmas. Lá fui eu com meu regador apenas para encontrar um molusco metido no meio de cada bandeja, cercado de terra limpa

UM MOMENTO NO TEMPO

e, aqui e ali, um fragmento verde de um broto comido. Sem me deixar abater, joguei as lesmas para fora das bandejas, replantei as sementes e coloquei as bandejas em cima de tijolos para dificultar o acesso das lesmas. Duas semanas depois, os brotos haviam desaparecido outra vez, e havia mais lesmas do que nunca. Experimentei algumas estratégias diferentes, nenhuma bem-sucedida, até me restar uma única ideia. Dessa vez, peguei pares de vasos de flores vazios e cobri com bandejas de chá de cabeça para baixo, transformando-os em cogumelos gigantes com dois caules. Passei graxa ao redor de cada um e coloquei as bandejas de jardinagem no topo dos cogumelos de bandeja de chá. Depois de substituir o adubo, plantei as últimas sementes, cruzei os dedos e voltei a estudar física da matéria condensada.

As mudas cresceram em paz por cerca de três semanas. E então chegou o dia inevitável, quando encontrei uma lesma gorda e feliz onde elas deveriam estar. Lembro que fiquei ali na estufa, analisando com detalhes de uma investigação forense os possíveis caminhos que aquela criatura poderia ter percorrido. Havia apenas dois. Primeira opção: ela poderia ter rastejado pelo interior das paredes da estufa até o lado interno do telhado, e então de algum modo caído no exato local onde aterrissaria em uma bandeja de jardinagem. Isso parecia improvável. Segunda opção: ela havia rastejado pela bancada e subido pelas laterais dos jarros, pela extremidade externa da bandeja de chá, dobrado sem cair e depois avançado pelo topo da bandeja de chá até as mudas. De um modo ou de outro, precisei admitir que ela provavelmente fizera por merecer.[2] Como uma lesma pode ter feito aquilo? Os dois casos envolviam rastejar de cabeça para baixo grudada à superfície apenas pela própria gosma. Se você observar uma lesma se movimentando,

---

[2] É claro que há uma terceira opção: a de que a lesma fosse um ovo ou uma cria escondida no meio do adubo. Mas ela era bem grande, e eu não conseguia imaginar que pudesse ter crescido tanto em tão pouco tempo.

TEMPESTADE NUMA XÍCARA DE CHÁ

verá que é diferente de uma lagarta — ela não desgruda da superfície em nenhum momento à medida que avança. Está colada à sua gosma, e mesmo assim, de alguma forma, consegue se deslocar. Mas a gosma é a arma secreta da lesma, pois age como o ketchup.

Se você observar uma lesma se deslocando, não verá muita coisa, porque a margem externa do pé dela se move a uma velocidade constante. Tudo na extremidade acontece lentamente, então o muco é como o ketchup estacionário: grosso, grudento e difícil de mover. Mas embaixo, no meio, ondas robustas viajam da parte traseira para a dianteira da lesma. Cada onda empurra o muco para a frente com muita força, obrigando-o a se mexer muito rápido. E assim como o ketchup, o muco é pseudoplástico. Então, se for empurrado rapidamente, de repente flui bastante com muita facilidade. A lesma está flutuando sobre esse muco líquido naquelas ondas robustas, tirando vantagem da resistência inferior. Ela também precisa da gosma grossa para ter algo contra que empurrar. A única razão que permite que as lesmas (e os caramujos) se movimentem é que o mesmo muco pode se comportar como um sólido ou como um líquido, dependendo do quão rápido seja forçado a se mover. A grande vantagem desse método é que as lesmas não caem do lado de baixo das coisas, pois nunca se separam da superfície.

Como a gosma faz esse truque? Ela é um gel de moléculas muito longas chamadas glicoproteínas, todas misturadas. Quando a gosma está parada, ligações químicas se formam entre as cadeias, então ela se comporta como um sólido. Mas quando a gosma é empurrada com força suficiente, tais ligações são subitamente rompidas, e todas as longas moléculas podem deslizar umas sobre as outras como fios de espaguete. Se ficar parada por algum tempo novamente, as ligações voltam a se formar; e, após apenas um segundo, temos gel outra vez.

Se eu soubesse de tudo isso, será que poderia ter protegido as mudas? A saída seria escolher uma superfície à qual as lesmas não conseguissem aderir para escalar. O muco pode grudar praticamente em tudo que

UM MOMENTO NO TEMPO

há na sua casa — inclusive panelas antiaderentes. Experiências comprovaram que os caramujos conseguem aderir até mesmo a superfícies super-hidrofóbicas, aquelas que a água praticamente não toca. É um feito realmente extraordinário, mas provavelmente mais apreciado por aqueles que não têm mudas preciosas para proteger.

O mesmo mecanismo também explica como funcionam as tintas que não pingam. Quando a tinta está parada, ela é grossa e pegajosa. Mas quando você a pressiona com um pincel, ela se torna menos viscosa e é fácil espalhar uma camada fina e uniforme sobre a parede. Assim que você retira o pincel, a tinta retorna ao seu estado muito viscoso, por isso não escorre pela parede antes de secar.

*

Ketchup e lesmas são pequenos, mas o mesmo princípio físico pode ter sérias consequências em uma escala muito maior. Christchurch, na Nova Zelândia, era uma cidade charmosa e tranquila quando a visitei em 2002. O solo de lá é sedimentar, camada sobre camada de partículas minúsculas depositadas sucessivamente pelo rio Avon ao longo de milênios. É um lugar lindo, mas a cidade estava em cima de uma bomba-relógio. Às 12h51 da tarde do dia 22 de fevereiro de 2011, um terremoto de magnitude 6.3 atingiu uma área a cerca 10 quilômetros apenas do centro da cidade. O próprio terremoto já foi devastador o bastante, arremessando as pessoas no ar e destruindo prédios. Mas os sedimentos sobre os quais a cidade havia sido construída só tinham força e solidez quando em repouso. Assim como acontece ao ketchup, a forte agitação transformou-os em líquido. Os detalhes do que ocorre em pequena escala são um pouco diferentes — em vez da ruptura das ligações entre longas cadeias moleculares, a água penetra entre os grãos de areia e separa-os, permitindo que fluam. Mas o princípio físico geral é o mesmo: se agitado muito rápido, o solo começa a fluir como um líquido.

TEMPESTADE NUMA XÍCARA DE CHÁ

Um carro é um objeto pesado, então a gravidade o faz empurrar com força o chão sobre onde se encontra. Carros não afundam no chão porque o chão é sólido o bastante para resistir à pressão. Contudo, por alguns minutos em Christchurch, essa regra geral foi quebrada. Muitos carros naquele dia estavam estacionados em acostamentos de areia, repousando sobre um solo compacto que não havia se movimentado por décadas. Quando o terremoto atingiu o solo, as camadas de areia foram forçadas a deslizar umas sobre as outras de um lado para outro muito rapidamente. Se isso houvesse acontecido devagar, os carros estariam a salvo. Mas aconteceu tão rápido que a água penetrou entre os grãos de areia e eles não tiveram tempo de voltar ao seu lugar antes de serem forçados em outra direção. Assim, em vez de areia sobre areia, o solo de repente produziu uma mistura de areia e água que não tinha uma estrutura fixa. Qualquer carro estacionado em cima dessa mistura teria afundado na papa de sedimentos enquanto o solo estivesse balançando. Porém, assim que o terremoto parou, só levou mais ou menos um segundo para que os grãos se reorganizassem, passando a se apoiar sobre outros grãos. O chão havia voltado a se solidificar, mas agora o carro estava enterrado pela metade.

Esse processo foi responsável por muitos danos em Christchurch. Carros afundaram na lama e prédios caíram porque o solo não conseguiu mantê-los de pé. Isso se chama "liquefação", e é necessário algo tão forte quanto um terremoto para mover os sedimentos rápido o bastante e causar a liquefação. Mas se você movimentar os delicados grãos de areia com rapidez suficiente, sua força desaparece. É também por isso que brincar em areia movediça é uma péssima ideia. Se você lutar, a areia movediça se torna como um líquido, e você vai afundar. Mova-se devagar, e então terá uma chance de controlar onde está. O tempo faz a diferença. Quando alteramos a escala do tempo no que estamos fazendo, com frequência mudamos também os resultados.

UM MOMENTO NO TEMPO

Costumamos dizer que algo foi tão rápido que "aconteceu em um piscar de olhos". Um piscar de olhos dura um terço de segundo, e o tempo médio de reação de um ser humano é de cerca de um quarto de segundo. Isso parece muito rápido, mas pense no que precisa acontecer dentro desse período se você estiver fazendo um teste padrão de reação. Quando raios de luz atingem a sua retina, moléculas especializadas em detecção giram, desencadeando uma cadeia de reações químicas que causa uma pequena corrente elétrica. O sinal viaja pelo nervo ótico até o cérebro, estimulando os neurônios a enviarem sinais uns para os outros à medida que processam a necessidade de uma reação. Em seguida, sinais elétricos viajam até os músculos, desacelerados quando são transportados através das lacunas entre as células nervosas por difusão química. Quando a ordem de contrair é recebida, as moléculas na fibra muscular ampliam-se umas sobre as outras até sua mão alcançar o botão. Tudo isso só para você fazer a coisa mais rápida que pode fazer.

Nossa fabulosa complexidade tem seu preço. Considero os seres humanos animais muito lentos, arrastando-se pelo mundo físico, pois há tantas etapas diferentes envolvidas em tudo que fazemos. Enquanto avançamos pesadamente em meio a tudo isso, muitos sistemas físicos mais simples estão fazendo suas (diversas) coisas. Mas esses processos simples e eficientes são rápidos demais para vermos. É possível ter uma ideia de como é esse mundo ao deixar uma única gota de leite cair no seu café de uma boa altura. A gota irá quicar antes de cair outra vez na bebida, e isso é praticamente a coisa mais rápida que podemos ver. O orientador do meu doutorado dizia que, se fôssemos rápidos, poderíamos mudar de ideia, desistir de tomar leite, e pegar a gota quando ela quicasse, mas com certeza você precisaria de algo menor e mais rápido do que um humano para fazer isso.

A ideia do quanto deixamos de ver por sermos lentos foi a inspiração para o meu doutorado. Eu estava fascinada pela noção de um mundo que podia estar fazendo coisas bem diante dos meus olhos, coisas

TEMPESTADE NUMA XÍCARA DE CHÁ

pequenas e rápidas demais para eu ver. Então, escolhi um doutorado que me permitisse brincar com a fotografia de alta velocidade, uma tecnologia que iria me permitir ver partes do mundo que geralmente são invisíveis por serem tão rápidas. Mas câmeras como essas só estão disponíveis para os seres humanos. O que fazer se você tem o mesmo problema, mas é um pombo?

Em 1977, um cientista visionário chamado Barrie Frost convenceu um pombo a andar em uma esteira. Essa foi uma daquelas experiências que nos dias de hoje provavelmente ganhariam um prêmio Ig Nobel como um exemplo perfeito de ciência que primeiro nos faz rir e depois nos faz pensar. À medida que a correia da esteira deslizava para trás, a ave precisava andar para a frente a fim de permanecer no mesmo lugar. O pombo aparentemente pegou o jeito rápido, mas algo estava faltando enquanto ele fazia sua caminhada. Se você já se sentou em uma praça para observar os pombos saltitando à procura de comida, talvez tenha percebido que suas cabeças balançam para a frente e para trás enquanto andam. Sempre pensei que isso parecia uma coisa muito desagradável de se fazer, e parece estranho se esforçar tanto por nada. Mas o pombo na esteira não estava balançando a cabeça, o que fez Barrie tirar uma conclusão muito importante sobre esse hábito. A ave obviamente não precisava balançar a cabeça para andar, então o movimento não estava relacionado à física do deslocamento. O hábito de balançar a cabeça estava relacionado ao que o pombo podia ver. Na esteira, apesar de estar andando, o ambiente ao redor do pombo não mudava. Se ele ficasse com a cabeça parada, veria exatamente a mesma paisagem o tempo todo. Isso tornava o ambiente agradável e fácil de ver. Mas quando o pombo está caminhando na terra, o cenário muda constantemente à medida que ele avança. Acontece que essas aves não conseguem ver "rápido" o bastante para capturar o ambiente em constante mutação. Assim, na verdade eles não estão balançando as cabeças para a frente e para trás como parece. O que estão fazendo é jogar a cabeça para a frente, e só

124

UM MOMENTO NO TEMPO

então dar um passo que faz o restante do corpo alcançar a cabeça, para em seguida jogar a cabeça para a frente outra vez. A cabeça permanece na mesma posição enquanto o passo é dado, assim o pombo tem mais tempo para analisar a cena atual antes de passar para a seguinte. Ele tira um instantâneo do ambiente e depois impulsiona a cabeça para a frente a fim de capturar o próximo instantâneo. Se você passar algum tempo observando um pombo, ficará convencido disso (embora vá precisar de um pouco de paciência, porque eles geralmente são muito rápidos).[3] Ninguém parece saber ao certo por que certas aves são tão lentas na captura de informações visuais — a ponto de ser necessário balançar as cabeças —, enquanto o mesmo não ocorre com outras. Mas as mais lentas não conseguem acompanhar o próprio mundo sem fragmentá-lo em um filme de quadros estáticos.

Nossos olhos conseguem acompanhar o ritmo em que caminhamos, mas se você precisar examinar alguma coisa de perto enquanto está andando ou correndo, geralmente sente uma vontade irresistível de parar para dar uma boa olhada. Seus olhos não conseguem colher informações rápido o bastante para capturar todos os detalhes enquanto você está em movimento. Os seres humanos em geral jogam exatamente o mesmo jogo que o pombo (sem balançar a cabeça), e nosso cérebro costura as coisas para que nunca descubramos isso. Os nossos olhos correm ra-

---

[3] Há um trecho muito engraçado no artigo de Frost quando ele descreve o que aconteceu quando acidentalmente ajustaram a esteira para uma velocidade muito lenta. Eu não costumo citar artigos científicos para um efeito cômico, mas este caso é completamente justificável: "Depois de termos concluído a filmagem de um pássaro em particular, a esteira foi inadvertidamente ajustada para um modo muito lento em vez de ter sido desligada, como se pretendia. Após um curto período de tempo, percebemos que a cabeça do pássaro estava sendo lenta e progressivamente impulsionada para a frente, até que ele acabou tropeçando e caindo. Observações subsequentes indicaram que o tropeço, ou mudanças extremas de postura, também podia ser produzido por movimentos muito lentos (na direção oposta àquela que provocava o caminhar comum) da esteira. Parecia que a velocidade extremamente lenta (imperceptível para nós) da esteira não era suficiente para fazer com que a ave andasse, mas era suficiente para estabilizar sua cabeça, mesmo que isso às vezes resultasse na perda do equilíbrio."

pidamente de um lado para outro, acrescentando informações à nossa imagem mental a cada parada. Se você olhar para a própria imagem no espelho e olhar diretamente no reflexo de um dos olhos e depois do outro, perceberá que nunca consegue ver seus olhos se moverem, mesmo que outra pessoa ao seu lado possa vê-los movimentando-se de um lado para outro. O seu cérebro costurou a percepção da cena de uma forma que você jamais poderia saber que houve um salto; mas esses saltos acontecem o tempo todo.

A questão é que somos apenas um pouquinho mais rápidos do que o pombo, o que só serve para ressaltar quantas coisas devem ser mais rápidas do que nós. Estamos acostumados à vida a escalas de tempo limitadas — podemos acompanhar as coisas que duram de cerca de um segundo a alguns anos. Mas isso não é tudo que existe. Sem a ciência para nos ajudar, estaríamos cegos para qualquer coisa que acontecesse a pouco mais do que alguns milissegundos ou ao longo de alguns milênios. Só conseguimos perceber um trecho entre uma coisa e outra. É por isso que os computadores podem fazer tantas coisas e que parecem tão misteriosos. Eles executam o que precisam fazer em intervalos mínimos de tempo, então conseguem concluir tarefas extremamente complexas antes de percebermos que qualquer período de tempo se passou. Os computadores ficam cada vez mais rápidos, mas não somos capazes de perceber isso, porque um milionésimo e um bilionésimo de segundo têm o mesmo significado para nós: ambos são rápidos demais para nos darmos conta. Mas isso não quer dizer que essa distinção não significa nada.

O que vemos depende da escala de tempo em que estamos fazendo a nossa observação. Para entendermos a diferença, vamos comparar o rápido e o lento: uma gota de chuva e uma montanha.

Uma gota de chuva grande leva um segundo para cair 6 metros, a altura de um prédio de dois andares. O que acontece com ela durante esse segundo? A gota de chuva é um aglomerado de moléculas de água

UM MOMENTO NO TEMPO

chocando-se de forma contínua, cada uma presa firmemente pela atração do grupo, mas traindo suas alianças dentro dele o tempo todo. Uma molécula de água, como vimos no último capítulo, é composta por um átomo de oxigênio acompanhado por dois átomos de hidrogênio, um de cada lado — o trio formando um V. A molécula inteira pode dobrar e se alongar enquanto salta pela rede frouxamente formada por bilhões de outras moléculas idênticas. Nesse único segundo, essa molécula pode pular 200 bilhões de vezes. Se a nossa molécula chegar à extremidade dessa multidão, vai descobrir que não há nada fora da gota que possa competir com a fortíssima atração das massas, então é sempre puxada de volta para o centro. O formato da gota de chuva dos desenhos animados é ficção: gotas de chuva têm muitos formatos, mas nenhum com pontas finas. Quaisquer extremidades pontiagudas serão rapidamente suavizadas, pois as moléculas individuais não conseguem resistir à atração do grupo. Apesar da força dessa atração, porém, a forma perfeita nunca é alcançada. Reajustes contínuos são feitos em reação aos golpes do ar. Uma gota pode ser achatada, mas em seguida vai se recompor, prolongando-se e alongando-se em um formado de bola de rúgbi, e novamente voltando à forma anterior — isso 170 vezes em um único segundo. O glóbulo está sempre oscilando e se reinventando, um campo de batalha entre as forças externas que tentam destruí-lo e a violenta atração do grupo que mantém tudo junto. Às vezes, a gota de chuva se torna uma panqueca, para logo depois se esticar em um guarda-chuva fino, e então explodir em um exército de gotículas minúsculas. Tudo isso acontece em menos de um segundo. Não conseguimos ver nada, mas a gota se transforma um bilhão de vezes em um piscar de olhos. Por fim, choca-se contra a pedra dura, e a escala de tempo muda.

A pedra é granito. Ela não se moveu ou mudou em nenhum momento até onde a memória humana alcança. Contudo, 400 milhões de anos atrás havia um vulcão gigante no hemisfério sul, e o magma lá embaixo se espremeu para penetrar as lacunas da rocha vulcânica. Ao longo dos

TEMPESTADE NUMA XÍCARA DE CHÁ

milênios seguintes, o magma esfriou, separando-se lentamente em cristais de tipos diferentes, e se transformou no granito duro e implacável. Com o passar de mais tempo, o leviatã rochoso foi sufocado pelas eras do gelo, modificado por plantas e gelo, polido pela chuva. Enquanto o vulcão era consumido, ele também viajava. Desde a explosão gigante que o concluiu, esse pedaço de continente tem avançado lentamente para o norte. Sobre ele, espécies e eras geológicas vieram e partiram, ao passo que o planeta encaixava e desencaixava as mal-acabadas peças do quebra-cabeça. Hoje, um décimo depois do tempo total de existência do nosso planeta, tudo que restou do dramático vulcão original são as míseras ruínas de suas entranhas expostas. Nós chamamos de Ben Nevis, a montanha mais alta das Ilhas Britânicas.

Quando você e eu olhamos para a montanha ou para a gota de chuva, quase não notamos nenhuma mudança. Mas isso acontece por causa da nossa percepção do tempo, e não por causa daquilo que estamos observando.

Vivemos entre as escalas de tempo, e às vezes fica difícil encarar o restante do tempo a sério. Não é apenas a diferença entre *agora* e *depois*, é a vertigem que sentimos quando pensamos no que o "agora" realmente representa. Agora pode ser um milionésimo de segundo ou um ano. A sua perspectiva é completamente diferente quando você observa eventos incrivelmente rápidos e outros incrivelmente lentos. Mas a diferença não tem nenhuma relação com como as coisas estão mudando; é apenas uma questão de quanto tempo elas levam para chegar lá. E onde é "lá"? É um estado de equilíbrio. Se relegado à própria sorte, nada jamais deixará sua posição final, pois não tem razão para isso. No final das contas, não há forças para mover nada, pois todas estão equilibradas. O mundo físico, todo ele, só tem um destino: o equilíbrio.

Imagine uma eclusa em um canal. As eclusas foram inventadas com o mais engenhoso dos objetivos: permitir que barcos subam desníveis em canais. Elas funcionam porque os barcos são propelidos para a frente contra o fluxo da água, mas só se esse fluxo for muito lento. Nenhum barco de canal pode enfrentar uma cachoeira, mas com a ajuda de uma eclusa é capaz de subir um monte. Uma eclusa é composta por dois portões que formam um gargalo completo em um canal, retendo um trecho de água isolado entre si. De um lado da eclusa, a água é mais alta; do outro, mais baixa. Qualquer embarcação que queira subir ou descer o canal precisa passar pela eclusa. Digamos que haja um barco esperando lá embaixo. A água entre os portões a princípio está na mesma altura que o canal inferior. Os portões inferiores se abrem, o barco então avança ruidosamente para entrar na eclusa, e os portões inferiores se fecham. Em seguida, os portões superiores são abertos, mas só um pouco, e a água entra na eclusa. Essa parte é a mais importante. Quando os portões superiores estavam fechados, a água acima da eclusa não tinha razão para ir a lugar nenhum. Ela se encontrava no lugar mais baixo onde podia estar, em equilíbrio. Não havia nenhum lugar melhor, e ela teria ficado ali indefinidamente. Contudo, assim que se abre uma brecha conectando-a ao reservatório de água entre os portões, isso muda. De repente, há uma rota para um lugar melhor. A gravidade está sempre puxando a água para baixo, e acabamos de abrir a porta para que ela reaja à atração gravitacional e desça mais. Assim, o líquido flui para se encontrar com o barco e vai enchendo a eclusa até que a altura da água no interior se torne igual à altura da água acima dela. Ninguém precisou fazer nada além de oferecer a rota para um novo equilíbrio. Mas agora o barco está à mesma altura que a parte superior do canal, e assim que os portões são completamente abertos ele pode seguir caminho fluxo acima, contra a lentíssima corrente do canal. Atrás do barco, logo que os portões voltam a se fechar, tudo fica em equilíbrio. A água entre os portões permanece indefinidamente lá porque não há lugar melhor onde estar. Todas as forças estão equilibradas. Então, em algum momento, um barco vai entrar na eclusa navegando fluxo abaixo, alguém abrirá o portão inferior e a água poderá fluir para dentro do canal, descendo com o fluxo, onde encontrará um novo equilíbrio.

A lição tirada de tudo isso é que podemos fazer muitas coisas no mundo alterando a posição de equilíbrio. Se deixadas à própria vontade, as coisas se arrastam até alcançar o equilíbrio, e então permanecem no mesmo lugar. Para fazer as coisas acontecerem, precisamos controlar onde está o equilíbrio. Se você puder mover o alvo, é possível garantir que as coisas fluam na direção que quiser, e só quando você determinar.

A ideia de que o mundo físico estará sempre a caminho do equilíbrio — de que líquidos quentes e frios vão se misturar até tudo estar à mesma temperatura, ou de que um balão irá se expandir até a pressão interna e a externa tornarem-se iguais — está relacionada ao conceito de que o tempo só flui em um sentido. O mundo não pode voltar atrás. A água nunca fluirá por si só em uma eclusa do nível mais baixo para o mais alto. Isso significa que podemos determinar que lado vai para a frente observando sistemas que se movem em direção ao equilíbrio. Se, por um lado, mover as coisas pela força bruta custa muita energia, por outro, influenciar a velocidade do deslocamento com destino ao equilíbrio na maioria das vezes tem um custo muito baixo. Além disso, costuma ser muito útil.

A Represa Hoover é um dos maiores feitos da engenharia civil do último século. Ao deixar Las Vegas e passar por ela, a estrada serpenteia por um cenário rochoso onde parece impossível que qualquer coisa grande possa estar escondida. Os únicos indícios apontando para algo incomum vêm de visões ocasionais de água azul reluzente, completamente incongruentes naquela paisagem no meio do deserto. E então você de repente vira em uma curva e lá está — ou melhor, lá estão os 7,5 milhões de toneladas dela: uma rolha gigantesca de concreto no meio dessa paisagem americana escarpada.

Cem anos atrás, o rio Colorado corria tranquilamente pelo estreito cânion. A chuva que vinha lá de cima das Montanhas Rochosas e passava pelas vastas planícies a leste era afunilada na descida por uma série de vales até desaguar no golfo da Califórnia. O problema para os

UM MOMENTO NO TEMPO

fazendeiros e habitantes urbanos do local não era o volume de água (e havia muita), mas o momento que ela escolhia para chegar. Na primavera, enchentes imensas podiam varrer os campos, mas no outono só restava um fraco filete que não era suficiente para abastecer a população cada vez maior. A água jamais deixaria de partir das montanhas, passar pelas planícies e desaguar na mesma parte do oceano. Entretanto, o que tanto fazendeiros quanto habitantes urbanos precisavam era controlar o momento de sua chegada,[4] e especialmente impedir que chegasse toda de uma vez. Assim, a represa foi construída.

Uma gota d'água que deixou as Montanhas Rochosas e desceu todo o Grand Canyon agora se encontra no lago Mead, o reservatório gigante construído por trás da represa. Ela não tem outro lugar para onde ir, ou pelo menos não terá por um bom tempo. O segredo aqui é que a gota é mantida onde está — lá em cima — por não poder descer mais do que isso. Em 1930, uma gota que deixasse o Grand Canyon teria descido 150 metros antes de poder repousar. Depois de 1935, quando a represa foi concluída, porém, a mesma gota passou a poder alcançar esse ponto e continuar 150 metros acima do solo do vale. O que é fantástico é que nenhuma energia se tornou necessária para mantê-la lá em cima. Bastou que um obstáculo fosse cuidadosamente posicionado para garantir que ela não se deslocasse mais para lugar nenhum. Ela se encontra em um equilíbrio criado pelo homem, e é por isso que está sendo mantida onde está.

Até, é claro, que os humanos decidam que querem que ela vá para outro lugar. Eles podem controlar o fluxo por intermédio da represa, racionando a água que alimenta o resto do rio Colorado. Não há mais

---

[4] Quando me mudei para o sudoeste americano, não conseguia me livrar de uma curiosidade inquietante para saber de onde exatamente vinha toda a água naquele ambiente seco. O livro que respondeu muitas das minhas dúvidas (e que conta a fascinante história das batalhas travadas pelo suprimento de água na região) foi *Cadillac Desert*, de Marc Reisner, e eu o recomendo. A Califórnia vem sofrendo com secas severas no momento em que escrevo, e as difíceis decisões sobre como lidar com elas não podem mais ser adiadas.

TEMPESTADE NUMA XÍCARA DE CHÁ

enchentes rio abaixo, e o rio nunca para de correr por completo. Além disso, há mais um benefício: quando a água controlada passa pela represa, a grande pressão que se acumulou aciona as turbinas, produzindo energia elétrica. A consequência dessa administração da água é que centenas de milhares de pessoas podem viver e trabalhar nos áridos desertos do sudoeste americano.

A Represa Hoover foi construída para controlar o tempo em que o fluxo da água ocorre, mas o princípio demonstrado por ela vai muito além da utilização da água. Quando se trata da geração de energia, tudo que fazemos é posicionar obstáculos para a energia que já está em deslocamento de um ponto para outro. O mundo físico sempre buscará o equilíbrio, mas de vez em quando podemos alterar a posição do equilíbrio mais próximo e a velocidade com que algo deste planeta pode chegar lá. Pelo controle desse fluxo, também determinamos o momento da liberação da energia. Em seguida, garantimos que, ao fluir por meio dos nossos obstáculos artificiais a caminho do equilíbrio, ela faça algo útil para nós. Nós não criamos nem destruímos energia. O que fazemos é apenas mover o alvo e desviá-la.

Como muitas das civilizações que nos antecederam, precisamos enfrentar o problema da limitação de recursos. Combustíveis fósseis são produzidos a partir de plantas que cresceram usando a energia do Sol, desviando essa energia do seu destino alternativo: um calor agradável, ou o equivalente ao fundo de um rio em se tratando de utilidade. Combustíveis fósseis são o equivalente energético das represas, uma forma que armazena energia em um equilíbrio temporário. Quando nós os escavamos e empregamos o estímulo certo, estamos escolhendo o momento da liberação da energia ao oferecer uma rota para outro equilíbrio acessível por intermédio de uma chama e de uma decomposição química em dióxido de carbono e água. O problema é que a quantidade de recursos na forma de combustíveis fósseis disponíveis para exploração é limitada, e em questão de algumas vidas humanas liberamos uma energia que levou milhões de anos para ser acumulada. Os reservatórios de combustíveis fósseis estão se esgotando, e não serão reabastecidos por milhões de anos. Energia renovável, como a hidroeletricidade proveniente da Represa Hoover e de muitas outras, desvia a cachoeira de energia solar que está fluindo pelo nosso mundo neste momento. O dilema que a nossa civilização precisa resolver continua sendo o mesmo: como interromper e iniciar o fluxo de energia com eficiência para podermos fazer o que quisermos sem mudar o mundo demais?

Da próxima vez que ligar algum aparelho movido a bateria, pense que está escolhendo o momento da liberação da energia contida na bateria. Para isso, você abre um portão elétrico e então desloca a energia através dos circuitos do dispositivo. É isso que lhe permite fazer algo útil com ela. A partir de então, ela assumirá a forma de calor — o que teria feito de qualquer maneira. É isso que os interruptores do mundo são, todos eles: guardiões que controlam o tempo de um fluxo; e o fluxo só acontece em um sentido: com destino ao equilíbrio. Se deixarmos o fluxo acontecer de uma vez só, teremos um resultado; se reduzirmos sua velocidade, fazendo com que ocorra gradativamente no tempo que nos for mais conveniente, teremos outro. O tempo é relevante aqui porque só pode andar em um sentido: ao escolhermos o momento do fluxo rumo ao equilíbrio e a sua velocidade, adquirimos um controle considerável sobre o mundo. Mas nem sempre as coisas param ao alcançar o equilíbrio. Se estiverem indo muito rápido ao se aproximarem do ponto de equilíbrio, elas podem passar direto por ele e continuar fluindo. Isso abre a porta para um novo grupo inteiro de fenômenos, incluindo alguns problemas.

O intervalo para o chá no meio da tarde é uma parte essencial do meu dia de trabalho. Mas percebi recentemente que o mero fato de ir pegar uma caneca para beber me força a reduzir o ritmo, e não só por causa do tempo necessário para ferver a água. Minha sala na University College London fica no final de um corredor comprido, e a sala do chá fica na outra extremidade. A viagem de volta até o meu local de trabalho, acompanhada de uma caneca cheia de chá, acontece no ritmo mais lento do meu dia inteiro (o meu ritmo de caminhada durante o expediente é algo entre "rápido" e "passo de corrida"). O problema não é que a caneca está cheia demais; é o balanço. A cada passo, fica pior. Qualquer pessoa racional aceitaria que reduzir o ritmo seria uma solução razoável, mas um físico antes de tudo faria uma experiência para checar se essa é a única solução. Nunca se sabe o que podemos descobrir, e eu não aceitaria o óbvio sem uma boa contestação.

Se enchermos uma caneca de água, colocarmos a caneca sobre uma superfície plana e dermos um empurrãozinho, a água começará a balançar de um lado para outro. Isso acontece porque quando você balança a caneca, ela se move, mas a água a princípio é deixada para trás, acumulando-se do lado da caneca que você empurrou. Então, você terá um nível mais alto de água de um lado do que do outro, de modo que a gravidade puxa a água que está mais elevada para baixo e a água do outro lado é puxada para cima. Por um instante, a superfície volta a ficar plana, mas a água não tem motivo para parar de se mover. Ela simplesmente continua subindo do outro lado. A gravidade a puxa à medida que isso acontece, mas leva algum tempo para que possa parar a água por completo. Quando isso acontece, o nível da água está mais alto no segundo lado do que no primeiro, e então o ciclo recomeça. Se a caneca está sobre uma superfície plana, o balanço de um lado para outro vai gradualmente parando até o equilíbrio ser retomado. Mas quando você está andando, as coisas são diferentes.

O problema está no ciclo. Se você fizer o teste do empurrãozinho com canecas de tamanhos diferentes, verá que o balanço acontece da mesma forma em todas, mas é mais rápido em uma caneca estreita e mais lento em uma caneca larga. Uma caneca com mais da metade cheia sempre balança o mesmo número de vezes por segundo, por maior que seja o empurrão inicial. Mas esse número depende da caneca, e o principal fator é o seu raio.

Existe um conflito entre a força descendente da gravidade, que puxa tudo de volta para o equilíbrio, e o momento linear do fluido, que se torna maior quando passa pelo ponto de equilíbrio. Em uma caneca maior, além de haver uma quantidade maior de fluido, ele tem mais espaço para se mover, então o ciclo leva mais tempo para se inverter. A frequência especial que cada caneca possui é conhecida como sua frequência natural, a taxa com que vai balançar o líquido se empurrada e depois retornar ao equilíbrio sozinha.

Passei algum tempo brincando com as canecas do meu escritório. Tenho uma pequenininha com uma foto de Newton com apenas 4 centímetros de diâmetro. Nela, a água balança umas cinco vezes por segundo. A maior tem uns 10 centímetros de diâmetro, e balança umas três vezes por segundo. Essa caneca grande é velha, barata e feia, e nunca gostei muito dela, mas continuo usando-a porque de vez em quando simplesmente preciso de muito chá.

Quando saio da sala de chá com a minha caneca cheia e dou uns dois passos rápidos pelo corredor, dou início aos balanços. Se quiser voltar à minha sala sem derramar a bebida, preciso evitar que os balanços aumentem. Esse é o ponto crucial do problema. Enquanto ando, não consigo evitar balançar um pouco a caneca. Se o ritmo dos balanços for igual à frequência natural de oscilação, ele vai aumentar. Quando você empurra uma criança em um balanço, empurra em um ritmo regular proporcional ao ritmo do balanço, de forma que o movimento só se intensifica. O mesmo acontece no caso do chá. Isso se chama ressonância. Quanto mais o impulso externo se aproxima da frequência natural, mais provável é que o chá seja derramado. O problema de todos os humanos sedentos é que, por acaso, a maioria das pessoas anda em um ritmo muito próximo da frequência natural de oscilação da caneca típica. Quanto mais rápido andamos, mais nos aproximamos dela. É quase como se o sistema tivesse sido projetado para me atrasar, mas não passa de uma coincidência inconveniente.

TEMPESTADE NUMA XÍCARA DE CHÁ

Acontece que existe uma solução satisfatória. Se eu usar a caneca minúscula, ela balança rápido demais para que o ritmo do meu movimento aumente os balanços e faça o chá ser derramado. Mas quero mais do que um gole de chá. Se usar a caneca grande, o meu caminhar rápido fica muito próximo da sua frequência natural, e o desastre está a três passos no trajeto pelo corredor. A única solução é reduzir o ritmo, de modo que os balanços provocados pelo meu andar sejam muito mais lentos do que a frequência de oscilação da caneca.[5] Sinto-me melhor por ter tentado, mas a lição aqui é que não consigo vencer a dependência do tempo da física.

Qualquer objeto que balance — oscile — tem uma frequência natural. Ela é determinada pela situação e pela relação entre a intensidade da atração para o equilíbrio e a rapidez com que os objetos se movimentam para chegar lá. A criança no balanço é só um entre vários exemplos, como o pêndulo, um metrônomo, uma cadeira de balanço e um diapasão. Quando você está carregando uma sacola de compras e ela parece balançar a um ritmo que não acompanha o dos seus passos, é porque ela está oscilando na sua frequência natural. Sinos grandes produzem sons graves porque seu tamanho faz com que levem um bom tempo para contrair e dilatar, então eles ressoam a uma baixa frequência. Registramos uma grande quantidade de informações sobre objetos simplesmente escutando-os, pois podemos ouvir quanto tempo eles levam para vibrar.

Essas escalas de tempo especiais são muito importantes para nós, pois conseguimos usá-las para controlar o mundo. Se não quisermos que a oscilação aumente, precisamos nos certificar de que o sistema não seja levado à sua frequência natural. Esse é o jogo com o chá. Mas se

---

[5] Na verdade, há outra solução: começar a beber cappuccino. A camada de espuma apresentada pela bebida reduz muito as oscilações, então bebidas cobertas por espuma não balançam com tanta facilidade. Isso também é útil no pub. Os amantes da cerveja podem até não gostar muito de espuma, mas pelo menos um bom colarinho evita que derramem a bebida.

quisermos que a oscilação continue sem muito esforço, podemos optar por compeli-lo à frequência natural. E, para isso, não usamos só pessoas. Também usamos cachorros.

Inca está ereta e pronta, concentrada na bola de tênis como uma corredora esperando pelo tiro que dá início à largada. Quando levanto o braço de plástico que segura a bola, seu corpo se retesa, e então a bola passa por cima de sua cabeça e ela corre, cheia de entusiasmo e elegância, com uma energia que parece não acabar nunca. Eu e seu dono, Campbell, conversamos enquanto Inca corre rapidamente pela grama baixa. Ela não traz a bola que joguei de volta, pois já está com uma segunda bola de tênis na boca (parece que isso é uma característica dos spaniels), mas quando a pega, fica de guarda até irmos ao seu encontro, apanharmos a bola e jogarmos a primeira bola mais longe. Após meia hora de perseguições incansáveis, ela finalmente se senta, o rabo espanando alegremente a grama, e olha para nós, ofegante.

Eu me ajoelho e faço carinho no seu dorso. Toda aquela corrida à nossa volta a deixou quente. Ela não estava suada porque os cães não suam, mas precisava se livrar de todo aquele excesso de calor. Os arquejos dão a impressão de demandar esforço, presumindo-se que usem muita energia e gerem ainda mais calor. Parece um paradoxo. Inca não dá a mínima para as minhas considerações, mas está muito feliz pelos afagos recebidos, e um filete de saliva pinga de sua boca aberta. Depois de uma corrida, o ritmo da minha respiração volta gradualmente ao normal, mas quando Inca para de ofegar, isso acontece muito rápido. Seus olhos castanhos imensos me encaram, e me pergunto de quanto mais tempo ela precisa para se recuperar antes de voltar a correr atrás das bolas de tênis.

A forma mais eficiente de perder calor é, de longe, pela evaporação da água. É por isso que suamos. Transformar água líquida em gás requer uma grande quantidade de energia, e, convenientemente, o gás em seguida é liberado para o ar, levando consigo essa energia. Como

TEMPESTADE NUMA XÍCARA DE CHÁ

os cachorros não suam, eles não produzem água na pele que possa evaporar, mas têm muita água em suas vias aéreas. O objetivo dos arquejos é empurrar o máximo possível de ar para o interior molhado dos seus narizes, com o intuito de se livrarem do calor rapidamente. Como se para demonstrar isso, Inca começa a ofegar outra vez. Percebo que ela respira cerca de três vezes por segundo, o que me parece muito esforço. Mas a parte interessante é que não é. Seus pulmões atuam como um oscilador. Esse é o ritmo mais eficiente de respiração para ela, pois é a frequência natural dos seus pulmões. Quando inspira, ela está distendendo as paredes elásticas dos pulmões, e algum tempo depois essas superfícies elásticas empurram de volta com força suficiente para inverter o ciclo. Assim que os pulmões retornam ao seu tamanho normal, ela usa um pouquinho só de energia para colocá-los no ciclo outra vez. O lado negativo é que, quando está respirando rápido assim, ela não está substituindo o ar dentro dos pulmões. Então, na verdade, não está absorvendo tanto oxigênio extra enquanto tudo isso acontece. É por isso que não respira assim o tempo todo. Mas, naquele momento, a necessidade de perder calor supera a necessidade de obter oxigênio, e ao movimentar os pulmões na frequência certa exata, ela inspira o máximo possível de ar pelo nariz com o mínimo possível de esforço. Desse modo, os arquejos estão gerando uma quantidade minúscula de calor se comparada à quantidade que ela está perdendo. Ela inspira pelo nariz, mas está com a boca aberta porque a salivação também está colaborando com esse sistema de resfriamento. Quando a saliva evapora, isso ajuda a perder mais energia. Os arquejos param outra vez, e os olhos de Inca se dirigem à bola de tênis abandonada. Um olhar inquisitivo para Campbell é o suficiente (ele é bem treinado), e o jogo recomeça.

A frequência natural de algo depende do seu formato e do material de que é feito, mas o fator mais relevante é o tamanho. É por isso que cachorros menores arquejam mais rápido. Seus pulmões são pequenininhos, e inflam e desinflam naturalmente muito mais vezes por segundo.

UM MOMENTO NO TEMPO

Ofegar é uma maneira muito eficiente de perder calor quando se é pequeno. Mas vai se tornando menos eficiente à medida que você fica maior, e talvez seja por isso que animais maiores suam (especialmente os sem pelo, como nós).

Cada objeto tem uma frequência natural, e muitas vezes mais de uma — se possuir diferentes padrões possíveis de vibração. À medida que os objetos ficam maiores, essas frequências geralmente ficam menores. Pode ser necessário um estímulo imenso para mover um objeto muito grande, mas até um prédio pode vibrar, embora muito lentamente. Um edifício, aliás, pode se comportar um pouco como um metrônomo, um tipo de pêndulo de cabeça para baixo — a base é fixa, enquanto o topo se movimenta. Lá em cima, o vento é mais rápido do que no nível do solo, e isso é o bastante para dar a prédios altos e estreitos o tipo de empuxo que os faz balançar na sua frequência natural. Se você já esteve em um prédio alto em um dia com muito vento, provavelmente sentiu isso. Um ciclo pode durar alguns segundos. É desconcertante para as pessoas lá dentro, então os arquitetos desses prédios passam muito tempo tentando encontrar uma solução para reduzir a oscilação. Eles não podem contê-la completamente, mas podem alterar a frequência e a flexibilidade para torná-la menos perceptível. Se você sentir isso acontecendo, não se preocupe — o prédio foi projetado para se inclinar, então não vai cair.

O vento pode ser forte, mas não empurra em um ritmo regular capaz de se igualar à frequência natural do prédio, de modo que há um limite para a intensidade da oscilação. Mas o abalo de um terremoto produz ondulações no chão, imensas ondas viajando a partir do epicentro, inclinando lentamente a Terra de um lado para outro. O que acontece quando um prédio se depara com um terremoto?

Na manhã de 19 de setembro de 1985, a Cidade do México começou a se mover. As placas tectônicas sob a extremidade do oceano Pacífico, a 350 quilômetros de distância, subiram umas sobre as outras para

TEMPESTADE NUMA XÍCARA DE CHÁ

gerar um terremoto de magnitude 8.0 na escala Richter. Na Cidade do México, os abalos duraram de 3 a 4 minutos, o suficiente para deixar a cidade em ruínas. Estima-se que 10 mil pessoas tenham morrido, e a infraestrutura da cidade sofreu danos imensos. A recuperação levou anos. O Instituto Nacional de Padrões dos Estados Unidos e o Instituto de Pesquisa Geológica, também dos Estados Unidos, enviaram uma equipe de quatro engenheiros e um sismólogo para fazer uma avaliação dos estragos. O relatório detalhado mostrou que a responsável por grande parte dos piores danos fora uma terrível coincidência de frequências.

Em primeiro lugar, a Cidade do México está sobre os sedimentos do fundo de um lago que formam uma bacia rochosa. Os dispositivos de monitoramento do terremoto mostraram belas ondas regulares com uma única frequência, apesar de os sinais de um terremoto geralmente serem muito mais complexos do que isso. Acontece que a geologia dos sedimentos do lago lhes deu uma frequência de oscilação natural, então eles haviam amplificado quaisquer ondas com cerca de dois segundos. A bacia inteira havia temporariamente se transformado no topo de uma mesa balançando quase exatamente à mesma frequência.

A amplitude foi bem elevada. Mas quando analisaram os danos específicos, os engenheiros descobriram que a maioria dos prédios que haviam caído ou sofrido as piores avarias tinha entre cinco e vinte andares. Os prédios mais altos ou mais baixos (e há muitos dos dois tipos) haviam resistido quase sem estrago. Eles concluíram que a frequência natural da oscilação se aproximara muito da frequência natural dos prédios de tamanho mediano. Com um empuxo regular de longa duração exatamente à frequência certa, esses prédios vibraram como diapasões, e não tiveram a menor chance.

Atualmente, o controle da frequência natural dos prédios é levado muito a sério pelos arquitetos. A administração das oscilações de vez em quando é até mesmo comemorada. No Taipei 101 — um monstro taiwanês de 509 metros de altura que, de 2004 a 2010, foi o prédio mais alto do mundo —, o lugar para se visitar são as galerias de observação do 87º ao 92º andar. Essa parte do prédio é oca, e podemos ver suspenso dentro dela um pêndulo esférico de 660 toneladas pintado de dourado. É lindo, estranho e prático. Seu papel não é só ser uma peculiaridade estética, mas tornar o prédio mais resistente a terremotos. O nome técnico para isso é amortecedor de massa sintonizado, e a ideia é que, quando ocorrer um terremoto (algo comum em Taiwan), o prédio e a esfera balancem de forma independente. Quando um terremoto tem início, o prédio balança para um lado, puxando consigo o pêndulo. Mas depois que a esfera se move nessa direção, o prédio já balançou para o outro lado, então puxa a esfera de volta. Assim, a esfera está sempre puxando no sentido oposto ao movimento do prédio, reduzindo a oscilação. A esfera pode se movimentar 1,5 metro em qualquer sentido, diminuindo a oscilação geral do prédio inteiro em cerca de 40%.[6] As pessoas lá dentro ficariam muito mais confortáveis se o prédio não se mexesse em nenhum momento, mas os terremotos desequilibram o prédio, então ele precisa se mexer. Os arquitetos não podem evitar que isso ocorra, mas podem fazer ajustes para determinar o que acontece na viagem de volta. Os ocupantes do prédio não têm outra opção a não ser segurar firme enquanto a imensa torre inclina-se para um lado e para outro do ponto de equilíbrio, até que a energia se perca e a serena estabilidade seja retomada.

*

O mundo físico está sempre tiquetaqueando em busca do equilíbrio. Essa é uma das leis fundamentais da física, conhecida como Segunda Lei da Termodinâmica. Mas não existe nada nas regras que diga o quão rápido ele precisa chegar lá. Cada injeção de energia afasta os objetos do

---

[6] Há ainda dois pêndulos menores logo abaixo do principal que ajudam nessa função.

TEMPESTADE NUMA XÍCARA DE CHÁ

equilíbrio, move o alvo, e então o processo de retomada recomeça outra vez. A própria vida existe porque explora esse sistema, usando-o para transferir energia de um lado para outro pelo controle da velocidade e do fluxo em busca do equilíbrio.

As plantas continuam entrando de fininho aqui e ali na minha vida, mesmo morando em uma cidade grande. Da minha cozinha, posso ver a luz clara do sol iluminando mudas de alface, os morangueiros e as ervas na varanda. A luz que se deposita no terraço é absorvida pelo seu material, a madeira, que esquenta, e esse calor em algum momento se dispersa pelo ar e pelo prédio. O equilíbrio é alcançado bem rápido, e nada de muito excitante acontece no processo. Mas a luz do sol que banha as folhas de coentro está entrando em uma fábrica. Em vez de ser convertida diretamente em calor, ela é desviada para servir às necessidades da fotossíntese. A planta usa a luz para desequilibrar as moléculas, com isso guardando a energia para si. Pelo controle do caminho mais fácil de volta ao equilíbrio, as engrenagens da planta usam essa energia em etapas para produzir moléculas que atuam como baterias químicas, e em seguida para converter dióxido de carbono e água em açúcar. É como um sistema fantasticamente complexo transmitindo energia, incluindo eclusas, passagens secundárias, quedas-d'água e rodas hidráulicas, e o fluxo da energia é controlado pela alteração da velocidade com que ela passa por cada trecho. Em vez de fluir diretamente para o fundo, a energia é forçada a formar moléculas complexas no caminho. Elas não estão em equilíbrio, mas a planta pode armazená-las até precisar de energia, e depois as coloca em algum lugar onde podem dar o próximo passo em direção ao equilíbrio, e o seguinte depois disso. Contanto que o coentro esteja recebendo luz, ela está fornecendo a energia de que ele necessita para manter a fábrica em funcionamento, buscando o equilíbrio continuamente enquanto a injeção de energia muda as metas de lugar. No final das contas, vou comer o coentro, o que promoverá uma injeção de energia no meu sistema. Usarei essa energia para evitar que o meu

UM MOMENTO NO TEMPO

próprio corpo entre em equilíbrio, e enquanto eu continuar comendo, o sistema não conseguirá acompanhar o ritmo. O equilíbrio não será alcançado. Mas eu escolho quando comer, e meu corpo escolhe quando usar essa energia, tudo isso pelo controle das comportas.

Levando em consideração a maneira como a vida é comum neste planeta, é surpreendente que ninguém tenha encontrado uma definição específica para esse estado. Nós o reconhecemos quando o vemos, mas o mundo vivo geralmente pode fornecer uma exceção para qualquer regra simples. Alguma definição precisa se encaixar na manutenção de uma situação de desequilíbrio com o uso dessa situação para construir fábricas moleculares capazes de se reproduzir e desenvolver. A vida é algo que pode controlar a velocidade com que a energia flui por intermédio do próprio sistema, manipulando o fluxo para manter o próprio fluxo. Nada que esteja em equilíbrio pode estar vivo. E isso significa que o conceito do desequilíbrio é fundamental para dois dos grandes mistérios da nossa era. Como a vida teve início? E existe vida em algum outro lugar do universo?

Atualmente, os cientistas acham que a vida começou em fontes termais no fundo do mar 3,7 bilhões de anos atrás. Dentro das fontes, havia água morna alcalina. Fora delas, água do mar mais fria e levemente ácida. Quando elas se misturaram na superfície da fonte, o equilíbrio foi alcançado. É possível que as primeiras formas de vida tenham surgido no meio do caminho para o equilíbrio, agindo como guardiãs do portal. O fluxo em direção ao equilíbrio foi desviado para formar as primeiras moléculas biológicas. Aquela primeira barreira de pedágio pode ter se desenvolvido em uma membrana celular, os muros de proteção em torno de cada célula que separa o interior, onde há vida, do exterior, onde não há. A primeira célula teve sucesso porque podia adiar o equilíbrio, e essa foi a porta para a bela complexidade do nosso mundo vivo. O mesmo provavelmente se aplica a outros mundos.

Parece muito provável que de fato haja vida em outros lugares do universo. Existem tantas estrelas, com tantos planetas e tantas

TEMPESTADE NUMA XÍCARA DE CHÁ

condições diferentes, que, por mais excepcionais que possam parecer as condições necessárias para a formação da vida, elas poderiam ter surgido em outros lugares. Mas as chances de que a vida existente em outros planetas nos informe de sua existência pelo envio de sinais de rádio são pequenas. O espaço é tão grande que, no momento em que qualquer sinal chegasse até nós, a civilização que o criou provavelmente já estaria extinta. No entanto, é possível que a mera existência de vida esteja difundindo sinais para o cosmo, ainda que isso não seja intencional. No topo do Mauna Kea, no Havaí, há um par de cúpulas com telescópios, esferas brancas gigantescas estacionadas uma ao lado da outra sobre uma dorsal. A primeira coisa que pensei quando as vi foi que se pareciam com olhos de sapos gigantes contemplando o cosmo. Este é o Observatório Keck, e esses globos oculares gigantes podem ser os primeiros a verem qualquer sinal de vida fora do sistema solar. Quando os planetas alienígenas passam na frente das estrelas distantes em torno das quais orbitam, a luz da estrela passa pela atmosfera, e os gases deixam uma impressão digital nela. Os telescópios Keck estão começando a capturar essas impressões digitais, e logo podem conseguir detectar atmosferas que não estejam em equilíbrio. Oxigênio demais para ser sustentável, muito metano... Eles podem trair a existência de vida no planeta, alterando o estado do seu mundo à medida que ele escapa das garras do equilíbrio. Talvez nunca saibamos ao certo. Por outro lado, talvez isso seja o mais perto que poderemos chegar de saber que existem outros organismos lá fora: evidências de algo controlando a velocidade da marcha para o equilíbrio à medida que constrói complexidades vivas que jamais veremos.

5

Tirando onda

Da água ao wi-fi

Quando você vai à praia, é quase impossível passar qualquer período considerável de tempo de costas para o mar. A sensação é de que isso é errado, tanto porque estamos perdendo a oportunidade de contemplar a grandiosidade da paisagem, quanto porque olhar para o outro lado impede que fiquemos de olho no que o oceano pode fazer de repente. Por outro lado, curiosamente, é reconfortante observar o limite entre o mar e a terra, já que ele se renova e se redesenha constantemente. Quando eu morava em La Jolla, na Califórnia, minha recompensa após um longo dia era caminhar até o oceano, sentar em uma rocha e observar as ondas enquanto o sol se punha. A apenas 100 metros da praia, elas eram longas e baixas, difíceis de ver. À medida que rolavam em direção à praia, ficavam mais altas, e sua presença, mais óbvia, até que enfim quebravam na praia. Eu podia passar horas sentada ali, observando aquele suprimento interminável de novas ondas.

Uma onda é algo que todos nós reconhecemos, mas que pode ser difícil descrever. As que se encontram no litoral são um desfile de cristas,

TEMPESTADE NUMA XÍCARA DE CHÁ

formas enrugadas na superfície da água que se movimentam de lá para cá. Podemos medi-las observando a distância entre as cristas sucessivas das ondas e a altura dessas cristas. Uma onda de água pode ser tão pequena quanto as marolas que produzimos quando sopramos o chá para esfriá-lo, ou maiores do que um navio.

Mas as ondas têm uma característica bastante estranha, e em La Jolla eram os pelicanos que tornavam essa característica óbvia. Pelicanos-pardos habitam toda aquela costa, e eles parecem tão velhos que você se pergunta se eles simplesmente atravessaram um buraco de minhoca, tendo vindo de alguns milhões de anos atrás. Eles têm bicos ridiculamente longos que em geral ficam abaixados, e pequenos grupos desses pássaros curiosos são avistados com frequência deslizando solenemente logo acima das ondas, próximo à costa. De vez em quando, eles mergulham sem cerimônia na superfície oceânica. E essa era a parte interessante. As ondas sobre as quais deslizavam rolavam continuamente em direção à praia, mas os pelicanos não iam a lugar nenhum.

Da próxima vez que você estiver na praia observando o movimento do mar, observe as aves marinhas sobre a superfície.[1] Elas estarão alegremente acomodadas, passageiras sendo carregadas de um lado para outro com as ondas, mas sem ir a lugar algum.[2] Isso significa que a água tampouco está indo a algum lugar. As ondas se movem, mas o mesmo não pode ser dito da coisa que está "ondulando" — a água. A onda não pode ficar estática; a engrenagem toda só funciona se a forma estiver se movendo. Assim, as ondas estão sempre se movendo. Elas transportam energia (pois a energia é necessária para que a água adquira o formato

---

[1] Uma das descobertas acidentais do tempo que passei no mar é que a melhor forma de irritar um observador de aves é perguntar sobre gaivotas, pois não existe uma gaivota, mas vários tipos diferentes. As gaivotas são aves que vivem no litoral, e os observadores ou passarão horas explicando o fato de não existir uma única gaivota, ou vão virar as costas e ir embora com raiva.

[2] Se você tiver a chance de vê-las de lado, perceberá que na verdade estão girando em pequenos círculos. A questão é que não estão pegando carona com a onda.

da onda e depois volte ao estado original), mas não transportam "coisas". Uma onda é uma forma regular em movimento que transforma energia. Talvez fosse por isso que eu achava que sentar na praia e olhar para o mar era algo tão terapêutico. Eu podia ver como a energia era continuamente transportada para a praia pelas ondas, e também que a água nunca mudava.

Existem vários tipos de ondas, mas há alguns princípios básicos que se aplicam a todas. As ondas sonoras produzidas por um golfinho, as ondas sonoras produzidas por uma pedra e as ondas luminosas de uma estrela distante têm muito em comum. E, na atualidade, não apenas reagimos às ondas que a natureza nos dá, como também produzimos a nossa própria contribuição muito sofisticada com essa torrente — contribuição esta que conecta os elementos dispersos da nossa civilização. Mas o uso consciente das ondas pelos seres humanos para consolidar vínculos culturais não é algo novo. A história começou séculos atrás, no meio de um oceano gigantesco.

Um rei surfando nas ondas do oceano provavelmente parece uma imagem de um sonho particularmente esquisito. Contudo, 250 anos atrás no Havaí, todo rei, rainha e chefe do sexo masculino ou feminino tinha uma prancha de surfe, e o talento real no esporte nacional era uma fonte considerável de orgulho. As pranchas compridas e estreitas especiais chamadas de "Olo" eram reservadas à elite, enquanto o povo usava as pranchas mais curtas e manobráveis "Alaia". Os campeonatos eram uma prática comum, e serviram de drama central para muitas histórias e lendas havaianas.[3] Quando se vive em uma ilha tropical deslumbrante cercada pelo oceano azul, construir uma cultura em torno de brincadeiras no mar parece algo perfeitamente razoável. Mas os pioneiros

---

[3] Outros ilhéus do oceano Pacífico, mais notavelmente os taitianos, também tinham pranchas de surfe. Entretanto, parece que eles só ficavam deitados e sentados sobre elas. Os havaianos foram os pioneiros da ideia de ficar de pé na prancha, e, portanto, do "surfe" como o entendemos hoje.

TEMPESTADE NUMA XÍCARA DE CHÁ

havaianos do surfe tinham outra coisa a seu favor: o tipo certo de ondas. Sua nação em uma pequena ilha no meio de um vasto oceano ocupava uma posição privilegiada. A geografia e a física havaiana filtravam a complexidade do oceano, e reis e rainhas surfavam nas consequências.

Enquanto os havaianos cantavam, exortando o mar calmo e sem ventos a elevar-se em um swell* pronto para o surf, o oceano a quilômetros de distância pode ter tido uma aparência um pouco diferente. Os ventos de tempestades maciças empurravam a superfície do oceano, depositando energia ao forçar a água a formar ondas. Mas as ondas das tempestades são misturas confusas de ondas curtas e longas viajando em direções diferentes, quebrando, formando-se outra vez e se chocando. As tempestades de inverno são comuns a uma latitude de cerca de 45 graus, então as tempestades ficavam ao norte, no inverno do hemisfério norte, e ao sul do Havaí, no inverno do hemisfério sul. Mas as ondas precisam se deslocar. Apesar de os ventos da tempestade estarem diminuindo, o trecho de mar agitado estaria se expandindo para fora dos limites da tempestade, em direção às águas calmas. Ali, um processo de distribuição podia ocorrer. A verdadeira natureza do confuso caos revelava-se — não só um caos desordenado, mas uma multidão de tipos diferentes de ondas, umas sobre as outras. Ondas de água com um comprimento de onda mais longo (isto é, a distância entre as cristas) viajam mais rápido do que ondas de comprimento menor. Assim, as primeiras ondas a escapar serão as mais longas, deixando suas primas mais curtas para trás. Mas há um preço a ser pago à medida que uma onda de água viaja. A energia vai sendo gradualmente roubada pelo ambiente, e o custo por quilômetro é mais alto para as ondas mais curtas. Elas não apenas estão perdendo a corrida, como também sua energia, e não

---

* Termo usado na prática do surfe para descrever uma grande ondulação formada pela turbulência de uma tempestade. Essas ondulações percorrem longas distâncias, aumentando de tamanho à medida que o mar fica mais raso e formando grandes ondas quando chegam à costa. [N. da T.]

TIRANDO ONDA

leva muito tempo para desaparecerem. A milhares de quilômetros de distância da tempestade e dias depois, tudo que sobra é um swell suave e regular que se propaga pelo planeta.

Assim, a primeira vantagem do Havaí no fato de ser um ponto tão distante das grandes tempestades é senti-las apenas na forma desse swell residual suave, comportado e de comprimento de onda longo. Sua segunda vantagem é que o oceano Pacífico é muito profundo, e as laterais vulcânicas da ilha são muito íngremes. As ondas viajam imperturbadas através da superfície oceânica, até que, de repente, se deparam com uma encosta escarpada. Então, toda a energia que foi espalhada por uma imensa profundidade precisa se tornar mais concentrada nas partes mais rasas, de modo que a altura das ondas precisa aumentar. E muito perto da praia os havaianos aguardavam os últimos suspiros desses monstros lentos, e então as ondas se tornavam tão altas que precisavam quebrar sobre as praias perfeitas das ilhas. E, quando quebravam, os reis e rainhas estavam prontos com suas pranchas de surfe.

As ondas de água provavelmente foram as primeiras ondas de que as pessoas tomaram consciência. Algo sobre o que um pato pode flutuar é fácil de imaginar e entender. Mas existem ondas de diversos tipos, e muitos dos mesmos princípios aplicam-se a elas. Todas as ondas têm um comprimento e uma distância mensurável entre uma crista e a outra. Como estão em movimento, todas também têm uma frequência — o número de vezes que passam por um ciclo (da crista ao vale, e depois de volta à crista) em um segundo. Todas as ondas também têm uma velocidade, mas algumas (como as ondas de água) viajam em velocidades diferentes, dependendo do comprimento. O problema da maioria das ondas é que não podemos ver o que produz a ondulação. Ondas sonoras viajam no ar, e são ondas de compressão; em vez de um formato em movimento, o que passa é um empuxo. As ondas mais difíceis de imaginarmos são as mais comuns de todas: as ondas luminosas, que viajam por campos elétricos e magnéticos. Mas apesar de não ser pos-

TEMPESTADE NUMA XÍCARA DE CHÁ

sível ver a eletricidade, podemos ver os efeitos do fato de a luz ser uma onda ao nosso redor.[4]

Uma das principais razões pelas quais as ondas são interessantes e úteis é que o ambiente por onde passam com frequência as altera. Quando uma onda é vista, ouvida ou detectada, é uma arca do tesouro de informações, pois leva consigo a assinatura de onde esteve. Mas essa assinatura só fica estampada de forma relativamente simples. Há três coisas principais que podem acontecer a uma onda: ela pode ser refletida, refratada ou absorvida.

*

Se você passar pela peixaria de um supermercado e der uma olhada no que estão oferecendo, o que verá será em sua maioria prateado. As exceções a essa regra são peixes tropicais, como a trilha e a tilápia vermelha, além dos peixes que habitam o fundo do mar, como o linguado. Mas a maior parte dos peixes que você encontrará são aqueles que nadam em cardumes no oceano, como o arenque, a sardinha e a cavala. A prata é interessante, pois, na verdade, não é uma cor. É apenas uma palavra para algo que atua como um trampolim para a luz, refletindo-a para o mundo. Todas as ondas podem ser refletidas, e quase todos os materiais refletem alguma luz. O que torna a prata especial é que ela reflete tudo indiscriminadamente. Cada cor é tratada da mesma maneira, sem exceções. O metal polido é muito bom nesse truque, e é útil, pois o ângulo em que a luz chega é o mesmo ângulo em que a luz

---

[4] As experiências que demonstraram que a luz se comporta como uma onda eram relativamente simples. Foi necessária uma experiência extremamente inteligente do tamanho da órbita terrestre ao redor do Sol para revelar a característica mais complexa da luz: não há "coisa" alguma produzindo as ondulações. Em vez disso, as ondas viajam como perturbações nos campos elétricos e magnéticos. O teste ficou conhecido como experiência de Michelson-Morley, e é um dos meus favoritos de todos os tempos, pois é fácil de entender, extremamente elegante e usou o nosso planeta inteiro como veículo para testar a hipótese.

TIRANDO ONDA

é projetada. Se você pegar uma imagem do mundo e usar um espelho para refleti-la em uma direção diferente, os ângulos relativos de todos esses raios de luz permanecem os mesmos. É difícil polir o metal com precisão suficiente para conseguir uma imagem perfeita, e os espelhos sempre foram muito valorizados na história humana. Ainda assim, subestimamos os peixes prateados. Os peixes sequer podem usar o metal; a fim de serem prateados, eles precisam construir estruturas que fazem o mesmo trabalho a partir de moléculas orgânicas. Isso é complicado e, portanto, caro em termos evolutivos. Assim, se você é um arenque, que importância isso tem?

Os arenques percorrem os mares em cardumes, alimentando-se de pequenas criaturas semelhantes a camarões e torcendo para escapar dos grandes carnívoros: golfinhos, atuns, baleias e leões-marinhos. Mas os oceanos são lugares imensos e abertos sem esconderijos. A única solução é a invisibilidade, ou pelo menos o mais perto que a natureza pode chegar disso: a camuflagem. Assim, o peixe deveria ser azul para combinar com o fundo aquoso? O problema aí é que a tonalidade exata depende do período do dia e do que há na água, então ela muda de cor o tempo todo. Mas o arenque precisa ter a tonalidade exata da água ao fundo para sobreviver. Portanto, transformam-se em espelhos nadadores, pois o oceano aberto atrás deles terá exatamente a mesma aparência que o oceano aberto à frente. Esses peixes podem refletir 90% de toda a luz que incide sobre eles, assemelhando-se a um espelho de alumínio de alta qualidade. Ao refletir as ondas luminosas de volta para os olhos de predadores em potencial, um arenque pode nadar protegido por um escudo feito de luz.

A reflexão nem sempre é perfeita. Com frequência, só parte da luz é refletida por um objeto. Mas isso é fantasticamente útil se dois objetos estiverem próximos e quisermos distingui-los. O que reflete a luz azul é a minha caneca de chá, e o que reflete a luz vermelha é a da minha irmã. Assim, a reflexão é relevante quando uma onda incide sobre uma

TEMPESTADE NUMA XÍCARA DE CHÁ

superfície. Mas não é a única coisa que pode acontecer quando uma onda se depara com uma fronteira. A refração pode desviar sutilmente as ondas, alterando o modo como viajam.

Quando uma rainha havaiana contemplava o litoral de um despenhadeiro, observando as ondas se erguerem, ela provavelmente percebia que, apesar de o swell no oceano estar se aproximando de uma direção diferente a cada dia, no ponto em que as ondas alcançam a costa, elas são sempre paralelas à praia. Ondas nunca vêm de lado, não importa para que lado o litoral esteja. Isso acontece porque a velocidade das ondas de água depende da profundidade da água, e ondas em águas mais profundas viajam mais rápido. Imagine uma longa praia reta com um swell vindo de uma direção suavemente à esquerda. A parte da crista da onda à direita, mais distante da praia, está em águas mais profundas. Assim, viaja mais rápido, pegando a parte mais próxima da onda, e toda a crista da onda vira no sentido horário enquanto se aproxima da praia, alinhando-se a ela. Quando a onda quebra, a crista da onda está paralela à praia. Dessa forma, você pode mudar a direção em que uma onda viaja alterando a velocidade de algumas partes da crista da onda em relação às outras. Isso se chama refração.

É fácil imaginar a alteração da velocidade de uma onda de água, mas e quanto à luz? Os físicos estão sempre falando da "velocidade da luz". É uma velocidade inimaginavelmente grande, e um elemento crucial dos legados mais famosos de Einstein: as Teorias da Relatividade Especial e da Relatividade Geral. Além de brilhante, a descoberta de uma "velocidade da luz" constante foi algo controverso e difícil de aceitar. Assim, quem lhe disser que você nunca na vida detectou uma onda luminosa que estivesse viajando à velocidade da luz pode parecer um estraga-prazeres. Até a água reduz a velocidade da luz, e você pode confirmar isso por si mesmo com uma moeda e uma caneca.

Coloque a moeda no fundo da caneca de modo que ela esteja tocando o lado mais próximo de você. Agora incline-se apenas até que a

TIRANDO ONDA

parede da caneca esconda a moeda de você. A luz viaja em linhas retas, e nesse ponto não há uma linha reta que possa vir da moeda para os seus olhos. Agora, se mover a cabeça ou a caneca, encha-a de água. A moeda vai aparecer. Ela sequer se moveu, mas a água refletida por ela mudou de direção ao deixar a água, e agora pode alcançar seus olhos. Essa é uma demonstração indireta de que a água reduz a velocidade da luz. Quando a luz encontra o ar, volta a acelerar, então a onda dobra-se a um ângulo assim que cruza a barreira. Chamamos isso de refração. E não é apenas a água que faz isso; tudo pelo que a luz passa reduz sua velocidade, mas em proporções diferentes. A "velocidade da luz" refere--se à velocidade no vácuo, quando a luz viaja através do nada. A água reduz a velocidade da luz a 75% dessa velocidade; o vidro, a 66%; e a luz que passa pelo diamante vagueia a 41% da sua velocidade máxima. Quanto maior a desaceleração, mais a luz se dobra na fronteira com o ar. É por isso que os diamantes brilham muito mais do que a maioria das pedras preciosas — elas reduzem muito mais a velocidade da luz do que as outras.[5] E essa mudança na direção da onda luminosa é a única razão pela qual podemos enxergar o vidro, a água e os diamantes. O material em si é transparente, então não o vemos diretamente. O que vemos é que algo está brincando com a luz e vem de trás desse material, então interpretamos que se trata de um objeto transparente.

É legal podermos ver diamantes (e isso é particularmente um alívio para qualquer pessoa que tenha conseguido um), mas a refração não é mais do que estética. A refração nos dá lentes. E as lentes abriram as portas para uma boa fatia da ciência: o microscópio nos permitiu descobrir os germes e as células de que somos feitos, o telescópio nos permitiu explorar o cosmo, e as câmeras permitiram registrar os detalhes

---

[5] Como muitos materiais, os diamantes desaceleram diferentes cores da luz — diferentes comprimentos de ondas — em proporções diferentes. Assim, parte do brilho provém do fato de o diamante separar as cores, além de refleti-las para você.

TEMPESTADE NUMA XÍCARA DE CHÁ

permanentemente. Se as ondas luminosas viajassem sempre à velocidade da luz, não teríamos nada disso. Vivemos em uma banheira de ondas luminosas, e essas ondas são constantemente refletidas e refratadas, desaceleradas e aceleradas à medida que viajam. Assim como o caos da tempestade na superfície oceânica, ondas luminosas sobrepostas de tamanhos diferentes viajam em todas as direções possíveis ao nosso redor. Contudo, ao selecionar e refratar, mantendo algumas ondas do lado de fora e desacelerando outras, os nossos olhos organizam uma fração minúscula da luz para que possamos compreendê-la. A rainha havaiana de pé sobre o despenhadeiro observava as ondas de água usando ondas luminosas, e a mesma física se aplica a esses dois tipos de ondas.

Não tem problema se você só enxerga algumas ondas depois que elas são refletidas ou refratadas. Mas e se elas simplesmente não chegam até você?

Uma pequena curiosidade é que, se você der alguns lápis de cera a uma criança e lhe disser para desenhar água saindo de uma torneira, a água no desenho será azul. Mas ninguém jamais viu água azul sair de uma torneira. A água da torneira não tem cor (caso a sua tenha, sugiro que você procure um encanador). Se você visse água azul saindo da torneira, certamente não iria bebê-la. Mas a água nos desenhos é sempre azul.

Nas nossas imagens de satélite da Terra, os oceanos definitivamente são azuis. Isso não acontece por causa do sal — existem lagos de água doce formados pelo derretimento do gelo no topo das geleiras, e eles também são de um azul profundo espetacular. É quase como se alguém tivesse enchido o gelo de corante alimentício azul. Mas onde a água escorre sobre o gelo para juntar-se ao resto do lago ela não tem cor. O que produz a cor não é o que está na água, mas a quantidade de água que se tem.

As ondas luminosas que incidem sobre a superfície da água ou são refletidas de volta para o céu ou passam pela superfície e viajam

154

para as profundezas. Contudo, de vez em quando, uma partícula minúscula ou até a própria água atua como obstáculo, desviando a onda em outra direção. Esse redirecionamento pode acontecer com a mesma onda luminosa um número suficiente de vezes para que, no final das contas, ela retorne ao ar. E nessa longa viagem, a água filtrou a luz. As ondas luminosas provenientes do Sol são uma mistura de vários comprimentos de onda diferentes, todas as cores do arco-íris. Mas a água pode absorver a luz, e absorve algumas cores mais do que outras. A primeira a ser absorvida é a luz vermelha — alguns metros de água são suficientes para nos livrarmos da maior parte dela. E após algumas dezenas de metros vêm os amarelos e verdes. Mas a luz azul quase não é absorvida — ela pode percorrer distâncias enormes. Assim, quando a luz está no caminho de volta para deixar o oceano, o que resta é praticamente só a azul. A água da torneira não tem cor porque não há o suficiente dela para fazer uma diferença. A água de torneira tem a sua cor, a mesma cor de toda a água do mundo. Mas essa cor é tão fraca que precisamos reunir uma grande quantidade de água para de fato enxergarmos o efeito que a água tem sobre as ondas que a atravessam.[6] Quando enxergamos, é espetacular — e o giz de cera azul realmente é a escolha certa. Mas você jamais aprenderia isso com uma torneira.

Então, enquanto as ondas viajam, elas podem ser absorvidas por qualquer coisa que atravessem. É um processo muito lento de atrito, retirando sorrateiramente a energia da onda pouco a pouco. A quantidade perdida depende do tipo e do comprimento da onda. Toda essa variabilidade significa que existe uma imensa riqueza no que as

---

[6] Seria interessante ver a cor escolhida pelas crianças para desenhar a água em uma cultura que não tem esse hábito. Acho que identificamos a água como azul porque conhecemos os oceanos, e temos as fotografias aéreas, além de piscinas muito limpas. Mas poucas culturas tinham essas informações até recentemente. Será que podemos afirmar que elas iriam inconscientemente colorir a água de azul? Ou seria esse apenas um hábito adquirido?

TEMPESTADE NUMA XÍCARA DE CHÁ

ondas fazem e no que podem nos dizer. Podemos ver e ouvir alguns dos contrastes em um dos meus fenômenos atmosféricos favoritos: a tempestade com trovões.

Uma tempestade com trovões é um espetáculo magnífico; um lembrete dramático de que o ar é muito mais do que algo invisível que preenche o céu. Nossa atmosfera abriga grandes quantidades de água e energia, e geralmente esses densos elementos são empurrados de um lado para outro lenta e placidamente. A nuvem carregada, a poderosa *cumulonimbus*, desenvolve-se com o objetivo de reequilibrar a atmosfera quando os empurrões suaves não são mais o suficiente. O sistema de tempestade tem início quando o ar úmido, quente e flutuante próximo ao solo sobe e se encontra com o ar mais frio lá em cima, levando consigo grandes quantidades de energia. No centro da imensa nuvem, o ar úmido e quente sobe rapidamente, agitando a atmosfera acima e liberando grandes gotas de chuva. O que é mais dramático nisso tudo é que essa agitação causa a separação e a redistribuição de cargas elétricas para partes diferentes das nuvens. As cargas se acumulam até que nuvens vizinhas ou a própria Terra seja golpeada por impulsos gigantes de corrente elétrica, levando o excesso de carga elétrica. Cada raio dura menos de um milissegundo, mas o trovão ecoa por muito mais tempo através do horizonte. Eu amo raios e trovões, tanto pelo espetáculo teatral quanto pelo vislumbre que eles nos dão das engrenagens atmosféricas. Tempestades com trovões produzem opostos extremamente improváveis: o flash forte e chocante do raio contrastando com o estrondo profundo e duradouro do trovão. Mas ambos são belos exemplos da versatilidade das ondas.

O raio é temporário. A conexão elétrica é um tubo superaquecido de atmosfera que vai da nuvem carregada até a Terra, ou talvez até outra nuvem. É um corredor cheio de moléculas que foram divididas pela energia que passa a toda velocidade por elas. Por um breve instante, a temperatura no tubo pode alcançar 50.000°C, e então arde em azul

TIRANDO ONDA

e branco. Um impulso gigante de ondas luminosas sai rapidamente do tubo, preenchendo o ambiente, mas elas estão a uma velocidade tão grande que desaparecem em um instante. À medida que o tubo superaquecido transmitindo a corrente elétrica se aquece mais ainda, ele se expande para os lados, chocando-se com o ar ao redor. Esse impulso gigantesco de pressão reverbera através do ar, seguindo a luz, mas muito mais lentamente. Essas são as ondas sonoras, e isso é o trovão. Sabemos que os raios existem porque produzem tanto ondas luminosas quanto sonoras.

O mais importante no que diz respeito a uma onda é que ela é uma forma de permitir que a energia se movimente, mas sem ter que também movimentar ar, água ou "coisas" de qualquer tipo. Isso significa que as ondas podem se propagar pelo nosso mundo com muita facilidade, perturbando as coisas o bastante para serem interessantes e úteis, mas não ao ponto de causar grandes impactos e distúrbios. A queda de um raio libera muita energia, e ondas luminosas e sonoras podem transportar parte dessa energia para o resto do mundo, compartilhando-a. Embora, de modo geral, o ar não vá a lugar nenhum quando as ondulações sonoras passam, grandes quantidades de energia continuam sendo transferidas. A luz e o som são tipos diferentes de onda, mas os mesmos princípios básicos se aplicam a ambos. Por exemplo, tanto a luz quanto o som podem ser alterados pelo ambiente que atravessam. No caso do trovão, podemos ouvir diretamente o que está acontecendo com as ondas.

Meu lugar favorito para estar é a cerca de 1,5 quilômetro de onde o raio cai. Assim que o flash indica que o som está a caminho, gosto de imaginar aquela ondulação gigante de pressão propagando-se na minha direção. Quando olho para o horizonte, posso ver através da ondulação, mas leva alguns segundos para que ela me atinja com a primeira chicotada de um trovão. Essas ondas sonoras estão viajando a cerca de 340 metros por segundo, ou 1.224 quilômetros por hora, o que significa que levam 4,7 segundos para percorrer 1,5 quilômetro. Aquele estalo forte

TEMPESTADE NUMA XÍCARA DE CHÁ

é semelhante ao som original produzido quando o raio se expandia no solo. Mas eis o que torna o som do trovão tão distinto: o que ouço logo após o estalo inicial é o som um pouco acima do raio. Ele começou como o mesmo som, mas levou mais tempo para me alcançar, pois teve de percorrer um caminho inclinado, e, portanto, mais longo. E então, quando o trovão estronda, estou ouvindo o som que vem cada vez mais de cima do mesmo raio. Se leva cinco segundos para que o primeiro estalo me alcance, levará mais dois segundos para que o som de 1,5 quilômetro acima me alcance, e mais quatro segundos até a chegada do som de 3 quilômetros acima. Todas essas ondas sonoras tiveram início de forma mais ou menos igual, só que em lugares diferentes. E isso significa que, enquanto escuto, posso ouvir como a atmosfera está alterando essas ondas. Com o passar do tempo, a única diferença é que elas percorreram distâncias maiores. Assim, os sons mais agudos, aquele primeiro estalo forte, desaparecem muito rápido à medida que as ondas de alta frequência são absorvidas pela atmosfera, mas as ondas de baixa frequência continuam ressoando. Passando-se mais tempo, e tendo as nuvens percorrido distâncias cada vez maiores, o tom em geral vai ficando mais e mais grave, pois as notas mais agudas são consumidas pelo ar, enquanto as mais graves seguem se propagando. Se você estiver longe o bastante, o ar absorverá tudo e o som nunca chegará até você. Mas o raio tem um alcance maior — as ondas luminosas são diferentes, e não dependem da ajuda do ar na sua locomoção. Elas não são absorvidas pelo ar com tanta facilidade, mas podem ser alteradas de outras maneiras enquanto percorrem o mundo.

Por um lado, as ondas são muito simples. Depois de terem sido produzidas, estão sempre a caminho de algum outro lugar. E sejam ondas sonoras, oceânicas ou luminosas, elas podem ser refletidas, refratadas ou absorvidas pelo seu ambiente. Vivemos nossas vidas no meio dessa complexa torrente de ondas, sentindo os padrões daquelas que nos dão

TIRANDO ONDA

ideias do que acontece ao nosso redor. Nossos olhos e ouvidos sintonizam as vibrações à nossa volta, e essas vibrações transportam duas commodities muito importantes: energia e informação.

*

Em um dia cinzento, sombrio e frio de inverno, uma torrada é o alimento perfeito para nos sentirmos aconchegados. O único problema é que essa gratificação não é instantânea. Geralmente, coloco a chaleira no fogo para o chá, coloco o pão na torradeira, e então fico andando impacientemente de um lado para outro na cozinha enquanto espero meu lanchinho ficar pronto. Depois de ter lavado uma ou duas canecas e arrumado a superfície de trabalho, geralmente fico observando a torradeira, de olho no que ela vai fazer. O que é legal nesses aparelhos é que podemos ver que estão tramando alguma coisa, pois os condutores ficam vermelhos. Eles não estão aquecendo apenas o ar que os toca, mas também irradiando energia luminosa. E esse brilho é um termômetro embutido. É possível dizer o quão quente o condutor está só pela sua cor. Esse vermelho intenso me diz que o interior da minha torradeira alcançou 1.000°C. Isso é terrivelmente quente — o bastante para derreter alumínio ou prata. Mas se o brilho tem essa cor vermelha intensa de cereja, então a temperatura é mesmo de 1.000°C. Essa é uma regra proveniente do modo como funciona o nosso universo. Tudo que estiver a essa temperatura brilhará no mesmo tom de vermelho, enquanto outras cores indicam outras temperaturas. Se você olhar para uma fornalha de carvão e vir os pedaços de carvão mais internos com um brilho amarelo-claro, saberá que estão a uma temperatura por volta dos 2.700°C. Algo que esteja tão quente a ponto de estar branco está a 4.000°C ou mais. Mas quando pensamos nisso, parece estranho. Por que as cores deveriam ter alguma relação com a temperatura?

TEMPESTADE NUMA XÍCARA DE CHÁ

Enquanto olho para o interior da torradeira, estou observando a energia térmica se transformar em energia luminosa. Uma das coisas mais elegantes no funcionamento do universo é que tudo que tem uma temperatura acima do zero absoluto está constantemente convertendo parte da sua energia em ondas luminosas. E a luz precisa viajar, então a energia se espalha pelo ambiente. O condutor quente e vermelho está convertendo parte da sua energia em ondas luminosas vermelhas, na extremidade com um longo comprimento de onda do arco-íris. Mas a maior parte da energia que está emitindo possui comprimentos de onda ainda mais longos do que esse, e chamamos essas ondas de infravermelhas. O infravermelho é exatamente igual à luz que conseguimos ver, exceto pelo fato de que cada onda tem um comprimento maior. Só podemos detectá-lo indiretamente, sentindo o calor onde ele foi absorvido. Apesar de não podermos vê-las, as ondas infravermelhas são essenciais para uma torradeira — são elas que aquecem a torrada.

Objetos quentes emitem mais luz em determinados comprimentos de onda do que outros. A qualquer temperatura, há um pico de comprimento de onda que é responsável pela maior parte da luz, e a luz irradiada dissipa-se de um lado ou de outro desse pico. A torradeira está liberando uma boa dose no infravermelho, e a cauda dessa dose liberada é o vermelho visível. Assim, enxergo o vermelho. Não consigo ver a luz que está aquecendo a minha torrada, mas posso ver a cauda dos comprimentos de onda mais longos.

Se eu tivesse algum tipo de supertorradeira que pudesse ficar ainda mais quente, talvez alcançar a temperatura de 2.500°C, os condutores ficariam amarelos. Isso aconteceria porque, estando mais quentes, eles liberariam luz com comprimentos de onda mais curtos, de modo que a cauda visível incluiria mais cores do arco-íris: vermelho, laranja, amarelo e um pouco de verde. Quando vemos a luz verde e a vermelha juntas, interpretamos a combinação como amarelo. Só alguma coisa a essa temperatura emitiria esse segmento

TIRANDO ONDA

exato do arco-íris. E se a temperatura aumentasse ainda mais (se eu tivesse uma hipertorradeira que pudesse chegar aos 4.000°C), a luz emitida conteria o arco-íris inteiro até o azul. E quando vemos todas as cores do arco-íris ao mesmo tempo, enxergamos o branco. Assim, algo tão quente que parece branco na verdade está emitindo um arco-íris, mas todas as cores estão misturadas. A desvantagem da hipertorradeira é que ela derreteria praticamente qualquer material de que pudesse ser feita. Mas torraria o seu pão muito rápido — e provavelmente também a sua cozinha.

Assim, uma torradeira é só uma forma de produzir ondas. As ondas luminosas vermelhas que você vê são apenas parte das ondas geradas por ela graças à sua temperatura. As ondas infravermelhas que você não consegue ver aquecem a sua torrada. É por isso que um pão na torradeira fica torrado apenas na superfície; só as partes que a luz toca podem absorver o infravermelho e esquentar. A razão por eu ficar tão feliz ao olhar para a torradeira enquanto espero é que imagino toda a luz que ela emite, mas que eu não consigo ver. Eu sei que ela está lá, pois o brilho vermelho acusa sua presença.

Mas é claro que há um porém. O problema desse método de geração de ondas luminosas é que você sempre obtém o mesmo grupo de ondas juntas. Não há uma maneira de escolher apenas algumas, excluindo as outras. Um carvão quente alaranjado, ou aço fundido, ou qualquer material que esteja a 1.500°C emite a mesma coleção de cores de uma vez. Portanto, você pode medir a temperatura de uma coisa pela sua cor quando ela está quente o suficiente para enxergarmos as cores. A temperatura da superfície do Sol é de cerca de 5.500°C — é por isso que ele emite luz branca. Aliás, é só por essa razão que podemos visualizar as estrelas no céu noturno; elas são tão quentes que a luz acaba se derramando da sua superfície e se espalhando pelo universo — uma luz de cor específica que evidencia sua temperatura.

TEMPESTADE NUMA XÍCARA DE CHÁ

E nós — você e eu — também temos uma cor por causa da nossa temperatura. Não é uma cor que possamos ver, mas ela é visível para câmeras especiais adaptadas para o tipo certo de infravermelho. Somos muito mais frios do que a torradeira, mas ainda assim brilhamos. Emitimos ondas luminosas com comprimentos em sua maioria de dez a vinte vezes mais longos do que os da luz visível. Cada um de nós é uma lâmpada infravermelha por causa da nossa temperatura corporal. O mesmo pode ser dito de cáes, gatos, cangurus, hipopótamos — e todos os mamíferos de sangue quente. Qualquer material com uma temperatura superior ao zero absoluto (a temperatura assustadoramente fria de -273°C) é uma lâmpada desse tipo, com uma cor que vai do infravermelho a comprimentos de onda ainda maiores (na região das micro-ondas) à medida que as temperaturas ficam mais frias.

Assim, vivemos banhados por ondas, e não só pelas que podemos ver, aquelas que podemos avistar se olharmos na direção certa. O Sol, os nossos próprios corpos, o mundo ao nosso redor e também a tecnologia que criamos estão constantemente produzindo ondas luminosas. E o mesmo se aplica às ondas sonoras — notas agudas, notas graves, o ultrassom que os morcegos usam para caçar e o infrassom que os elefantes utilizam para identificar as condições climáticas. O que é fantástico é que todas essas ondas podem estar viajando pela mesma sala, e nenhuma delas vai interferir em qualquer uma das outras. As ondas sonoras são as mesmas, esteja a sala completamente escura ou cheia de luzes de discoteca. As ondas luminosas não são afetadas por concertos de piano ou bebês chorões. E é tudo isso que capturamos ao abrir os olhos e usar os ouvidos. Estamos só filtrando algumas das partes úteis da enxurrada, selecionando as ondas que nos transmitem as informações mais úteis.

Mas quais você escolhe? A resposta será diferente para os mais novos carros autônomos e para um animal que precisa sobreviver em uma floresta. Há uma imensa riqueza de informações lá fora, e você pode escolher quais ondas poderão ajudá-lo mais. É por isso que as baleias-azuis e os golfinhos-nariz-de-garrafa mal podem se ouvir, e também porque nenhum deles dá a mínima para a cor do seu maiô.

*

O golfo da Califórnia estende-se pela costa oeste do México, uma baía oceânica estreita com mais de mil quilômetros de extensão que se abre para o Pacífico na extremidade sul. A água azul do canal é protegida por picos de montanhas escuras e escarpadas que apontam para o céu das duas praias. Espécies marinhas migram por grandes distâncias pelos oceanos para se alimentar e descansar aqui. Navegando em um pequeno barco no meio do canal, um pescador pode desfrutar da paz. E por paz queremos dizer que o fluxo de ondas que banham o pescador é modesto e relativamente descomplicado. A luz do sol incide durante o dia, refletida apenas pela água azul e pelas rochas polidas. O marulhar das ondas e os rangidos do barco emitem as únicas ondas sonoras. Um golfinho solitário salta da água, fazendo parte por um breve momento desse mundo tranquilo e, em seguida, mergulhando de volta em um mundo completamente diferente — e que sem dúvida não é nada calmo. Lá embaixo, está a algazarra ruidosa e frenética de um ecossistema em ação.

O golfinho produz um assobio agudo ao mergulhar, comunicando-se com o restante do grupo que vem logo atrás. E à medida que o grupo capta o sinal, a água fica cheia de cliques, ondas curtas e agudas emitidas pela testa de cada golfinho e que são refletidas pelo ambiente. As que retornam para o primeiro golfinho são transmitidas pelo seu osso mandibular até o ouvido, de modo que cada animal forma uma imagem composta pelo som do que há nos arredores. Os assobios, guinchos e cliques fazem o lugar soar como uma rua movimentada. Essas são as ondas sonoras de uma comunidade em movimento. Depois de terem

TEMPESTADE NUMA XÍCARA DE CHÁ

passado algum tempo na superfície, respirando e brincando, os golfinhos mergulham em direção ao azul mais profundo e escuro em uma missão: a caçada. As ondas luminosas tão comuns acima da superfície são muito mais raras aqui embaixo. Ondas luminosas são absorvidas rapidamente pela água, então as informações oriundas da luz são escassas. Os golfinhos têm olhos capazes de lidar tanto com a superfície quanto com o mundo submerso, mas a utilidade da luz para eles está em como esses olhos evoluíram. Eles são completamente incapazes de distinguir as cores — por que você precisaria dessa habilidade se a cor do seu mundo é praticamente invariável? O mundo dos golfinhos é azul, mas eles jamais saberão disso. Um golfinho não enxerga a cor azul, então o mundo aquoso que habitam para eles é preto. Mas eles podem ver o brilho claro dos peixes prateados que passam, então enxergam exatamente o que precisam enxergar.

A superfície oceânica é como o espelho de *Alice no país das maravilhas*, separando dois mundos, mas fácil de se atravessar. As ondas tendem a ser refletidas por essa interface, então o som proveniente do ar fica no ar e o som proveniente do oceano fica no oceano. No ar, a luz viaja com muita facilidade, e o som se desloca razoavelmente bem. No oceano, as ondas luminosas são absorvidas muito rapidamente, mas as ondas sonoras passam com rapidez e eficiência. Se quer conhecer melhor o seu ambiente no oceano, você precisa detectar as ondas sonoras. As ondas luminosas raramente têm alguma utilidade, a não ser que se esteja olhando para algo muito próximo de você e da superfície.

Mas há mais no mundo dos sons aqui embaixo. Os golfinhos usam sons muito agudos, alguns com comprimentos de onda dez vezes mais curtos do que qualquer ruído que podemos ouvir. Graças a esses comprimentos curtos de onda, seu mecanismo de ecolocação pode captar os menores detalhes do formato do que quer que haja à sua frente. Mas sons agudos não se propagam para muito longe, então o grupo barulhento de golfinhos não pode ser ouvido do outro lado do canal. Além

164

da tagarelice dos golfinhos, há outros sons que viajam muito mais distante. Há o zunido profundo de um navio distante, o tilintar das bolhas produzidas pelos esguichos na superfície, os estalos baixos, semelhantes aos das pipocas quando estouram, dos ágeis camarões, e ainda um gemido profundo, tão baixo que os golfinhos não conseguem ouvi-lo. O gemido é repetitivo. A 16 quilômetros de distância, uma baleia-azul chama, e o som ecoa pelo canal. A baleia não usa a ecolocação, então não precisa de uma onda aguda, mas sim que o som percorra longas distâncias, e isso implica o uso de um tom grave (um comprimento de onda longo). Uma onda sonora com comprimento longo pode se deslocar por distâncias imensas, e as baleias sem dentes — baleias-azuis, baleias-comuns e baleias-minke, entre outras — precisam se comunicar a vastas distâncias. As baleias não ouvem os cliques dos golfinhos, e os golfinhos não escutam a canção das baleias. Mas a água transmite todos os sons, uma grande torrente de informações, bastando qualquer criatura sintonizar na que quiser.

Assim, o oceano possui sua própria enxurrada de ondas luminosas e sonoras, mas de uma forma completamente diferente da do ar. O som lá embaixo é o rei, e as baleias e golfinhos são cegos para as cores, pois os detalhes das ondas luminosas não têm importância para eles.

Há, contudo, algumas semelhanças entre a atmosfera e o oceano. Assim como as ondas sonoras mais compridas viajam maiores distâncias debaixo d'água, as ondas luminosas mais compridas se propagam por maiores distâncias no ar. Pouco mais de um século atrás, os seres humanos também aprenderam a se comunicar a distâncias de milhares de quilômetros. Como vivemos na superfície, não fazemos isso usando ondas sonoras. A nossa comunicação de longa distância faz uso das ondas luminosas. Quando as ondas luminosas têm um comprimento longo o bastante para isso, nós as chamamos de ondas de rádio. E o uso inicial mais importante dessa tecnologia foi o envio de informações através dos oceanos. Se sua tripulação tivesse realmente levado em conta

TEMPESTADE NUMA XÍCARA DE CHÁ

as informações transmitidas por esses novos sistemas de comunicação, talvez o *Titanic* nunca houvesse afundado.

Pouco depois da meia-noite de 15 de abril de 1912, pulsos circulares de ondas de rádio reverberavam a partir de alguns pontos do Atlântico Norte. Os padrões começavam e paravam esporadicamente, e cada um ia diminuindo à medida que as ondulações se afastavam da fonte. Algumas dessas ondulações alcançavam os outros pontos que estavam transmitindo e eram retransmitidas. As ondulações mais intensas de todas vinham de um ponto a mais de 600 quilômetros ao sul da Terra Nova, no Canadá, onde Jack Phillips usava um dos mais potentes transmissores de rádio a serviço no mar para implorar por ajuda. O gigantesco RMS *Titanic*, o maior navio do mundo, estava afundando. Jack estava no deque, no topo do navio, emitindo pulsos elétricos curtos pela antena localizada entre as chaminés. As oscilações na antena enviavam disparos de ondas cruas de rádio do navio, e os operadores de rádio dos outros navios podiam decodificar os padrões e identificar a mensagem.

O rádio só funciona porque seu tipo de onda não viaja em um único sentido, mas reverbera em todas as direções. Você não precisa conhecer a posição exata do ouvinte, e várias pessoas podem ouvir as mesmas ondas. Os pulsos emitidos pelo *Titanic* puderam ser detectados pelo *Carpathia*, pelo *Baltic*, pelo *Olympic* e por vários outros navios dentro de um raio de algumas centenas de quilômetros. As informações transmitidas podiam ser limitadas, e os meios, pouco sofisticados, mas pela primeira vez na história humana era possível se comunicar através de um oceano. A chegada da tecnologia do rádio mudou para sempre a navegação. Vinte anos antes, o *Titanic* teria desaparecido sozinho sob as ondas, e teria levado cerca de uma semana para se chegar a uma conclusão de qual fora o seu destino. O primeiro sinal de rádio transatlântico havia sido enviado apenas dez anos antes. Naquela noite, porém, através das ondas que reverberavam na escuridão, os navios nos arredores estavam conectados à tragédia no momento em que ela se desenrolava. Os pulsos

TIRANDO ONDA

em staccato não eram aleatórios. As ondulações vinham em padrões, e cada padrão transmitia uma mensagem enviada por um humano, difundida através das vastas distâncias do oceano na velocidade da luz. Isso representava uma grande revolução nas comunicações humanas. Foi o rugido que marcou o verdadeiro início da era do rádio.

Um dos motivos que fizeram da catástrofe do *Titanic* um evento tão famoso foi que ele aconteceu no início dessa nova era. Seu naufrágio serviu para demonstrar o imenso potencial das ondas de rádio — o RMS *Carpathia* conseguiu chegar duas horas depois de o *Titanic* ter afundado, a tempo de salvar muitas vidas. Mas também mostrou que o sistema de rádio da época na realidade era rudimentar demais para ser útil. O envio das mensagens era lento, e alguns dos alertas de icebergs recebidos pelo *Titanic* se perderam na enxurrada de mensagens mais gerais ou triviais. Além disso, e principalmente, o uso de disparos de ondas cruas fazia com que os sinais fossem facilmente confundidos. Quem estava falando e quem estava ouvindo? As mensagens podiam não ser escutadas na íntegra por completo, ou ainda se dispersar inteiramente. Se quiser usar ondas para o envio de informações, você precisa alterá-las de alguma forma a fim de que o destinatário identifique um padrão. Mas tudo que aqueles navios tinham era "ligado" e "desligado" — um disparo de ondas de rádio ou nada. Havia só um canal, e todo mundo precisava compartilhá-lo.

As ondas de rádio não eram as únicas ondas sendo transmitidas sobre o oceano naquela noite. O *Titanic* também disparou foguetes sinalizadores pedindo socorro, e o *Californian*, que passava ali perto, tentou se comunicar com o navio por meio de lanternas de sinais Morse, emitindo flashes de luz visível. Mas as ondas de rádio podiam alcançar distâncias bem maiores por causa de uma peculiaridade muito conveniente da atmosfera. Uma camada atmosférica superior (chamada de ionosfera) atua como um espelho parcial para as ondas de rádio. Assim, os sinais de rádio do *Titanic* não varriam só a superfície do oceano; eles

TEMPESTADE NUMA XÍCARA DE CHÁ

eram refletidos para a atmosfera, e então refletidos de volta. É por isso que as ondas de rádio podem atravessar oceanos, ainda que a curvatura da Terra não permita que haja uma linha de visada entre remetente e destinatário. Ondas refletidas podem viajar ao redor de um planeta, pois as reflexões ajudam-nas a contornar a superfície curva. Não existe um espelho equivalente no céu para a luz visível.

Jack Phillips continuou enchendo o céu noturno de pulsos de ondas de rádio, transmitindo a posição do navio para qualquer um que estivesse ouvindo até a água inundar a sala de telégrafo. Ele não sobreviveu, mas a comunicação de longa distância por ondas de rádio permitiu que 706 outras pessoas das 2.223 a bordo sobrevivessem. E elas viveram para ver o mundo ir do silêncio total do rádio a uma cacofonia de comunicações transmitidas por meio dessas ondas invisíveis. Hoje, não existe praticamente nenhum ponto na Terra que não seja alcançado por elas, e a civilização humana está mais interconectada do que nunca.

As ondas de rádio governam o mundo. São elas o veículo que transmite para nós a fração minúscula da energia solar que abastece o nosso planeta — elas nos conectam ao restante do universo. Mas no último século nossa civilização começou a desenvolver um novo relacionamento com o conjunto de todas as ondas luminosas possíveis, o espectro eletromagnético. Se antes éramos consumidores passivos, gratos pela energia e pelas informações que acidentalmente chegavam até nós, agora somos produtores prolíficos e usuários das ondas luminosas. Nossa sofisticação na manipulação da luz abriu as portas para uma capacidade colossal de monitorar o mundo, para a habilidade de transmitir informações quase instantaneamente para praticamente qualquer ser humano vivo e de ser capaz de falar neste exato momento com qualquer indivíduo no planeta que disponha de um aparelho de telefonia móvel.

Mas só podemos fazer uso dessa enxurrada de ondas se tivermos algum meio de separar as diversas mensagens sendo enviadas. Por sorte, as próprias ondas nos deram a resposta, e você não precisa de nenhum kit especial para conferir isso.

As Montanhas Great Smoky, no Tennessee, são espetaculares; uma imensa área de vales e picos coberta por uma densa floresta verde. A serenidade e a atmosfera intocada da floresta foram particularmente surpreendentes porque, para chegarmos lá, precisamos passar pela cidade natal de Dolly Parton. É claro que eu conhecia essa famosa cantora de country, mas não estava preparada para a visão de Dollywood, um imenso parque temático em homenagem ao Tennessee, à música country e, é claro, à própria Dolly, cheio de brinquedos típicos de parques de diversões. E ainda tem mais: chapéus de caubói cor-de-rosa, guitarras personalizadas de forma exuberante e um ambiente completamente dedicado ao estilo musical dominam as cidades vizinhas, complementados por longos cabelos loiros, jaquetas jeans vintage e uma grande recepção sulista. Tomar uísque depois do jantar parecia uma obrigação cultural, embora eu secretamente tivesse preferido um chapéu de caubói. Mas tudo mudou quando subimos as montanhas no dia seguinte. Multidões rumavam para o lugar com cadeiras dobráveis e caixas térmicas com bebidas, e se sentavam em silêncio para contemplar a floresta. Qualquer coisa além da total escuridão estragaria o espetáculo, então todas as luzes eram apagadas, e lanternas e celulares eram proibidos. Ao anoitecer, a dança dos vaga-lumes começou. A floresta brilhava com os flashes de milhões de insetos difusores. Estávamos ali para gravar um documentário científico, e tínhamos apenas uma noite para capturar o evento inteiro. O problema em se filmar algo assim é que você precisa se movimentar e enxergar por onde anda. Fomos autorizados a, se realmente precisássemos, usar luzes vermelhas, já que elas aparentemente não incomodam tanto os vaga-lumes quanto as luzes brancas. Assim, avançamos lentamente pela floresta com um brilho vermelho fraquinho. Por volta de uma da manhã, a maioria dos vaga-lumes havia desaparecido, e estávamos nos preparando para filmar o último segmento.

TEMPESTADE NUMA XÍCARA DE CHÁ

Enquanto o diretor e o cinegrafista ajustavam as luzes, eu me sentei em uma clareira completamente escura com a minha lanterna vermelha na cabeça, encolhida debaixo de uma cortina blecaute por causa do frio, e fiz algumas anotações sobre o que diria. Quando os outros estavam prontos, juntei-me a eles e abri o meu caderno para uma última revisão das ideias que havia tido. Mas não consegui ler as anotações sob a lanterna de luz branca na cabeça do diretor. Havia um grupo de anotações feitas com caneta azul e outro com caneta vermelha na página, um por cima do outro. Era impossível ler qualquer um dos dois.

Se você quisesse demonstrar como os diferentes comprimentos de onda estão completamente separados uns dos outros, seria difícil encontrar um exemplo melhor do que esse. Eu me dei conta de que devia ter escrito naquela página mais cedo com tinta vermelha. Debaixo da luz branca, é fácil enxergar a tinta vermelha no papel branco. Por outro lado, sob a luz vermelha da lanterna na minha cabeça, a tinta vermelha ficava invisível. O papel branco refletia a luz vermelha para os meus olhos, assim como a tinta vermelha. Sob a minha lanterna vermelha, a página parecia estar em branco, pois a luz vermelha estava sendo refletida pelas duas coisas exatamente da mesma forma. Por isso, fiz novas anotações com tinta azul na mesma página que já havia sido preenchida por tinta vermelha. Eu conseguia enxergar a tinta azul porque ela não reflete a luz vermelha, então havia um contraste entre a tinta e o papel. Se eu tivesse olhado para a página com uma lanterna que emitisse luz azul, teria conseguido ver a tinta vermelha, mas não a azul. Do mesmo jeito que trocamos de estação girando o dial de um aparelho de rádio, eu poderia ter escolhido o que ler pela cor da iluminação usada. A luz vermelha tem uma onda de comprimento maior do que a da luz azul. Ao selecionar um comprimento de onda em que prestar atenção, eu estava escolhendo as informações que recebia.

De fato, isso equivale a sintonizar uma estação de rádio. A maioria dos meios que usamos para detectar a luz (e outros tipos de ondas)

TIRANDO ONDA

detecta apenas uma faixa muito pequena de comprimentos de onda. Se passa uma onda com um comprimento diferente, não temos como identificá-la. Meu caderno deixou óbvio que isso se aplica às cores visíveis, mas se aplica igualmente às cores invisíveis. O mundo à nossa volta está completamente inundado por ondas luminosas diferentes, e todas ficam por cima umas das outras como anotações feitas com tintas de cores diferentes. Elas não interagem nem alteram as outras cores presentes. Cada uma é completamente independente. Você pode optar por detectar ondas de rádio de um comprimento muito longo e ouvir uma estação. Ou pode apertar o botão de um controle remoto que envia sinais infravermelhos que só podem ser vistos pela sua televisão. Ou ainda pode escrever em uma página com tinta vermelha. Ou esperar que seu celular identifique as redes de wi-fi disponíveis — cada rede está sendo transmitida em uma cor diferente, mas essas cores têm o comprimento de micro-ondas. A cacofonia de informações está presente o tempo todo, cada comprimento de onda um por cima do outro. E você só irá saber que a informação está lá se procurá-la da forma adequada. Pintamos o nosso quadro do mundo em uma faixa muito limitada de comprimentos de onda, as cores visíveis do arco-íris. Mas essas cores visíveis não são afetadas de forma alguma por todas as outras cores presentes.

O fato de que ondas de comprimentos diferentes não afetam umas às outras é muito útil. Podemos captar aquelas que nos interessam e convenientemente ignorar as demais. Cada onda de comprimento diferente é afetada pelo mundo ao redor de uma forma distinta. O mundo distribui e filtra as ondas em função do seu comprimento. É por isso que, apesar de ter crescido perto da chuvosa, cinzenta e nublada Manchester — onde ver o céu noturno era um prazer raro —, eu morava a apenas 22 quilômetros do maior telescópio do Reino Unido. O telescópio Lovell, no Observatório Jodrell Bank, é um imenso radiotelescópio com um prato de 76 metros de diâmetro. E mesmo nos dias mais cinzentos de Manchester, quando as nuvens carregadas formam aglomerados de

171

TEMPESTADE NUMA XÍCARA DE CHÁ

quilômetros de espessura, esse telescópio tem uma visão perfeita do céu. Para a luz visível, com um comprimento de onda inferior a um milionésimo de metro, penetrar em uma nuvem é como penetrar em uma máquina gigante de pinball. A luz é refletida e desviada, e no final das contas completamente absorvida. Mas as maciças ondas de rádio, exatamente iguais se não fosse pelo fato de o seu comprimento de onda ser de cerca de 5 centímetros, passam por todos esses obstáculos minúsculos inalteradas. Da próxima vez que você estiver em Manchester em um dia chuvoso, lembre-se disso. Talvez sirva de consolo pensar que os astrônomos ainda assim podem contemplar a magnitude do cosmo, mesmo que você sequer consiga enxergar as copas das árvores.[7] Ou talvez não.

A Terra só é habitável porque comprimentos diferentes de ondas luminosas interagem de formas distintas com as coisas que tocam. A energia flui a partir do Sol quente como uma ampla sinfonia de ondas luminosas, e o nosso planeta rochoso intercepta uma minúscula fração dessa enxurrada. A energia transportada por essa fração é o que nos aquece. Mas se isso fosse tudo, a temperatura média na superfície da Terra seria de frígidos -18°C, em vez dos atuais agradáveis 14°C. O que nos salva de estar permanentemente congelados é o efeito "estufa" da Terra. Ele está relacionado ao fato de que os comprimentos diferentes de ondas luminosas interagem de formas variadas com a atmosfera.

---

[7] Embora os astrônomos nem sempre tenham acreditado que é para a magnitude do cosmo que estão olhando. Em 1964, Robert Wilson e Arno Penzias detectaram ondas no céu com comprimento de micro-ondas que não deviam estar ali. Eles passaram um bom tempo tentando descobrir que parte do céu ou do seu telescópio estava distorcendo as medidas, certos de que algo estava gerando luz extra de micro-ondas. Eles também removeram alguns pombos que haviam feito ninhos no telescópio, juntamente aos seus excrementos (eufemisticamente descritos como "material isolante branco" no artigo que assinaram juntos). A luz indesejada ao fundo persistia. No final das contas, tratava-se da marca deixada pelo Big Bang, algumas das luzes mais antigas do universo. Há algo de especial em uma experiência que precisa contar com o cuidado de não se confundirem os efeitos colaterais de cocô de pombo com os efeitos colaterais da formação do universo.

TIRANDO ONDA

Imagine a vista de uma encosta em um daqueles dias de desenho animado em que o céu está predominantemente azul, mas com algumas nuvens brancas fofinhas flutuando para acrescentar um pouco de variedade. Se você estiver olhando para um terreno plano, poderá ver árvores verdes, grama e a terra escura. A luz do sol ilumina a paisagem, apesar das sombras lançadas pelas nuvens. Mas o que está incidindo sobre o solo à sua frente é diferente do que deixou o Sol incandescente. A atmosfera absorveu as ondas infravermelhas de comprimento longo e a maioria das ondas ultravioletas de comprimento mais curto, mas a luz visível navegou através dela, intacta. A atmosfera já selecionou as ondas que alcançam o solo. Por acaso, elas são as que podemos ver. No caso dos comprimentos de onda visíveis, o céu se comporta como uma "janela atmosférica", deixando tudo passar. Há outra janela para as ondas de rádio (e é por isso que os radiotelescópios podem ver o cosmo), mas a maioria das outras ondas é bloqueada pelo ar.

Quanto mais escura a terra diante de você, mais dessas ondas visíveis ela estará absorvendo. E a energia absorvida acaba se transformando em calor. Se você tocar o solo escuro em um dia ensolarado, sentirá esse calor. O restante é refletido para cima, retornando através da janela atmosférica. Caso algum alienígena esteja lá em cima olhando para nós, é por meio delas que irá nos ver.

Mas agora o solo esquentou. E assim como o condutor da torradeira, precisa liberar energia luminosa por causa da sua temperatura. Ele está relativamente fresco, então não podemos ver o brilho. Mas sob as ondas infravermelhas de comprimento maior, o solo quente é uma lâmpada. E é aí que entra em cena o efeito estufa. A maior parte da atmosfera deixa essas ondas infravermelhas passarem. Mas alguns gases — vapor d'água, dióxido de carbono, metano e ozônio — são ousados. Apesar de comporem apenas uma fração da atmosfera total, eles absorvem muito as ondas infravermelhas. São conhecidos como gases do efeito estufa. Ao contemplar a paisagem, você pode ver a luz visível deixando

TEMPESTADE NUMA XÍCARA DE CHÁ

a superfície, mas não a infravermelha. Se pudesse, veria que ela vai desaparecendo à medida que se afasta do solo. A atmosfera absorve as ondas infravermelhas na proporção em que sobem. Não demorará muito para que essas moléculas liberem sua nova energia, transmitindo-a novamente como ondas infravermelhas. Mas aqui está a parte importante: quando as novas ondas são liberadas, elas são distribuídas igualmente em todas as direções. Apenas algumas sobem e deixam a atmosfera. Outras voltam para baixo e são reabsorvidas pelo solo. Assim, parte da energia em deslocamento fica retida na atmosfera. Esse aquecimento adicional é o que mantém o nosso planeta mais quente do que deveria ser, permitindo a existência de água no estado líquido. Um novo equilíbrio precisa ser estabelecido; no final, a quantidade de energia que chega deve ser igual à que sai, pois, do contrário, estaríamos sempre ficando mais quentes. Assim, a Terra aquece até poder liberar ondas infravermelhas o suficiente para fechar o balanço.

Esse é o "efeito estufa".[8] A maior parte dele é natural — há muito vapor d'água e dióxido de carbono na nossa atmosfera, e tudo está equilibrado quando a temperatura média da superfície terrestre é de 14°C. Porém, com a queima de combustíveis fósseis, os seres humanos estão adicionando mais dióxido de carbono à atmosfera, fazendo com que uma proporção maior da energia infravermelha que sobe fique retida. Isso acaba com o equilíbrio. Então, o planeta esquenta até um novo equilíbrio ser alcançado. As quantidades de dióxido de carbono envolvidas são muito pequenas: em 1960, o CO_2 compunha 313 partes por milhão da atmosfera; em 2013, eram 400 partes por milhão. Em comparação a todas as outras moléculas lá em cima, é um aumento minúsculo. Mas essas moléculas selecionam certas ondas para absorver. O metano absorve mais infravermelho ainda do que o dióxido de carbono. Portanto, esses gases são de grande relevância. Foi o efeito estufa que

---

[8] Que é quase completamente diferente de como uma estufa de fato funciona.

TIRANDO ONDA

tornou o nosso planeta habitável, mas ele também tem o potencial de alterar significativamente a temperatura. Tudo está acontecendo com ondas que não podemos enxergar diretamente. Mas já podemos medir as consequências.

Existem todos os tipos de ondas reverberando pelo mundo — ondas de rádio gigantes, ondas luminosas visíveis minúsculas, ondas oceânicas, ondas sonoras graves e profundas emitidas pelas baleias debaixo d'água e os faróis de sonar de alta frequência emitidos pelos morcegos. Todos esses tipos de ondas passam por todos os lados e através dos outros, mas não se afetam entre si. Contudo, temos mais uma questão a responder: o que acontece quando uma onda se encontra com outra exatamente do mesmo tipo? A resposta é linda se você estiver segurando uma pérola iridescente, mas algo a ser evitado se estiver tentando manter uma conversa pelo celular.

A *Pinctada maxima* pode ser encontrada no fundo do mar, poucos metros abaixo da superfície de águas de um tom turquesa perto do Taiti e de outras ilhas do Pacífico Sul. Quando ela se alimenta, as duas metades da sua concha abrem-se um pouco e deixam a água do mar entrar — litros diariamente. O molusco dentro da concha calmamente filtra tudo que lhe serve de alimento, e em seguida expele a água limpa de volta para o oceano. Você poderia nadar bem em cima dela e não a ver — o exterior da concha é áspero e comum, pintado de bege e marrom. Aspiradores de pó do oceano: é exatamente isso que elas parecem, funcionais e nada glamourosas. O interior da ostra poderia jamais ter sido visto. E, no entanto, Cleópatra, Maria Antonieta, Marilyn Monroe e Elizabeth Taylor foram todas proprietárias orgulhosas do que acontece quando as entranhas da ostra cometem o melhor dos erros: produzir pérolas. A *Pinctada maxima* é a ostra perlífera do Pacífico Sul.

De vez em quando, um corpo estranho se instala na parte errada da ostra. Como não consegue expelir o intruso, a ostra o cobre com um material inofensivo — o mesmo que reveste o interior da concha. É a

TEMPESTADE NUMA XÍCARA DE CHÁ

versão do molusco de varrer algo para baixo do tapete, exceto pelo fato de ele produzir um tapete especialmente para isso em vez de usar um que já esteja à disposição. A cobertura é feita de minúsculas plaquetas achatadas que são grudadas com cola orgânica e empilhadas umas por cima das outras. Depois que inicia o processo de formação desse revestimento, a ostra não para mais. Pouco tempo atrás, foi descoberto que a pérola vai girando à medida que é formada, talvez dando uma volta completa a cada 5 horas. As marés e as estações vão e vêm, tubarões, arraias e tartarugas passam acima dela, e a ostra continua lá, filtrando o oceano enquanto a pérola faz lentas piruetas na escuridão.

A serenidade reina por anos, até que a nossa ostra tem um péssimo dia e é abruptamente puxada do oceano por um humano e arrombada. Quando a luz do sol ilumina a pérola pela primeira vez, ondas luminosas são refletidas pela sua superfície branca lustrosa. Mas elas não são refletidas só pelas plaquetas externas; algumas atravessam até as camadas seguintes e são refletidas por elas, ou talvez ainda sejam refletidas algumas vezes no interior das camadas antes de voltarem para fora. Dessa forma, agora temos um único tipo de onda — consideremos apenas a luz verde do Sol — sobrepondo-se a outras ondas do mesmo tipo. As ondas continuam não afetando umas às outras, mas se somam. Às vezes, a onda da luz verde que é refletida pela superfície se alinha exatamente à onda da luz verde que é refletida pela camada logo abaixo. Os picos e vales do formato da onda combinam-se perfeitamente, então elas seguem se propagando juntas pelo mundo em uma onda verde reforçada. Mas talvez a luz vermelha que está vindo do mesmo ângulo e sendo refletida do mesmo modo pelas camadas não se alinhe com tanta perifeição. Os picos de uma onda vermelha alinham-se aos vales de outra onda vermelha. Somando-as, não haverá mais nada para seguir nessa direção.

São essas camadas de plaquetas que permitem que um obscuro molusco filtrador do Pacífico Sul produza algo tão cobiçado pelos

TIRANDO ONDA

indivíduos mais glamourosos da sociedade humana. As camadas são tão finas e minúsculas que têm o tamanho exato para afetar a maneira como as ondas luminosas se alinham. O papel importante que exercem é misturar um pouco a luz para que as ondas do mesmo tipo se sobreponham. As ondas somam-se (um físico diria que interferem umas nas outras), e o resultado são padrões coloridos. De alguns ângulos, as ondas luminosas refletidas se reforçam, e então vemos cintilações cor-de-rosa e verde na superfície branca lustrosa. De outros ângulos, pode ser que o azul se alinhe, ou até mesmo nenhuma cor. Ao serem giradas sob a luz do sol, vemos flashes nas pérolas provenientes das somas das ondas. É isso que chamamos de iridescência — um brilho que parece misterioso e é muito valorizado pelos seres humanos por ser tão raro e bonito. O que está acontecendo é que as pérolas estão criando um padrão irregular de ondas luminosas, e à medida que você as gira, vê partes diferentes do padrão. Mas, para nós, é quase como se as pérolas estivessem brilhando, e nós amamos isso. Recentemente, os humanos aprenderam a manipular o mundo nessa escala. Mas mesmo hoje, na maior parte do tempo, são as ostras que fazem o trabalho duro por nós.

As pérolas mostram o que acontece quando ondas do mesmo tipo se sobrepõem. Às vezes, as cristas e os vales se alinham e se somam, produzindo uma onda mais violenta que viaja em uma direção específica. Outras vezes, anulam-se, fazendo com que não haja nenhuma onda naquela direção. Um novo padrão de onda surgirá como resultado sempre que houver qualquer coisa a partir da qual as ondas possam se refletir, ou ainda quando houver mais de uma fonte de ondas (pense em ondulações propagando-se a partir de duas pedras idênticas arremessadas lado a lado em um lago).

Mas isso levanta algumas questões. O que acontece quando outros tipos de ondas idênticas se sobrepõem? O que acontece no caso dos telefones celulares? É comum vermos grupos de pessoas reunidas, todas tendo conversas pelos seus aparelhos com pessoas diferentes, mas usando

TEMPESTADE NUMA XÍCARA DE CHÁ

modelos idênticos. Elas estão conectadas ao mundo através de ondas, os mesmos tipos de ondas que centenas ou milhares de outras pessoas estão usando para se comunicar na mesma cidade. A comunicação por rádio do *Titanic* foi atrapalhada pelo fato de haver vinte navios espalhados por todo o Atlântico Norte usando a mesma tecnologia e o mesmo tipo de onda para enviar sinais. Hoje, contudo, cem pessoas nesse prédio poderiam ter conversas separadas em aparelhos móveis do mesmo modelo ao mesmo tempo. Como conseguimos organizar essa cacofonia de ondas para possibilitar isso?

Imagine-se observando uma cidade movimentada de cima. Um homem caminhando pela rua tira o celular do bolso, toca a tela e coloca o aparelho no ouvido. Agora, acrescente um superpoder à sua visão — a capacidade de ver as ondas de rádio de diferentes comprimentos como cores diferentes. Ondas verdes se propagam em todas as direções a partir do aparelho do homem, mais claras e intensas no próprio aparelho, e perdendo gradualmente a intensidade à medida que se afastam. Há uma estação base de telefonia celular a 100 metros de distância que detecta as ondas verdes e decodifica a mensagem — identificando o número que a pessoa deseja contatar. Em seguida, a estação envia seu próprio sinal de volta para o aparelho dela, outra ondulação verde, mas a cor desse novo sinal é apenas uma fração diferente do verde das ondas originais emitidas pelo aparelho. Esse é o primeiro truque das telecomunicações modernas. Enquanto o *Titanic* só podia enviar um sinal que era uma mistura de vários comprimentos de onda diferentes, a nossa tecnologia hoje é incrivelmente precisa em relação a quais comprimentos de onda são enviados e recebidos. O comprimento de onda do sinal original do celular tinha 34.067 centímetros, enquanto o comprimento de onda usado para enviar o sinal de resposta tinha 34.059 centímetros. O aparelho e a estação base podem ouvir e falar em canais com comprimentos de onda com uma diferença de uma fração minúscula de apenas 1%. Os nossos olhos não conseguem distinguir as cores nem de longe com a mesma precisão. Mas, assim como as tintas vermelha e azul no meu papel branco, essas ondas são separadas e não interferem umas nas outras. Enquanto o homem caminha pela rua, as ondas verdes propagadas a partir do seu aparelho celular carregam um padrão: a mensagem que está sendo transmitida. Uma mulher do outro lado da rua também conversa ao celular, mas usando outro comprimento de onda com uma fração de diferença. A estação de telefonia, porém, pode distinguir os dois. É por isso que a largura de banda é vendida como uma faixa; se o seu telefone celular está nessa faixa, é possível tornar as diferenças entre os canais tão pequenas quanto você quiser, contanto que o hardware seja capaz de separá-los. Assim, ao olharmos para essa parte da cidade, vemos muitos pontos claros à medida que os aparelhos emitem seus sinais. Os sinais estão sendo refletidos pelos prédios e lentamente absorvidos pelo ambiente ao redor, mas a maioria alcança uma estação base antes de se tornarem fracos demais.

Enquanto a pessoa que observávamos caminha pela rua, afastando-se da estação rádio base, começamos a ver novas cores. As ruas à sua frente estão cheias de manchas vermelhas de rádio, todas centralizadas na estação rádio base seguinte, que está emitindo diversos tons de vermelho para os aparelhos celulares em volta. À medida que o forte sinal verde da primeira estação rádio base vai perdendo a intensidade, o aparelho da pessoa detecta as novas frequências e começa a se comunicar com a estação rádio base seguinte. Ela não faz ideia de que está chegando ao limite da área "verde", mas quando isso acontece seu telefone muda de comprimento de onda, passando a enviar tons de vermelho. Eles não são captados pela estação rádio base verde original, mas são retransmitidos pela nova estação vermelha. Se continuar andando, talvez chegue a áreas onde as ondas de rádio terão cores amarelas ou azuis para a nossa visão de super-heróis capaz de enxergá-las. Duas faixas da mesma cor não se tocam, mas, se ela andar ainda mais, é possível que entre em uma nova área verde. Esse é o segundo truque das nossas redes de telefonia

TEMPESTADE NUMA XÍCARA DE CHÁ

móvel. Ao mantermos a intensidade do sinal muito baixa, nós nos certificamos de que os sinais só possam alcançar a base mais próxima. Isso significa que um pouco à frente podemos ter uma nova estação usando as mesmas frequências verdes. Mas os sinais das duas estações verdes são fracos demais para alcançarem uns aos outros, então não há interferências. As informações fluem, indo e voltando para o centro de cada célula (esse é o nome dado à faixa ao redor de cada estação),[9] mas não interferem nas informações de outras células. Não importa que todo mundo esteja falando ao mesmo tempo, pois estão usando ondas um pouco diferentes. E a tecnologia pode separar todas essas conversas ajustando seus receptores com uma precisão incrível. Se o seu aparelho enviar sinais com um comprimento de onda errado pela menor fração que seja, a mensagem não será transmitida. Mas essa precisão incrível da tecnologia moderna significa que as menores sutilezas são suficientes para permitir a distinção das ondas.

E é ao redor disso que trafegamos diariamente. Ondulações sobrepostas de aparelhos celulares, redes wi-fi, estações de rádio, do Sol, dos aquecedores e de controles remotos passam sobre as nossas cabeças. E essas são só as ondas luminosas. Além delas, há o som: os ruídos profundos da Terra, música, apitos para cachorro e o ultrassom sendo usado na limpeza dos instrumentos para uma cirurgia odontológica sendo realizada logo ali. E então vêm as ondulações da xícara de chá que sopramos para esfriar, as ondas oceânicas e ondulações da superfície da própria Terra causadas por terremotos ocasionais. E não para por aí. Estamos enchendo o nosso mundo com mais ondas o tempo todo enquanto as usamos para detectar e conectar os detalhes das nossas vidas. Mas todas se comportam basicamente da mesma maneira. Todas têm um comprimento de onda. Elas podem ser refletidas, refratadas e absorvidas. Depois que você entende os princípios básicos das ondas, o

---

[9] É por isso que nos Estados Unidos decidiram chamar os aparelhos móveis de "celulares".

180

TIRANDO ONDA

truque de transmitir energia e informações sem mandar nada material adquire um grande domínio sobre uma das ferramentas mais poderosas da nossa civilização.

Em 2002, eu estava trabalhando na Nova Zelândia em um centro de passeios a cavalo perto de Christchurch. Certa tarde, o telefone tocou e, para a minha surpresa, era para mim. O aparelho era sem fio, então pude levá-lo lá para fora e me sentar na encosta, admirando o anoitecer da zona rural neozelandesa. Era a vovó. Ela havia decidido me telefonar (já fazia seis meses que eu estava fora do Reino Unido, e não havia falado com ninguém da minha família). Então, ela digitou os números certos no seu telefone, e lá estava eu do outro lado da linha. Enquanto seu sotaque familiar de Lancashire fazia perguntas sobre a comida, os cavalos e o trabalho, eu me distraí completamente pela estranheza da situação. Eu me encontrava do outro lado de um planeta gigantesco, o mais distante da minha família quanto era possível estar na Terra (12.742 quilômetros em linha reta, ou 20 mil quilômetros no voo de um corvo muito entusiasmado), e lá estava minha avó ao telefone. Simplesmente... falando. Conversando. Mas havia um planeta inteiro entre nós. Nunca superei completamente como aqueles dez minutos foram constrangedores. Hoje, o nosso planeta é conectado pelas ondas. Todos nós conversamos uns com os outros o tempo todo por intermédio de ondas invisíveis. É uma conquista colossal, e fundamentalmente esquisita. O trabalho de inventores como Marconi e eventos como o naufrágio do *Titanic* apontaram o caminho para o mundo da atualidade, onde essas conexões se tornaram comuns. Sinto-me grata por ter nascido cedo o bastante para experimentar o assombro que essa conquista particular merece. Os nossos olhos não podem detectar as ondas, e é sempre difícil apreciar o invisível. Mas da próxima vez que você fizer uma ligação, pense um pouco. Uma onda de fato é algo muito simples. Mas se você for usá-la com inteligência, ela pode encolher o mundo.

6

Por que os patos não ficam com os pés frios?

A dança dos átomos

O sal costuma ser considerado uma commodity das mais triviais, guardado em armários, e nunca o centro das atenções. Mas se você analisar um punhado de grãos de sal com mais atenção, especialmente sob uma luz clara, perceberá que eles são surpreendentemente brilhantes. E fica ainda melhor quanto mais de perto você olha. Observe-os com uma lupa e verá que os grãos não têm formatos aleatórios, irregulares ou grosseiros. Cada um é um lindo cubinho com laterais planas, talvez com largura de meio milímetro. É por isso que o sal brilha: a luz é refletida por essas superfícies planas como se elas fossem espelhos minúsculos, e grãos de sal diferentes cintilam à medida que você vira o punhado sob a luz. Aquela coisa sem graça no saleiro é composta por esculturas minúsculas, cada uma com o mesmo formato preciso. Os produtores de sal não têm essa intenção — é simplesmente como o sal se forma. E isso serve de pista do que as "coisas" são feitas.

TEMPESTADE NUMA XÍCARA DE CHÁ

O sal é o cloreto de sódio, composto por números iguais de íons de sódio e cloreto.[1] Você pode visualizá-los como bolas de tamanhos diferentes — o cloreto tem quase duas vezes o diâmetro do sódio. Quando o sal está se formando, cada um de seus componentes tem um lugar fixo em uma estrutura muito específica. Como ovos em uma pilha de caixas de ovo gigantes, os íons de cloreto reúnem-se em filas e colunas, acomodando-se em uma grade quadrada. Os íons de sódio menores se encaixam nos espaços centrais, de modo que cada caixinha de oito íons de cloreto possui um íon de sódio no meio. Um cristal de sal não passa de uma grade gigante desse tipo, um cubo com laterais formadas por cerca de 1 milhão de átomos cada. Quando os cristais de sal crescem, tendem a desenvolver uma nova camada sobre uma lateral plana inteira antes de darem início à formação da próxima camada, por isso o cubo mantém suas laterais planas à medida que cresce. É um preenchimento em escala atômica; cada componente empilhado perfeitamente em seu lugar. E as laterais planas de cada cubo podem refletir a luz como espelhos.

Não podemos ver os átomos individuais, mas podemos ver o padrão da sua estrutura, pois o cristal de sal inteiro é simplesmente o mesmo padrão refletido de forma contínua. O sal é algo muito simples, e um grão de sal maior não passa de mais da mesma coisa. As laterais planas que fazem o sal brilhar existem porque átomos individuais precisam se encaixar em lugares específicos de uma estrutura rígida.

O açúcar também brilha, mas quando você olha mais de perto para os cristais de açúcar (em especial os maiores, como aqueles do açúcar granulado), vê algo ainda mais encantado. Esses cristais são colunas de seis lados com extremidades pontiagudas. Cada molécula de açúcar

---

[1] Um íon é simplesmente um átomo que perdeu elétrons ou ganhou alguns adicionais. Aqui, o átomo de sódio cedeu um elétron ao átomo de cloro, então o sódio se torna um íon positivo e o cloreto se torna um íon negativo. Talvez soe um pouco indecente, mas agora que têm cargas opostas, eles se atraem.

POR QUE OS PATOS NÃO FICAM COM OS PÉS FRIOS?

é composta por 45 átomos diferentes, mas esses átomos são reunidos de uma forma fixa que é a mesma em cada molécula individual. Uma molécula de açúcar é um tijolo de uma escultura cristalina, apesar de ser um tijolo de formato muito complicado. Como os cristais de sal mais simples, esses também se empilham em uma estrutura regular, e só há um padrão para seguirem. Mais uma vez, não podemos ver os átomos, mas podemos ver o padrão, pois o cristal inteiro não passa de uma pilha gigante, um arranha-céu de moléculas. Como as colunas de seis faces têm lados planos que podem atuar como espelhos, o açúcar brilha como o sal.

A farinha, o arroz e os temperos em pó não brilham, pois apresentam uma estrutura muito mais complicada — são compostos pelas fábricas vivas minúsculas que chamamos de células. Os cristais de açúcar e de sal só têm lados perfeitamente planos porque sua estrutura é muito simples: apenas colunas e filas de átomos encaixados em posições específicas. E essa repetição perfeita só é possível porque na base de tudo há bilhões de bloquinhos de montar microscópicos idênticos: os átomos. O brilho funciona como um lembrete da sua existência cada vez que você coloca uma colher de açúcar em uma xícara de chá.

Muito embora não possamos ver os átomos propriamente ditos, podemos observar as consequências do que acontece no mundo microscópico. O que se passa na base da escala de tamanho afeta diretamente o que podemos fazer nas maiores escalas da nossa sociedade. Primeiro, porém, você precisa acreditar que os átomos existem.

Hoje, a existência dos átomos é algo que consideramos evidente. A ideia de que tudo é formado de bolas minúsculas de matéria é relativamente simples e faz sentido para nós porque crescemos com ela. Mas você só precisaria voltar ao começo do século XX para encontrar um debate sério na comunidade científica a respeito da existência dos átomos. A fotografia, os telefones e o rádio já haviam chegado para anunciar uma nova era tecnológica, mas ainda não havia um acordo a respeito do que compunha

TEMPESTADE NUMA XÍCARA DE CHÁ

as "coisas". Para muitos cientistas, os átomos pareciam uma ideia razoável. Por exemplo, químicos haviam descoberto que elementos diferentes pareciam reagir em proporções fixas — o que fazia todo o sentido quando se precisava de um átomo de um tipo mais dois átomos de outro tipo para compor uma única molécula. Os céticos, porém, resistiam. Como alguém poderia ter certeza da existência de algo tão pequeno?

Muitas décadas depois, uma citação foi atribuída ao cientista e escritor de ficção científica Isaac Asimov, e essa citação expressa perfeitamente o caminho mais comum de uma descoberta científica: "A frase mais animadora que podemos ouvir na ciência, aquela que anuncia novas descobertas, não é Eureca! (Descobri!), mas 'Humm... que estranho.'" A confirmação final da existência dos átomos é um exemplo perfeito da ciência tomando esse caminho, mas demorou quase oitenta anos para ser feita. Os ponteiros começaram a andar em 1827, quando o botânico Robert Brown estava examinando grãos de pólen suspensos na água usando um microscópio. Partículas minúsculas eram liberadas pelo pólen, e eram as menores coisas que podiam ser vistas por um microscópio óptico — e continuam sendo até hoje. Robert Brown percebeu que mesmo quando a água estava completamente estática, essas partículas minúsculas continuavam se movimentando. A princípio, ele presumiu que fosse porque as partículas estavam vivas, mas depois observou o mesmo comportamento em matéria morta. Era estranho, e ele não tinha uma explicação para isso. Mas escreveu a respeito, e nas décadas seguintes muitas outras pessoas testemunharam a mesma coisa. Os movimentos estranhos ficaram conhecidos como "movimentos brownianos". Eles nunca paravam, e eram apenas as menores partículas que se movimentavam. Várias pessoas propuseram explicações, mas ninguém resolvia o mistério.

Em 1905, o examinador suíço de patentes mais famoso no mundo publicou um artigo baseado na sua tese de doutorado. Einstein é mais conhecido pelos estudos sobre a natureza do tempo e do espaço, e pelas

POR QUE OS PATOS NÃO FICAM COM OS PÉS FRIOS?

Teorias da Relatividade Especial e da Relatividade Geral. Mas o tema do seu doutorado foi a teoria molecular estatística dos líquidos, e em artigos publicados em 1905 e 1908 ele apresentou uma explicação matemática rigorosa para os movimentos brownianos. Suponha, ele disse, que o líquido seja composto por muitas moléculas, e que essas moléculas estejam se chocando continuamente. Ele pintou um quadro do líquido como uma substância dinâmica desorganizada com moléculas que se chocavam, mudando de direção e de velocidade a cada choque. Então, o que acontece com uma partícula maior, muito maior do que as moléculas? Ela recebe choques de várias direções diferentes. Mas como os choques são aleatórios, às vezes, a partícula é atingida mais de um lado do que do outro. Assim, movimenta-se um pouco para um lado. E em seguida é aleatoriamente golpeada mais para cima do que para baixo. Ela se move um pouco por causa disso. Desse modo, os movimentos da partícula maior são apenas a consequência do fato de ela estar sendo atingida por muitos milhares de moléculas bem menores. Robert Brown não podia ver as moléculas, apenas as partículas maiores. Os movimentos que Einstein previu combinavam com o que Brown havia visto. E isso só seria possível se o líquido de fato fosse composto por moléculas que se chocavam. Portanto, a existência de blocos individuais de matéria — átomos — era inegável. Melhor ainda, uma das equações de Einstein previa qual deveria ser o tamanho dos átomos para causar os movimentos vistos. E depois, em 1908, Jean Perrin realizou experiências mais detalhadas ainda que se encaixavam na teoria de Einstein. Os últimos céticos não tiveram alternativa a não ser se convencerem pelas novas evidências. O mundo era composto por muitos átomos minúsculos, esses átomos estavam em constante movimento, e por fim todo mundo pôde seguir em frente. Essas duas descobertas andavam de mãos dadas. E a vibração constante dos átomos não era algo casual. Na verdade, ela explica algumas das leis mais fundamentais da física sobre o funcionamento do mundo.

TEMPESTADE NUMA XÍCARA DE CHÁ

Uma das maiores consequências da nova compreensão dos átomos e das moléculas foi que fenômenos como os movimentos brownianos agora tinham de ser explicados pelo uso da estatística. Não havia sentido em analisar cada átomo individual, calcular exatamente o que acontecia quando ele atingia outro e observar cada um dos bilhões de átomos em uma única gota de líquido. Em vez disso, o que se estudava eram as estatísticas do que aconteceria considerando-se várias colisões aleatórias. Não era possível dizer se em qualquer determinado momento a partícula browniana iria se movimentar exatamente um milímetro para a esquerda. Mas, se você fizesse a experiência muitas vezes, era possível concluir que ela acabaria *em média* a um milímetro de distância do seu ponto de partida. Você podia calcular a média com muita precisão, mas era tudo que podia obter. Isso significava que a física havia se tornado um pouco mais complexa do que fora em 1850. Mas também era capaz de explicar muitas outras coisas. Depois que você tomava consciência da existência dos átomos, até coisas comuns como roupas molhadas pareciam muito mais interessantes.

O primeiro programa que apresentei para a BBC foi sobre a atmosfera terrestre e os padrões climáticos ao redor do globo. Assim, passei três dias no maior e mais famoso evento climático do planeta: as monções indianas. As monções são uma alteração anual nos padrões de vento ao redor da Índia, e entre junho e setembro de cada ano os ventos reversos trazem chuva. Muita chuva. Estávamos lá para falar de onde toda a água estava vindo.

Ficamos alojados em cabanas de madeira apertadas em uma praia muito tranquila de Kerala, no extremo sudoeste da Índia. O primeiro dia de filmagem foi longo e cheio de variações — o clima de monções é muito instável, o que é frustrante quando você precisa de duas horas das mesmas condições climáticas para filmar um trecho em particular. A luz quente do sol era seguida por uma hora de chuva muito intensa, e logo depois por ventos fortes, para então o tempo retornar ao calor do

POR QUE OS PATOS NÃO FICAM COM OS PÉS FRIOS?

sol inicial. Mas ficava quente o dia inteiro, e nunca me incomodei em pegar chuva se não estiver com frio. Sentir frio não é divertido. Sempre que chovia, eu ficava encharcada, e então precisava encontrar uma forma de fazer as minhas roupas parecerem pelo menos um pouco secas quando o sol saía. O problema de ser quem fica na frente das câmeras é que você é a única pessoa que tem que usar as mesmas roupas o tempo todo. Então, encontrei um refúgio ensolarado e quente onde as coisas secavam um pouco, e a sensação foi de ter passado horas vestindo e tirando roupas com vários graus de umidade, tentando combinar o estado do figurino às condições climáticas atuais. Por volta das sete da noite, os céus abriram (outra vez), eu me molhei (outra vez), e como o sol estava se pondo decidimos encerrar o dia de trabalho.

Espremi as peças da minha roupa o máximo que pude, usei uma toalha para secá-las o máximo possível (deixando-as no nível de "úmidas"), e em seguida pendurei-as e fui jantar. Lá, ficaram até as 6 horas da manhã seguinte, quando chegou a hora de levantar e começar a trabalhar. Mas quando peguei o meu short, ele não estava só úmido — estava mais molhado do que na noite anterior. E pior: continuava muito frio, pois a temperatura havia caído durante a noite. Eca! Mas eu não tinha roupas iguais, então o jeito foi vesti-las e andar pela praia tentando parecer entusiasmada sob o sol sem tremer visivelmente.

Em um gás, as moléculas geralmente não se atraem, e é por isso que podem se espalhar para preencher qualquer recipiente em que você venha a colocá-las. Em um líquido, seu comportamento é um pouco diferente. Também temos um jogo de carrinhos bate-bate, mas as moléculas estão muito mais próximas — tão próximas que se tocam quase o tempo todo. No ar à temperatura ambiente, a distância média entre qualquer par de moléculas de gás é de cerca de dez vezes o comprimento de uma molécula. Mas em um líquido as moléculas estão bem ao lado umas das outras. Elas continuam se movimentando à medida que se chocam com as demais, e podem passar lado a lado com muita facilidade, no entanto, se movimentam mais lentamente do que as moléculas de gás. Como são mais lentas e estão mais próximas, as moléculas de um líquido sentem a atração de outras moléculas perto delas. É por isso que líquidos formam gotículas. A temperatura é simplesmente a energia proveniente do movimento das moléculas. Em uma gotícula de um líquido gelado, as moléculas não estão se movimentando muito, então ficam juntas. Se você aquecer a gotícula, a velocidade média de todas as moléculas aumentará, e algumas por acaso acabarão com muito mais energia do que a média.

Para que uma molécula escape do líquido, ela precisa de energia suficiente para escapar à atração das outras. Isso é a evaporação, que ocorre no momento em que a molécula adquire o mínimo suficiente de energia para escapar do líquido e flutuar sozinha para se juntar a um gás. Minhas roupas molhadas estavam encharcadas na forma líquida, moléculas movimentando-se lentamente umas ao redor das outras, mas sem energia para escapar.

Durante três dias nas monções, tentei fazer tudo que pude para secar os meus trajes. Secar roupas geralmente significa submetê-las a uma situação que forneça às moléculas de água em estado líquido energia o bastante para escaparem, de modo que simplesmente migrem para outro lugar. Nos períodos ensolarados, a água em estado líquido absorvia a energia do sol, e suas moléculas conseguiam escapar bem devagar. Mas quando estava nublado, eu travava uma batalha em vão. O problema era que havia água demais no ar. O ar do vento que vinha do oceano para a praia estava cheio de água. Quando o sol brilhava sobre o mar quente, aquecia a camada superficial. As moléculas de água do oceano também estavam brincando de carrinho bate-bate, e quanto mais quente a água fica, mais rápido em média elas se movimentam. À medida que a superfície oceânica esquentava, mais moléculas acabavam obtendo velocidade suficiente para escapar. Essas moléculas tornavam-se gás na atmosfera. Assim, o ar quente e úmido que chegava à praia

POR QUE OS PATOS NÃO FICAM COM OS PÉS FRIOS?

já estava cheio de moléculas de água que haviam escapado. Agora, elas estavam brincando de carrinho bate-bate com outras moléculas no ar.

Quando a chuva me molhava, o calor do meu corpo aquecia as minhas roupas, dando a algumas das moléculas de água que eu carregava energia suficiente para escaparem. Isso deixava as roupas mais secas. O problema era que havia tantas moléculas no ar que elas batiam nas minhas roupas e ficavam. Quando isso acontecia, elas simplesmente afundavam na multidão líquida, tornando minhas peças mais molhadas. A razão pela qual minhas roupas nunca secavam era que o número das moléculas de água evaporando delas para o ar era exatamente compensado pelo número de moléculas que vinham do ar e condensavam nelas. É isso que significa 100% de umidade: que toda molécula que evapora é substituída por outra que condensa. Se a umidade for inferior a 100%, mais moléculas vão deixar o líquido do que chegar. Quanto maior a diferença, mais rápido as coisas secam.

À noite, piorava. À medida que o ar esfriava, todas as moléculas desaceleravam. Assim, um número ainda maior delas perdia velocidade o bastante para aderir à minha blusa e ao meu short, deixando-os ainda mais molhadas. O ponto em que o número de moléculas que condensam é maior do que o número das que evaporam chama-se ponto de orvalho, sendo o orvalho as gotas líquidas formadas. Ainda há algumas moléculas que ocasionalmente alcançam energia suficiente para deixar o líquido e se juntarem a um gás. Mas seu número é insignificante se comparado ao das moléculas que fazem o caminho oposto. Se eu tivesse um meio de aquecer as roupas, poderia ter aumentado o número de moléculas que estavam evaporando, talvez o bastante para inverter a balança e fazer com que as roupas secassem. Como não tinha, só me restava aguentar ficar molhada, assim como o restante da Índia.

A questão aqui é que há sempre uma troca ocorrendo. Essa análise estatística de um mar de moléculas é importante, porque as moléculas não estão todas tendo o mesmo comportamento. Exatamente ao mesmo

TEMPESTADE NUMA XÍCARA DE CHÁ

tempo e no mesmo lugar, algumas moléculas estão evaporando enquanto outras estão condensando. O que vemos depende apenas do equilíbrio entre essas duas possibilidades.

Há momentos em que é muito útil que cada molécula em um grupo esteja se comportando de modo diferente. Por exemplo, quando o suor evapora, são só as moléculas com mais energia que escapam. A consequência é que a velocidade média das que ficam para trás diminui. É por isso que a transpiração provoca o resfriamento do corpo; as moléculas liberadas levam consigo muita energia.

As roupas geralmente levam um bom tempo para secar. É um processo lento. De vez em quando, uma molécula de ar particularmente energizada acaba na superfície da água com energia suficiente para escapar, e lá se vai ela. Mas não precisa ser assim. E a evaporação rápida pode ser muito útil, ainda mais quando se está cozinhando. Na verdade, fritar alimentos, que em geral é considerado um método de cozimento "seco", envolve muita água.

Meu prato frito favorito é halloumi, algo que sempre considerei a resposta dos vegetarianos ao bacon. Tudo começa com o aquecimento do óleo em uma panela resistente, enquanto corto tiras borrachudas de queijo. O óleo vai silenciosamente adquirindo calor até chegar a uma temperatura de cerca de 180°C, e se eu não pudesse sentir esse calor, jamais saberia que algo está acontecendo. Mas assim que coloco as primeiras tiras de queijo, o silêncio é quebrado por estalos e chiados altos. Quando o queijo entra em contato com o óleo quente, sua superfície é aquecida quase à temperatura do óleo em uma fração de segundo. As moléculas de água na superfície do queijo de repente ganham uma grande quantidade de energia extra, muito mais do que o necessário para escaparem do líquido e flutuarem em forma de gás. Assim, separam-se muito rápido, produzindo uma série de explosões de gás em miniatura com a liberação das moléculas do líquido. Essas bolhas de gás são o que vejo na superfície do queijo, e também é de onde o barulho está vindo.

POR QUE OS PATOS NÃO FICAM COM OS PÉS FRIOS?

Mas as bolhas têm um papel importante: enquanto houver água em forma gasosa deixando o queijo, o óleo não conseguirá penetrar. Ele mal toca a superfície — só o suficiente para transmitir energia térmica. É por isso que fritar alimentos a temperaturas muito baixas deixa-os oleosos e empapados; as bolhas não se formam rápido o bastante para evitar a entrada do óleo. Enquanto o queijo cozinha, ocorre uma transferência de calor para o seu interior, aquecendo-o. As extremidades externas liberam muita água, pois está muito quente para que ela permaneça em sua forma líquida lá dentro. É por isso que a superfície externa fica crocante — ela secou. A coloração marrom vem das reações químicas que ocorrem com o aquecimento das proteínas e dos açúcares presentes no queijo. Mas a súbita transição da água da forma líquida para a gasosa é o coração do processo por trás da fritura. E a fritura de alimentos precisa envolver chiados — se você estiver fazendo do jeito certo, não há como evitá-los.

*

A transição do estado gasoso para o líquido e o contrário acontecem o tempo todo ao nosso redor. Mas não vemos a transição do líquido para o sólido e o seu inverso com tanta frequência. No caso da maioria dos metais e plásticos, o derretimento ocorre a temperaturas muito superiores às do nosso dia a dia. Para moléculas menores — como as do oxigênio, do metano e do álcool —, o derretimento acontece a temperaturas incrivelmente baixas; o tipo de temperaturas que requerem congeladores muito especiais. A água é uma molécula incomum, já que tanto derrete quanto evapora a temperaturas muito comuns no nosso meio. Mas quando pensamos em água congelada, muitas vezes pensamos nos polos norte e sul da Terra. Eles são frios, brancos e eternamente associados às grandes expedições do século XX, que colocaram seres humanos em alguns dos ambientes mais hostis do planeta. A água congelada lhes

TEMPESTADE NUMA XÍCARA DE CHÁ

causou muitos problemas. Mas em alguns casos também proporcionou soluções incomuns.

A transição da forma gasosa para a líquida requer uma aproximação suficiente entre as moléculas para que elas quase se toquem enquanto continuam livres para fluir umas sobre as outras. A transição da forma líquida para a forma sólida está relacionada ao momento em que essas moléculas são impedidas de se movimentar. O congelamento da água é o exemplo mais comum disso, mas a água congela de um modo quase exclusivo. Não há nenhum lugar onde essa peculiaridade seja mais visível do que o norte congelado — o oceano Ártico.

Se você viajar para o extremo norte da Noruega, for até o litoral e olhar mais para o norte, verá o mar. Durante os meses de verão, quando não há gelo, a luz solar nos dias de 24 horas de duração alimenta imensas florestas móveis de plantas marinhas minúsculas, um aperitivo sazonal que atrai peixes, baleias e focas. Então, quando o verão vai chegando ao fim, a luz começa a desaparecer. A temperatura na superfície da água, que alcançava no máximo 6°C no auge do verão, começa a cair. As moléculas da água, que se deslocavam por cima umas das outras, perdem velocidade. A água é tão salgada que pode alcançar -1,8°C e permanecer líquida; mas em uma noite escura, iluminada apenas pelas estrelas, o gelo começa a se formar. Talvez um floco de gelo seja soprado para a água, e se as moléculas de água mais lentas esbarrarem nele, elas aderem. Mas não podem aderir em qualquer lugar. Cada nova molécula adere a um ponto fixo em relação às outras, e a confusão de moléculas agitadas é substituída por um cristal no qual moléculas ordenadas marcham para formar uma estrutura hexagonal. E, à medida que a temperatura diminuiu, o cristal feito de gelo cresce.

A coisa mais estranha nos cristais de água é que as moléculas rigorosamente alinhadas ocupam mais espaço agora do que quando se deslocavam no calor. Em praticamente qualquer outra substância, moléculas estacionadas em uma grade regular ficariam mais próximas

POR QUE OS PATOS NÃO FICAM COM OS PÉS FRIOS?

do que quando podiam se movimentar com liberdade. Mas isso não acontece com a água. O cristal que está crescendo é menos denso do que a água ao redor, então flutua. A água se expande à medida que congela. Se não se expandisse, o gelo recém-formado afundaria, e a aparência dos oceanos polares seria bem diferente. Como ela se expande, a temperatura cai mais ainda, o gelo se expande e o oceano ganha uma camada de água branca sólida.

Há muitas coisas excitantes no Ártico congelado: ursos-polares, gelo e a Aurora Boreal. Mas há um componente em particular da história do Ártico que eu simplesmente adoro: uma história sobre as peculiaridades do congelamento da água e sobre trabalhar com a ajuda da natureza em vez de trabalhar contra ela. É sobre um naviozinho bulboso e robusto que sobreviveu a uma das viagens mais extraordinárias da história da exploração polar. Seu nome é *Fram*.

No final do século XIX, os exploradores começaram a voltar sua atenção para o polo norte. Ele não ficava muito longe da civilização ocidental. As regiões do norte do Canadá, da Groenlândia, da Noruega e da Rússia já haviam todas sido visitadas e relativamente mapeadas. Mas o polo norte continuava sendo um mistério. Ele era terra? Era mar? Ninguém jamais o alcançara, então ninguém sabia. A viagem derrotou os exploradores repetidas vezes, pois o mar crescia, encolhia e mudava o tempo todo. Com a alteração das condições climáticas, o gelo podia se acumular, formando cordilheiras e provocando terremotos de gelo. Se capturados pelo gelo, os navios podiam ser completamente despedaçados. O navio USS *Jeanette* sofreu um destino típico em 1881, tendo passado meses preso no mar congelado bem ao norte do litoral da Sibéria. Com a diminuição das temperaturas e a aderência das moléculas da água do mar no fundo da estrutura de gelo na superfície marítima, o gelo em expansão prendeu o casco. Depois de o gelo ter passado meses aumentando de volume e encolhendo, prendendo e soltando o navio, o *Jeanette* sucumbiu e foi esmagado. Os exploradores que conseguiam

TEMPESTADE NUMA XÍCARA DE CHÁ

sair das embarcações para o gelo sólido enfrentavam diversos perigos: o gelo podia derreter e abrir imensos canais, impossíveis de atravessar sem um barco. De qualquer um dos países que circundavam o círculo ártico, a distância até o polo era de centenas de quilômetros, e o gelo instável representa um obstáculo formidável.

Três anos depois de ter afundado, destroços inconfundíveis do USS *Jeanette* chegaram a uma praia perto da Groenlândia. Foi uma descoberta e tanto, pois os destroços atravessaram o Ártico inteiro, de um lado a outro. Oceanógrafos questionavam-se sobre a possibilidade de haver alguma corrente que saísse da costa da Sibéria, atravessasse o polo norte e atingisse a Groenlândia. E um jovem cientista norueguês chamado Fridtjof Nansen teve uma ideia louca: se ele pudesse construir um navio capaz de resistir ao gelo, poderia levá-lo até a Sibéria e deixá--lo congelado onde o *Jeanette* havia afundado, e talvez três anos depois ele simplesmente aparecesse na Groenlândia. Mas o ponto crucial era que, no caminho, talvez ele conseguisse passar pelo polo norte. Ele não precisaria caminhar nem navegar... bastaria deixar o gelo e o vento fazerem o trabalho. O único problema seria a espera. Como recompensa por essa ideia, Nansen seria ao mesmo tempo aplaudido como um gênio e ridicularizado como um louco. Mas ele seguiria em frente com o seu plano de qualquer maneira. Levantou fundos e contratou um dos melhores engenheiros navais da época, pois o navio precisaria ser diferente de qualquer outra embarcação a ter navegado o oceano até então. E assim nasceu o *Fram*.

A dificuldade era que, à medida que a água congelava, as moléculas de água precisavam ocupar seus lugares em uma estrutura rígida. Se a temperatura diminuísse muito, elas aderiam. E se não houvesse espaço suficiente para ocuparem seus lugares apropriados, elas empurrariam tudo que estivesse ao redor para abrir esse espaço. Qualquer navio preso no gelo era castigado enquanto o gelo ocupava mais e mais espaço, expandindo-se. Nenhum navio até então conhecido podia resistir à

POR QUE OS PATOS NÃO FICAM COM OS PÉS FRIOS?

pressão, e ninguém sabia a espessura que o gelo poderia alcançar no meio do Ártico. O *Fram* resolveu o problema de um modo simples e brilhante. Ele foi fabricado com um formato rechonchudo e arredondado, com apenas 39 metros de comprimento e 11 metros de largura. Tinha um casco curvo, quase nada de quilha, e seus motores e leme podiam ser erguidos da água. Quando o gelo se formasse, o *Fram* se transformaria em uma tigela flutuante, e se você apertar por baixo um objeto de formato curvo, como uma tigela ou um cilindro, ele pula para cima. Se a pressão do gelo ficasse muito forte, o *Fram* seria empurrado para cima e ficaria sobre ele — pelo menos em tese. Em alguns pontos, a madeira que compunha o navio tinha mais de um metro de espessura, e era isolada para manter a tripulação aquecida. Em junho de 1893, ele deixou a Noruega com um tremendo apoio do público e uma tripulação de treze integrantes, circundando a costa norte da Rússia até alcançar o local onde o *Jeanette* afundara. Em setembro, encontrou gelo a 78 graus a norte, e pouco depois estava cercado. Quando o gelo começou a prendê-lo, ele rangeu e gemeu, mas à medida que o gelo o cercava, ele ergueu-se, escapando da armadilha conforme esperado. Congelado, estava a caminho.

Ao longo de três anos, o *Fram* flutuou sobre o mar de gelo, deslizando para o norte a um ritmo agonizante de 1,5 quilômetro por dia. De vez em quando, deslizava para trás ou ficava girando em círculos. O gelo inconstante o pressionava e liberava continuamente, e sua reação era subir e descer. Nansen mantinha a tripulação ocupada com medições científicas, mas começou a ficar cada vez mais frustrado com a lentidão do progresso. Quando o *Fram* alcançou 84 graus de latitude norte, ficou claro que não chegaria ao polo, localizado a 410 milhas náuticas. Nansen escolheu um companheiro e desembarcou, esquiando sobre o gelo na tentativa de chegar aonde o navio não podia. Ele quebrou um novo recorde como a pessoa a ter alcançado o ponto mais setentrional até então, mas ainda assim ficou a 4 graus do polo. Nansen continuou

TEMPESTADE NUMA XÍCARA DE CHÁ

atravessando o Ártico até a Noruega, encontrando outro explorador na Terra de Francisco José em 1896. O *Fram* e seus outros onze tripulantes seguiram o curso, carregados pelo gelo até 85,5 graus de latitude norte, apenas algumas milhas ao sul do novo recorde de Nansen. No dia 13 de junho de 1896, o navio pulou para fora do gelo um pouco ao norte de Spitsbergen, exatamente conforme o plano original.

Apesar de o *Fram* nunca ter chegado ao polo, as medições científicas feitas durante a jornada tiveram um valor inestimável. Agora, sabíamos com certeza que o Ártico era um oceano, e não terra; que o polo norte estava escondido sob um mar de gelo inconstante; e que de fato havia uma corrente atravessando o Ártico entre a Rússia e a Groenlândia. O *Fram* transportou homens em mais duas importantes viagens. A primeira foi uma expedição de mapeamento de quatro anos até o Ártico canadense. E depois, em 1910, ele levou Amundsen e seus homens até a Antártida, onde eles venceriam o capitão Scott na corrida até o polo sul. Hoje, ele repousa em seu próprio museu em Oslo, considerado o maior símbolo da exploração polar norueguesa. Em vez de lutar contra a expansão inexorável do gelo, ele a usou para navegar no topo do mundo.

A expansão da água ao congelar já é algo tão comum para nós que sequer lhe damos atenção. Se você coloca um cubo de gelo na sua bebida, ele flutua — simples assim. Mas existe um jeito fácil de ver que a água congelada na verdade é exatamente igual à água líquida, apenas ocupando mais espaço. Se você colocar um pouco de água em um copo transparente e acrescentar alguns pedaços grandes de gelo, eles flutuam, a maior parte de cada pedaço permanecendo sob a superfície, enquanto cerca de 10% fica acima do nível do líquido. Você pode marcar o nível do líquido na superfície externa do copo com uma caneta hidrográfica. A questão é: à medida que o gelo derrete, o nível da água aumenta ou diminui? Depois que o gelo derreter, todas as moléculas de água que por enquanto se projetam acima do nível do líquido terão de se juntar ao restante dele. Isso significa que o nível da água aumentará? Eis a física

POR QUE OS PATOS NÃO FICAM COM OS PÉS FRIOS?

ideal para um coquetel — isto se você for paciente (ou estiver entediado) o bastante em uma festa a ponto de observar o derretimento do gelo.

A resposta é simples, e se não acreditar em mim você pode checar por si mesmo. O nível da água permanecerá exatamente no mesmo ponto. Depois que as moléculas do gelo retornam à forma líquida, podem ficar mais próximas. Isso significa que irão caber perfeitamente na lacuna deixada pela parte submersa do gelo derretido. O pedaço do cubo de gelo que está do lado de fora é precisamente proporcional ao volume extra do cubo de gelo, pois ele se expandiu quando congelou. Você não pode ver os átomos em sua estrutura, mas pode ver diretamente o espaço adicional de que precisam quando congelados.[2]

A água passa do estado líquido para o sólido de uma maneira particular — cada átomo no sólido tem uma posição fixa na estrutura. Isso se chama cristal, mesmo quando não é a peça principal cintilante de uma tiara. Um material cristalino é simplesmente algo com uma estrutura repetitiva fixa no estado sólido, como é o caso do sal e do açúcar. Mas existe outro tipo de sólido que não possui o mesmo posicionamento rígido. Esses sólidos apresentam uma estrutura mais semelhante à de um líquido congelado a caminho de algum lugar. Mesmo que o posicionamento atômico ocorra em uma escala minúscula, pequena demais para vermos, de vez em quando podemos notar o efeito que ele tem sobre um objeto. O exemplo mais óbvio disso é o vidro.

Lembro-me de ter visto sopradores de vidro pela primeira vez em uma viagem em família à Ilha de Wight, quando tinha uns 8 anos. Fiquei encantada com os glóbulos delicados de vidro fundido, brilhando e

---

[2] A razão por que o espaço ocupado pela parte submersa do cubo de gelo é exatamente o mesmo que o espaço necessário para acomodar o líquido derretido está relacionada ao modo como funciona o empuxo. O restante da água precisa sustentar o peso do que quer que ocupe esse espaço. Para o restante do copo, não importa o que está lá, contanto que ocupe exatamente o mesmo espaço. Quando o cubo de gelo o ocupa, sobra um volume extra, e é ele que se projeta acima da superfície.

TEMPESTADE NUMA XÍCARA DE CHÁ

crescendo, mudando constantemente de uma bela forma bulbosa para outra. Precisei ser arrastada de lá, porque poderia ter passado o dia inteiro observando aquela magia, a magia de bolhas crescendo até se tornarem vasos. Ainda faltavam muitos anos para eu decidir o que realmente queria fazer: eu mesma tentar fazer aquilo. Mas, em uma manhã fria de 2016, minha prima e eu chegamos a um pequeno celeiro de alvenaria onde ergueriam a cortina e revelariam como a mágica era feita.

Começava com vidro fundido em uma pequena fornalha, brilhando com uma cor alaranjada por estar à aterrorizante temperatura de 1.080°C. Protegidas com luvas de fibra de Kevlar, nós obedientemente enfiamos longas varas de ferro no vidro fundido e começamos a girá-las para que o material, com sua consistência de mel, aderisse ao aço à medida que girávamos. A parte difícil era todo o resto. Soprar o vidro é como a arte da sedução controlada, e podíamos aplicar três formas principais de persuasão. Aquecer o vidro o torna mais maleável. Deixá-lo parado permite que a gravidade convenientemente o puxe para baixo sem que seja preciso tocá-lo. E se a vara for um tubo, você pode soprar bolhas.

Nós nos revezávamos praticando todas as três, e o que é incrível no vidro é o quão rápido sua natureza muda. Quando está fundido, ele sai da fornalha e você não pode parar de girar a vara, pois ele se encontra mesmo em estado líquido: se parar de girar, ele vai cair no chão. Uns dois minutos depois disso, podíamos enrolar a bolha em uma bancada de metal, e a sensação era de que ela apresentava a consistência de massinha. Apenas 3 minutos depois, se batesse com ela na bancada, você podia ouvir um "plim", o que é exatamente o que esperaríamos de um objeto de vidro sólido. A parte divertida de se trabalhar com vidro é que você está manipulando um líquido, brincando com a maleabilidade que os líquidos oferecem. Um pedaço sólido e frio de vidro não passa de um líquido que foi capturado e congelado no tempo, como um personagem de conto de fadas.

POR QUE OS PATOS NÃO FICAM COM OS PÉS FRIOS?

A natureza do vidro vem da maneira como seus átomos se movem uns ao redor dos outros. A forma mais comum de vidro (com a qual praticamos) é a de soda-cal. Esse tipo de vidro é composto basicamente de sílica (dióxido de silício — SiO_2 — o principal componente da areia), mas também possui pitadas de sódio, cálcio e alumínio. O que distingue o vidro é que, em vez de os átomos terem posições específicas em uma estrutura regular, eles estão completamente desordenados. Cada átomo está ligado aos outros, e não há muito espaço livre, mas tudo está bastante desordenado. À medida que o vidro esquenta, os átomos ziguezagueiam mais, afastando-se aos poucos, e como já não se achavam em posições estritamente determinadas desde o início, é muito fácil deslizarem uns ao lado dos outros. O vidro fundido que retiramos da fornalha era composto por átomos com muita energia térmica, que deslizavam facilmente uns sobre os outros quando a gravidade os puxava para baixo. Ao esfriarem no ar, porém, os átomos movimentavam-se menos, ocupando lugares um pouco mais próximos, e o líquido tornava-se mais viscoso.

O detalhe inteligente no comportamento do vidro é que, à medida que esfria, não há tempo o bastante para que os átomos formem um padrão regular de caixa de ovo. Então, não formam. O vidro torna-se sólido quando os átomos ficam preguiçosos demais para continuar se deslocando. É muito difícil dizer exatamente onde fica a linha entre o líquido e o sólido.

A primeira tarefa era produzirmos uma bola de natal cada uma, o que na verdade é uma descrição elegante para soprar uma bolha de vidro, enquanto o professor acrescenta um laço de vidro derretido no topo. Era difícil soprar a bolha; minhas bochechas depois ficaram doendo como se eu tivesse acabado de encher um balão muito resistente. A etapa mais delicada do processo é a final, quando a última parte do vidro precisa ser separada da vara de ferro. Você puxa e modela o vidro para formar um gargalo fino onde quer que ele acabe.

TEMPESTADE NUMA XÍCARA DE CHÁ

Em seguida, lixa o gargalo para introduzir pequenas rachaduras. E então o leva ao que é divertidamente chamado de "bancada de arremate", bate com delicadeza na vara, e a bolha de vidro se desprende. Tudo funcionou perfeitamente — até chegarmos à última, quando as rachaduras recém-introduzidas não quiseram esperar. A bolha derradeira se desprendeu da extremidade da vara no momento em que estava sendo finalizada, bateu no chão de concreto e quicou. Duas vezes. O professor pegou-a rapidamente, e ficou tudo bem. Mas essa membrana de vidro delicada havia *quicado*. E, aparentemente, se houvesse caído cerca de 1 minuto depois, quando estaria só um pouco mais fria, teria se estilhaçado.

Essa é a lição do vidro. O comportamento dos seus átomos depende da sua temperatura. Quando está quente, os átomos podem fluir livremente uns sobre os outros. Basta esfriá-los um pouco para que não cheguem a ficar pegajosos e eles poderão se aproximar mais ao serem pressionados e ricochetear, permitindo que o vidro quique. Se esfriar mais, os átomos vão congelar em suas posições. Qualquer átomo que receba a mínima pressão para mudar de lugar abre uma rachadura em um sólido delicado e frágil, e então o vidro pode se estilhaçar em fragmentos pontiagudos.

O vidro é algo muito interessante, pois captura a beleza curvilínea de um líquido sem que precisemos nos preocupar com onde o líquido vai parar. Tem a estrutura atômica de um líquido (um grupo bastante desorganizado), mas é definitivamente um sólido. O fato de quicar é um bônus: a elasticidade é uma propriedade dos sólidos, já os líquidos não a possuem. E você pode ver as consequências dessa estrutura no comportamento que o material exibe com a mudança da temperatura.

Talvez seja a hora de desmistificar uma crença a respeito das antigas janelas de vidro. Já foi dito algumas vezes que janelas de 300 anos são mais espessas na base do que no topo porque o vidro escorreu com o

POR QUE OS PATOS NÃO FICAM COM OS PÉS FRIOS?

passar do tempo. Isso não é verdade; o vidro das janelas não é líquido, e não está escorrendo para lugar nenhum. A razão por trás dessa característica das janelas antigas é que o vidro foi feito empregando-se um método incrivelmente engenhoso. Uma bolha de vidro fundido era apanhada com uma vara de ferro que girava muito rápido, fazendo o vidro fluir e se estender, para então formar um disco chato.[3] Esse disco era resfriado e cortado para os vidros das janelas. O lado negativo do método era que o disco ficava sempre mais grosso próximo ao centro. Assim, as peças de vidro em forma de diamante das janelas eram cortadas com a parte mais grossa em uma das extremidades, e quando eram aplicadas, a extremidade mais grossa na maioria das vezes era colocada na base para ajudar a chuva a escorrer. O vidro não escorreu para baixo; ele foi colocado ali.

Essas bolhas de vidro não esfriavam de imediato. Elas passavam a noite em um forno que ia reduzindo a temperatura gradualmente até que ela se igualasse à temperatura ambiente pela manhã. A razão por trás disso é que, mesmo depois que o vidro passa para o estado sólido, os átomos não ficam completamente estáticos. Se você aquece algo, o arranjo atômico se altera um pouco, ainda que a mudança de temperatura não seja suficiente para transformar um sólido em líquido. O mesmo acontece à medida que as bolhas de vidro esfriavam: os átomos mudavam sutilmente de posição. O papel do forno é permitir que esse pequeno rearranjo ocorra lenta e uniformemente ao longo de toda a estrutura. Se não acontecesse de modo uniforme, as forças internas desequilibradas podiam estilhaçar o vidro. Mais uma vez, essa perturbação interna

---

[3] Esse é o conhecido "vidro ótico". A parte mais espessa no meio das janelas dos velhos pubs ingleses era onde o vidro aderia à vara. Essa era a parte mais barata do vidro, pois a espessura era muito irregular. É claro que hoje em dia essa "característica" agrega mais valor ao vidro. Como minha família nortista diria: "Você pagaria mais por isso em um restaurante chique." Ou, nesse caso, um pub chique.

TEMPESTADE NUMA XÍCARA DE CHÁ

adicional é o resultado de um princípio muito simples: as posições dos átomos podem ser fixas, o que não ocorre com a distância entre átomos vizinhos. Se você aquece alguma coisa, ela quase sempre se expande.

*

O mundo dos aparelhos digitais de medição tem muitas vantagens, mas definitivamente também tem uma desvantagem: estamos desconectados do que as medidas realmente significam. Uma das perdas mais lamentáveis foi o termômetro de vidro, uma ferramenta essencial nos laboratórios científicos e nos lares durante dois séculos e meio. Ainda é possível comprá-los, e continuo usando-os em meu laboratório, mas em muitos lugares eles deram lugar às alternativas digitais. O filamento de mercúrio brilhante que faz parte das minhas lembranças de infância foi substituído pelo álcool colorido, mas a versão moderna é essencialmente igual ao dispositivo inventado por Fahrenheit, em 1709. O dispositivo é composto por um bastão de vidro com um tubo fino que fica bem no meio, percorrendo toda a sua extensão. Na extremidade inferior, o tubo se expande em um reservatório de líquido. Basta colocar essa extremidade do termômetro em qualquer lugar — na água da banheira, na sua axila, no mar —, e o que acontece é ao mesmo tempo elegante e simples. A temperatura de um corpo está diretamente relacionada à quantidade de energia térmica que ele possui. Nos líquidos e nos sólidos, a energia térmica é expressa como a agitação de átomos e moléculas. Se você colocar seu termômetro na banheira, estará cercando o vidro frio com água quente. As moléculas na água estão se movimentando mais rápido, então empurram os átomos dentro do vidro, transmitindo-lhes energia para que também passem a se movimentar mais rápido. É o calor viajando por condução. Assim, quando você coloca o termômetro na água do banho, a energia térmica flui para o interior do vidro. Os átomos lá dentro não vão a lugar nenhum — agitam-se sem sair do

POR QUE OS PATOS NÃO FICAM COM OS PÉS FRIOS?

lugar, vibrando de um lado para outro. A temperatura do vidro é uma medida dessa agitação, e agora o vidro está mais quente do que antes. Com isso, os átomos no interior do vidro começam a se chocar contra o álcool líquido, até que ele também passe a vibrar mais rápido. Eis a primeira parte do processo — o reservatório do termômetro é aquecido até alcançar a mesma temperatura que o ambiente onde se encontra.

Quando os átomos de um sólido vibram mais rápido por causa do calor extra, eles empurram um pouco os átomos ao redor. O vidro ocupa mais espaço ao se aquecer por causa da agitação dos átomos. É por isso que as coisas se expandem quando esquentam. Mas as moléculas do álcool se agitam muito mais à medida que ganham velocidade; o álcool se expande mais ou menos trinta vezes mais do que o vidro com a mesma mudança de temperatura. Agora, o álcool que ocupa o reservatório do termômetro está ocupando mais espaço do que antes, mas o único espaço adicional encontra-se acima no tubo. Então, à medida que as moléculas no álcool vibram e se empurram, elas se afastam e o líquido escala o tubo. A distância que ele percorre é diretamente proporcional à energia térmica das suas moléculas. Consequentemente, as marcas no termômetro correspondem à quantidade de energia térmica no líquido. É maravilhosamente simples. Quando o líquido no reservatório esfria, as moléculas desaceleram e o álcool passa a ocupar menos espaço. Quando o líquido esquenta, suas moléculas vibram com mais energia, e ele passa a ocupar mais espaço. Assim, a leitura de um termômetro de vidro é a medida direta da agitação dos átomos.

Materiais diferentes se expandem em proporções diferentes ao serem aquecidos. É por isso que quando está difícil abrir a tampa de um vidro de geleia, deixar água quente cair sobre ela pode ajudar: tanto o frasco quanto a tampa de metal se expandem, mas o metal se expande muito mais do que o vidro. Depois da expansão, fica mais fácil desenroscar a tampa; mesmo que a diferença no tamanho seja pequena demais para ser visualizada, você pode sentir o resultado.

TEMPESTADE NUMA XÍCARA DE CHÁ

Geralmente, ao serem aquecidos, os sólidos se expandem menos do que os líquidos. A expansão é apenas uma fração minúscula do volume total, mas é o bastante para fazer diferença. Da próxima vez que atravessar uma ponte a pé, observe que cada lado da ponte possui uma ligadura de metal que percorre toda a sua extensão. É provável que ela seja composta por duas placas em forma de pente interligadas. É uma junta de expansão, e quando você sabe o que procurar, elas são muito comuns. A ideia é que, à medida que a temperatura aumente e diminua, os pentes permitam que os materiais da ponte se expandam e contraiam sem entortar ou rachar. Se as seções da ponte se expandem, os dentes do pente são empurrados de modo a se aproximar; se a ponte se contrai, os dentes se afastam sem criar aberturas perigosas no pavimento.

A expansão térmica pode ser elegante e útil em um termômetro, mas em compensação pode ter consequências graves em escalas maiores. Um dos problemas causados pela nossa emissão de gases estufa é que o nível do mar está subindo cada vez mais. Na atualidade, o aumento médio global do nível do mar é de cerca de 3 milímetros por ano, e ele se intensifica cada vez mais com o passar do tempo. Com o derretimento de geleiras e camadas de gelo, a água que estava presa em terra começa a escorrer de volta para o mar, provocando o aumento do volume presente nos oceanos de todo o planeta. Mas isso corresponde apenas a aproximadamente metade do aumento atual. A outra metade vem da expansão térmica. À medida que os oceanos esquentam, ocupam mais espaço. A estimativa mais precisa hoje é de que 90% de toda a energia térmica adicional adquirida pela Terra por causa do aquecimento global tenha acabado no oceano, e a consequência disso é o aumento do nível do mar.

*

O mês de agosto no planalto da Antártida Oriental é tranquilo e silencioso. Enquanto o hemisfério norte mergulha no verão, a Antártida gira na escuridão lá na base do mundo. Na elevada cordilheira

POR QUE OS PATOS NÃO FICAM COM OS PÉS FRIOS?

de montanhas que se estende pelo planalto, uma noite que durou quatro meses está chegando ao fim. Pouquíssima neve cai aqui, mas a camada superficial de gelo ainda assim tem 600 metros de espessura. O clima é calmo. A energia térmica é constantemente eliminada na noite estrelada, e não há incidência de luz solar para substituí-la. Com esse déficit, durante o inverno a temperatura ao longo de toda a cordilheira é regularmente de -80°C. No dia 10 de agosto de 2010, a temperatura em uma encosta despencou para -93,2°C, a temperatura mais fria já registrada na Terra. Nos cristais de gelo que compõem a neve, a energia térmica é armazenada como energia cinética, com os átomos vibrando em suas posições designadas no gelo sólido. Assim, a resposta para a pergunta "O quão frio pode ficar?" parece muito simples: a menor temperatura possível é o ponto em que os átomos param completamente de se mexer. Mas mesmo no lugar mais frio do nosso planeta, onde não existe vida nem luz, ainda há movimento. O planalto inteiro é composto por átomos vibrantes que possuem cerca de metade da energia cinética que teriam pouco antes de o gelo derreter, a 0°C. Se você pudesse eliminar toda essa energia, eles ficariam tão frios quanto é possível ficar. Essa temperatura tem um nome: zero absoluto, definido como -273,1°C. Ela é a mesma para todos os tipos de átomos e todas as situações, e significa a ausência total de energia térmica. Se comparada a isso, até mesmo a Antártida no inverno, o lugar mais frio do planeta, parece bem quente. Felizmente, talvez seja muito difícil desacelerar os átomos até deixá-los completamente estáticos. É muito difícil nos certificarmos de que nada ao redor possa transmitir energia para a nossa amostra e estragá-la. Mas alguns cientistas estão dedicando suas vidas à invenção de métodos extremamente inteligentes para remover a energia térmica da matéria. Estamos falando do campo da criogenia, que está abrindo as portas para dispositivos muito úteis até mesmo no mundo quente onde vivemos — particularmente ímãs melhores e tecnologias de imagem médica. A maioria de nós, contudo, acha muito desagra-

TEMPESTADE NUMA XÍCARA DE CHÁ

dável sequer pensar em temperaturas muito baixas. Portanto, observar pássaros andando descalços sobre o gelo pode ser muito perturbador.

Winchester é um lugarzinho pequeno e bonito no sul da Inglaterra, com uma catedral antiga e diversas casas de chá muito inglesas que servem imensos bolinhos de minuto em pratos delicados. O lugar fica espetacular no verão, com flores coloridas e um céu azul-claro que o fazem parecer perfeito para um cartão-postal. Porém, levei uma amiga até lá certo ano em um dia de inverno, e estava ainda mais bonito. Aquecidas por cachecóis e casacos grossos, percorremos toda a rua principal até o fim, onde encontramos o rio modesto e uma camada delicada e imperturbada de neve nas margens. O que mais gosto em Winchester não tem nenhuma relação com construções de pedra, com o rei Artur ou bolinhos de minuto. Eu havia arrastado minha amiga por toda a cidade durante um dia congelante para ver algo muito mais simples: patos. Caminhamos sobre a neve por uma curta distância ao longo do rio, e lá estavam eles.

Assim que chegamos, um pato que estava na margem percorreu, balançando-se, o último trecho de gelo e pulou na água. Em seguida, fez exatamente o que todos os outros em volta estavam fazendo: enfrentando a corrente, começou a bater os pés freneticamente e se abaixou para mergulhar na água à procura de comida. O rio é muito raso neste ponto, mas a água flui rapidamente. Há plantas crescendo no fundo, logo ao alcance, mas os patos precisam bater os pés furiosamente para permanecer no lugar e pegar comida. O rio em Winchester é uma rodinha de exercícios para os patos, e eu acho isso muito divertido. Eles batem os pés sem parar, todos na mesma direção.

Uma menininha ao nosso lado abaixou a cabeça e olhou para as botas cobertas de neve, a seguir apontando para um pato que estava de pé no gelo às margens do rio para fazer uma pergunta muito boa à mãe: "Por que os pés dele não ficam frios?" A mãe não respondeu, pois naquele momento teve início um verdadeiro espetáculo de comédia.

POR QUE OS PATOS NÃO FICAM COM OS PÉS FRIOS?

Um dos patos que batiam os pés havia chegado perto demais de outro, provocando uma série de grasnidos e bicadas, suas asas batendo com irritação. A parte engraçada foi que, assim que a briga começou, os dois se esqueceram de bater os pés, e acabaram sendo levados rio abaixo pela corrente, grasnindo à medida que se afastavam. Alguns segundos depois, perceberam o quão rápido estavam se movendo, esqueceram-se um do outro e começaram a bater os pés outra vez na tentativa de voltar para onde estavam. Levou algum tempo.

A água estava quase congelando, mas era pouco provável que os patos estivessem sentindo algum frio. Oculto sob a superfície da água, um pato tem uma forma extremamente inteligente de evitar a perda de calor pelos pés. O problema está relacionado à transferência do calor. Se você coloca uma coisa quente em contato com algo frio, as moléculas mais energizadas no corpo quente, movimentando-se mais rápido, vão se chocar com as moléculas do corpo frio, transferindo energia térmica para ele. É por isso que o fluxo do calor só pode acontecer em um sentido — moléculas que estão vibrando devagar não podem transmitir energia para moléculas que estão vibrando mais rápido, mas o inverso é muito fácil. Assim, a energia térmica geralmente é compartilhada até que tudo atinja a mesma temperatura e o equilíbrio tenha sido alcançado. O verdadeiro problema dos patos é o fluxo sanguíneo dos pés. Ele vem do seu coração, localizado no centro quente do pato, então está a 40°C. Se esse sangue se aproximar da água quase congelada, a diferença de temperatura será muito grande, então ele perderá o calor para a água muito rápido. Logo, quando fizer seu caminho de volta pelo corpo do pato, o sangue estará frio, e o corpo precisará lhe transmitir calor, com isso ficando inteiramente frio. Os patos conseguem restringir um pouco o fluxo sanguíneo para os pés, fazendo com que uma quantidade menor do sangue corra o risco de esfriar. Mas isso não resolve o problema completamente. Portanto, eles usam um princípio muito mais simples: quanto maior a diferença de temperatura entre dois corpos em contato,

TEMPESTADE NUMA XÍCARA DE CHÁ

mais rápido o calor flui de um para outro. Ou ainda, para explicar de forma diferente: quanto menor a diferença de temperatura entre dois corpos, mais devagar o calor flui de um para outro. E é isso que realmente ajuda os patos.

Enquanto batem os pés freneticamente, o sangue quente flui descendo pelas artérias das pernas das aves. Mas essas artérias ficam logo ao lado das veias que levam o sangue que estava nos pés de volta. O sangue nas veias está frio. Assim, as moléculas no sangue quente chocam-se contra as paredes dos vasos sanguíneos, que por sua vez se chocam contra o sangue mais frio. O sangue quente que está indo para os pés esfria um pouco, enquanto o sangue que está voltando para o corpo esquenta um pouco. Mais abaixo na perna do pato, tanto as artérias quanto as veias de um modo geral estão mais frias, mas as artérias continuam mais quentes. Assim, o calor flui das artérias para as veias. No final das pernas do pato, o calor proveniente do corpo do animal está sendo transferido para o sangue, que volta no sentido oposto sem sequer chegar perto dos pés do pato. Mas o sangue propriamente dito circula por todo o corpo. Quando chega aos pés do pato, o sangue está mais ou menos na mesma temperatura que a água. Como seus pés não estão muito mais quentes do que a água, os patos perdem muito pouco calor. No caminho de volta até o centro do pato, o sangue que está subindo é aquecido pelo que está descendo. Isso se chama troca em contracorrente, e é uma maneira fantasticamente engenhosa de evitar a perda de calor. Se o pato conseguir garantir que o calor não chegue aos seus pés, ele praticamente elimina a possibilidade de perder energia dessa forma. Por conseguinte, os patos podem ficar de pé sobre o gelo precisamente *porque* seus pés são frios. E eles não dão a mínima.

Essa estratégia evoluiu diversas vezes separadamente no reino animal. Golfinhos e tartarugas têm uma distribuição semelhante de vasos sanguíneos nas caldas e nas nadadeiras, de modo que quando nadam

POR QUE OS PATOS NÃO FICAM COM OS PÉS FRIOS?

em águas mais frias podem manter sua temperatura interna. O mesmo mecanismo é encontrado na raposa do Ártico — suas patas precisam entrar em contato direto com o gelo e com a neve, mas elas ainda assim conseguem manter os órgãos vitais quentes. É muito simples, mas muito eficaz.

Como minha amiga e eu não conseguíamos empregar o mesmo truque, não duramos muito tempo na neve. Depois de assistir a mais algumas brigas em alta velocidade e expressar nossa devida admiração pelo que devem ser os patos em melhor forma de todo o mundo, saímos em busca de bolinhos de minuto gigantes.

*

Após muitos milhares de experimentos realizados por gerações de cientistas, chegamos à conclusão de que o sentido fixo do fluxo de calor parece ser uma lei muito fundamental da física. O calor sempre fluirá do corpo mais quente para o mais frio, e é simplesmente assim. No entanto, essa lei fundamental não diz nada a respeito do quão rápido a transferência acontece. Quando você despeja água fervendo em uma caneca de cerâmica, pode segurá-la pela asa até a água esfriar completamente sem se queimar, pois a asa não esquenta muito. Mas se colocar uma colher de metal na água fervente e ficar segurando o cabo, após alguns segundos estará gritando por causa da sensação desconfortável. O metal conduz calor muito rápido, enquanto a cerâmica conduz muito devagar. Isso significa que os metais são melhores na transmissão das vibrações das moléculas mais energizadas. Mas tanto os metais quanto a cerâmica são compostos por átomos que estão presos, vibrando em posições fixas. Qual é o motivo por trás dessa diferença na condutividade?

A caneca de cerâmica demonstra o que acontece quando só os átomos propriamente ditos transmitem suas vibrações. Como já dis-

TEMPESTADE NUMA XÍCARA DE CHÁ

semos, cada átomo empurra o seu vizinho, que por sua vez empurra o átomo seguinte, e com isso a energia acaba sendo transmitida ao longo da cadeia. É por isso que você consegue segurar a caneca pela asa sem se queimar — esse método de transmissão de energia é lento, e grande parte dela é perdida para a atmosfera antes de chegar à sua mão. Assim como a madeira e o plástico, a cerâmica é considerada uma má condutora de calor.

Já a colher de metal tem um atalho. Em um objeto metálico, a maior parte do átomo não pode sair do lugar, assim como ocorre na cerâmica. A diferença é que cada átomo de metal tem alguns elétrons nas extremidades que estão um pouco soltos. Falaremos detalhadamente sobre elétrons mais adiante, mas o que importa aqui é que eles são partículas minúsculas com cargas negativas que formam um enxame na zona externa de cada átomo. Na cerâmica, eles estão presos aos átomos, mas no metal podem ser facilmente trocados entre átomos adjacentes. Assim sendo, enquanto os átomos propriamente ditos do metal não conseguem abandonar suas posições na estrutura, esses elétrons livres podem percorrer toda ela. Eles formam uma nuvem de elétrons que são compartilhados entre todos os átomos do metal e extremamente móveis. Esses elétrons são a chave para a condução de calor nos metais. No momento em que você despeja a água fervendo na caneca, as moléculas de água transmitem um pouco de energia térmica para as paredes da cerâmica, a qual vai sendo lentamente transmitida pela caneca à medida que átomos inteiros se chocam entre si. Porém, assim que toca a colher, a água quente transmite suas vibrações tanto para os átomos fixos do metal quanto para sua nuvem de elétrons. Os elétrons têm um tamanho ínfimo, e são capazes de vibrar e percorrer uma estrutura muito rápido. Portanto, enquanto você segura a colher, os elétrons se deslocam freneticamente pelo metal, transmitindo vibrações térmicas muito mais rápido do que os átomos. É a nuvem de elétrons que leva a energia térmica até o topo do cabo da colher com tanta velocidade, aquecendo o resto do metal à medida que se desloca.

POR QUE OS PATOS NÃO FICAM COM OS PÉS FRIOS?

O cobre é de longe o melhor condutor de calor entre todos os metais; ele conduz calor cerca de cinco vezes mais rápido do que uma colher de ferro. É por isso que as panelas às vezes são feitas com fundos de cobre e cabos de ferro. Queremos que o cobre distribua o calor pela comida rápida e uniformemente, mas não que a energia térmica se propague pelo cabo.

Depois de termos provado a existência dos átomos, é natural nos perguntarmos como se comportam em situações diferentes. E isso nos leva diretamente à compreensão do que de fato é o calor. Muitas vezes falamos do calor como se ele fosse um fluido capaz de percorrer, entrar ou sair dos objetos ao nosso redor. Mas, na realidade, ele não passa de energia cinética, compartilhada de um lado para outro à medida que corpos diferentes entram em contato. A temperatura é uma medida direta dessa energia cinética. Podemos controlar como a energia é compartilhada pelo uso de materiais que são bons ou maus condutores de calor, como a cerâmica. Quando analisamos como a nossa sociedade controla o calor e o frio, um sistema se destaca acima de todos os outros pela diferença que faz em nossas vidas. Nós, humanos, dedicamos muito tempo à manutenção do calor dos nossos corpos. Mas quando se trata de alimentos e medicamentos farmacêuticos, possuímos uma imensa infraestrutura invisível para manter as coisas frias. Vamos concluir este capítulo dando uma olhada nas geladeiras e freezers.

Se um pedaço de queijo esquenta e suas moléculas passam a dançar mais rápido, o sistema ganha mais energia, o que significa que há mais energia disponível para reações químicas. No caso do queijo, a consequência é que quaisquer micróbios presentes na superfície podem ligar as turbinas de suas fábricas internas e dar início ao processo da decomposição. É por isso que a refrigeração é útil. Se esfriamos a comida, as moléculas movimentam-se mais lentamente, e a energia necessária para a entrada dos micróbios é eliminada. Com isso, o queijo dura muito mais na geladeira do que à temperatura ambiente. Por meio de

TEMPESTADE NUMA XÍCARA DE CHÁ

um mecanismo inteligente instalado atrás delas, as geladeiras resfriam o ar no seu interior pela geração de ar mais quente no exterior.[4] O frio permite-nos preservar os alimentos, pois limita o quanto as moléculas podem mudar.

Apenas imagine como seria a sua vida sem a refrigeração. Não só não existiriam sorvete nem cerveja gelada. Você precisaria fazer compras com grande frequência, pois nenhum vegetal que comprasse duraria muito. Precisaria viver muito perto de uma fazenda se quisesse leite, queijo ou carne, mas também muito perto do mar ou de um rio se quisesse peixe. Só conseguiria folhas frescas para a salada quando estivesse na época da safra. Podemos preservar alguns alimentos através da conserva, da desidratação, da adição de sal ou das latas, mas isso não ajuda quando você quer um morango fresco em dezembro.

Por trás dos nossos supermercados há uma imensa cadeia de armazéns, navios, trens e aviões refrigerados. Os mirtilos cultivados em Rhode Island podem ser vendidos na Califórnia uma semana depois de terem sido colhidos, porque do momento em que foram puxados da planta até o momento em que foram colocados na prateleira do supermercado, não tiveram a chance de absorver energia o suficiente do ambiente para esquentar. Podemos comer nossos alimentos com a certeza de que são próprios para o consumo porque eles foram privados de energia térmica no caminho que fizeram até nós. E não são apenas os alimentos. Muitos medicamentos farmacêuticos também precisam ser resfriados. As vacinas estão particularmente vulneráveis a danos quando entram em contato

---

[4] Isso funciona graças às leis dos gases introduzidas no capítulo 1, aquelas que controlam como a expansão e a contração dos gases afetam sua temperatura. As geladeiras possuem um motor que bombeia um fluido denominado refrigerante em um ciclo no qual ele entra e sai da geladeira. Primeiro, o fluido se expande e esfria. O fluido frio passa da parte traseira da geladeira para o interior, onde a energia térmica é transmitida do ar para o fluido refrigerante, provocando o resfriamento do ar. Em seguida, o fluido volta para o exterior, onde é comprimido por um motor e esquenta. O calor adicional é perdido para a atmosfera, o fluido pode voltar então a expandir, e o ciclo recomeça.

POR QUE OS PATOS NÃO FICAM COM OS PÉS FRIOS?

com o calor, e uma das dificuldades encontradas no transporte de vacinas para os países em desenvolvimento é que elas precisam ser mantidas frias durante todo o caminho. Os freezers e geladeiras que vemos nas nossas cozinhas e nos consultórios médicos são a última etapa de uma cadeia contínua de resfriamento que se estende ao redor do planeta, conectando fazendas e cidades, fábricas e consumidores. Quando você ou eu esquentamos leite para fazer chocolate quente, essa é a primeira vez que ele recebe calor desde que foi pasteurizado pouco depois de ter saído da vaca. Assim, quando acreditamos que é seguro bebê-lo, estamos confiando na grande cadeia de refrigeração que o trouxe até nós. Os átomos do leite foram privados de energia térmica ao longo de toda essa cadeia, de modo que as reações químicas que teriam feito o leite estragar foram quase completamente desligadas. Evitar que os átomos recebam energia térmica demais é o que mantém nossos alimentos adequados para o consumo.

Da próxima vez que colocar um cubo de gelo em uma bebida, observe-o derreter e imagine as vibrações atômicas minúsculas compartilhando energia à medida que o calor flui do líquido para o cubo de gelo. Apesar de não ver os átomos, você pode observar as consequências do que fazem ao seu redor.

7

Colheres, espirais e o Sputnik

As regras do giro

Uma das coisas interessantes das bolhas é que você sabe onde procurá-las: no topo. Elas estão ou a caminho, avançando para cima por meio de tanques de peixes e piscinas, ou aninhadas em grupo na superfície do champanhe ou da cerveja. As bolhas sempre acham o caminho até o ponto mais alto do líquido onde se encontram. Todavia, da próxima vez que mexer uma xícara de chá ou café, preste atenção no que acontece na superfície. A primeira coisa estranha é que, quando você move a colher em círculos, a superfície do chá desenvolve um buraco. À medida que o líquido gira em um redemoinho, o centro do chá afunda e as extremidades sobem. E a segunda coisa estranha é que as bolhas presentes no chá giram tranquilamente no fundo do buraco. Elas não estão no ponto mais alto da bebida, nas extremidades, e sim escondidas no ponto mais baixo da superfície, onde permanecem. Se você empurrá-las, elas voltam. Se produzir novas bolhas nas extremidades, elas giram até o centro. Muito estranho.

Quando começo a mexer meu chá, estou empurrando o líquido com a colher. Empurro-o para a frente, mas ele só pode percorrer uma

TEMPESTADE NUMA XÍCARA DE CHÁ

distância limitada até se deparar com o lado da xícara. Se eu fizesse a mesma coisa em uma piscina usando uma colher, a água na frente dela avançaria, e prosseguiria nesse sentido até se misturar com o resto da piscina. Mas na xícara não há espaço para que isso aconteça. Apesar de o seu lado não estar indo a lugar algum, ainda assim pode empurrar de volta qualquer líquido que se choque contra ele. É uma parede, e o chá não pode passar através dela. Como não consegue se movimentar em linha reta, a bebida começa a dar voltas no interior da xícara. Contudo, à medida que isso acontece, ele vai se acumulando contra as paredes da xícara, pois só o lado pode empurrá-lo de volta. O chá continua tentando seguir uma linha reta, e só se move em círculos porque é forçado a fazer uma curva.

Eis a primeira lição sobre as coisas que giram. Se você de repente as libertasse dos seus limites, elas continuariam se movendo na mesma direção em que se encontravam no momento da libertação. Imagine um lançador de disco girando enquanto segura o objeto. Após algumas rotações, o disco está se movendo incrivelmente rápido, mas permanece no seu círculo porque está sendo segurado. O atleta deve puxá-lo continuamente em direção ao centro do giro, e essa força é exercida ao longo da linha do seu braço. No segundo em que o solta, o disco viaja em linha reta, exatamente na mesma direção e com a mesma velocidade que tinha antes de ser solto.

Quando estou mexendo o meu chá, o buraco se abre porque cada parte do chá tenta se movimentar em linha reta, mas isso faz com que ele seja empurrado contra as laterais da xícara, deixando uma quantidade menor no centro. Quando paro de mexer, o buraco não desaparece porque o líquido continua girando. Com a diminuição da velocidade do redemoinho, a força necessária para manter o chá girando diminui, o que leva à redução da pilha formada nas laterais. Você consegue ver tudo isso em um líquido porque ele está livre para se movimentar, podendo alterar sua forma.

COLHERES, ESPIRAIS E O SPUTNIK

E no centro dos círculos, as bolhas estão girando. O que sua presença ali nos diz é que o centro é o lugar menos favorável a ser ocupado. Quando uma caneca de cerveja está em cima da mesa, as bolhas sobem porque a cerveja está vencendo a competição para chegar mais perto do fundo. E o mesmo se aplica à xícara de chá: as bolhas estão no meio porque o chá está vencendo a disputa para chegar às extremidades. O líquido é mais denso do que o gás, então o gás vai para o espaço que sobra.

Nossa civilização está cheia de coisas que giram — secadoras de roupas, lançadores de disco, panquecas sendo viradas e giroscópios. A própria Terra gira enquanto dá voltas ao redor do Sol. O giro é importante porque nos permite fazer muitas coisas interessantes, às vezes envolvendo forças consideráveis e grandes quantidades de energia, tudo sem precisarmos ir a lugar algum. O pior que pode acontecer é acabar onde você começou. As bolhas do chá são apenas o começo. O mesmo princípio também explica por que você não pode lançar um foguete da Antártida e como os médicos verificam se você possui glóbulos vermelhos suficientes. O giro também poderia ter um papel importante no futuro da nossa rede elétrica. Todas essas possibilidades vêm de uma restrição: a única coisa que você não pode fazer quando está girando é viajar em linha reta.

Se você está se movimentando em círculos, precisa haver algo puxando ou empurrando-o para o centro, forçando-o a mudar de direção constantemente. Isso se aplica a qualquer coisa que esteja girando, seja qual for a situação. Se essa força adicional for eliminada, você simplesmente continua se movimentando em linha reta. Assim, se quiser viajar em círculos, você precisa ter algo que lhe forneça um impulso extra para o centro. Quanto mais rápido estiver se movimentando, mais forte esse impulso precisa ser, pois quanto mais rápido você precisar fazer a curva, maior será a força necessária. Os esportes voltados para espectadores adoram uma pista de corrida; elas apresentam o mesmo benefício que

TEMPESTADE NUMA XÍCARA DE CHÁ

qualquer coisa que gira. Você pode alcançar grandes velocidades sem de fato ir a lugar algum — e com certeza não aonde o público pagante não possa vê-lo. Para garantir que haja impulso suficiente para o centro a fim de que os atletas permaneçam na pista, alguns esportes levaram a construção de pistas de corrida a patamares extremos. O exemplo máximo disso é o velódromo. Mas não foram as distâncias que me aterrorizaram quando tentei praticar o ciclismo de pista... foi a inclinação.

Sempre fui uma ciclista amadora, mas aquilo era completamente diferente. O interior do velódromo do Estádio Olímpico de Londres é reluzente, grande e estranhamente silencioso. Você entra no meio daquela tranquilidade, e eles lhe dão uma bicicleta fina de aparência intimidadora, sem freios, com apenas uma coroa e o selim mais desconfortável em que já tive de me sentar. Quando a turma de iniciantes foi reunida, trotamos até as extremidades da pista e nos seguramos na grade enquanto colocávamos os pés nos pedais. A pista parecia imensa. Ela possui dois lados retos mais compridos, com as sessões inclinadas em cada ponta se erguendo sobre nós. Elas são tão íngremes (43 graus em alguns pontos) que parece que o designer na verdade teve a intenção de construir paredes. Parecia completamente errado estar praticando ciclismo ali. Mas agora era tarde demais para o nosso pequeno grupo desistir. A pista nos aguardava.

Em primeiro lugar, fomos conduzidos à parte plana oval que fica no interior da pista principal. A superfície era encantadoramente lisa, e as bicicletas pareciam estar no lugar certo. Logo em seguida, recebemos instruções para nos aventurarmos fora dela, na faixa azul-clara com a primeira rampa suave. Então, sentindo-nos um pouco como filhotes de pássaros sendo empurrados do ninho para a primeira aula de voo, fomos instruídos a encarar a pista principal.

Tive uma surpresa desagradável logo de imediato. Eu havia pensado que a inclinação seria gradual, mas não é. A inclinação na base é muito parecida com a do topo. Assim que você sai para a superfície de corri-

COLHERES, ESPIRAIS E O SPUTNIK

da, está pedalando sobre um declive considerável. Pedalar mais rápido parecia uma boa ideia, mas só porque eu estava forçando o meu cérebro a deixar a lógica tomar as decisões enquanto ele fingia que o instinto não existia. Esqueci-me de como o selim era desconfortável depois das primeiras três voltas. E lá fomos nós em círculos, como hamsters ensandecidos em uma rodinha gigante, fazendo pausas ocasionais para que os instrutores pudessem checar como estávamos indo. Passados 25 minutos, eu continuava aterrorizada, mas estava aprendendo.

O objetivo aqui é pedalar com a bicicleta tão inclinada em direção ao centro a ponto de ficar perpendicular à pista. A única forma de fazer isso sem deslizar declive abaixo é alcançar uma grande velocidade, pois então você se torna como o chá sendo mexido. A bicicleta quer continuar avançando em uma linha reta horizontal, mas não pode por causa da pista curva, que é um obstáculo. Ao empurrar a bicicleta de volta, a pista está fornecendo a força para dentro que o mantém girando em círculos. A bicicleta está sendo tão empurrada para o interior da pista que, quando você soma essa força à gravidade, é como se a gravidade tivesse mudado de direção. Agora, você está sendo puxado para o centro da pista, e não para baixo, em direção ao centro da Terra. Quanto mais rápido pedala, maior é a alteração na direção da gravidade efetiva. Ainda parece que está pedalando em uma parede, mas pelo menos você está grudado a ela por algo que parece familiar.

Eu entendia a teoria, mas a prática era um pouco diferente. Para começar, não havia descanso. Você não pode parar de pedalar, pois não pode usar a roda livre. Se as rodas estiverem girando, suas pernas também estarão, e é simplesmente assim. Em algumas ocasiões, eu parei por instinto, como se precisasse de alguns segundos de descanso na pista, e fui recompensada por uma descarga gigantesca de adrenalina quando a bicicleta me jogou para cima. Você não pode se deixar levar pelo impulso em nenhum momento nessas bicicletas. Precisa continuar pedalando, por mais que suas pernas estejam queimando. Se desacelerar,

221

TEMPESTADE NUMA XÍCARA DE CHÁ

irá deslizar declive abaixo. Senti ainda mais respeito pelos atletas que praticam ciclismo regularmente. E há ainda todas as outras pessoas com quem devemos competir na pista. Se você abre a curva para ultrapassar alguém, pega a faixa mais comprida, então tem que aumentar muito a velocidade simplesmente para ter uma chance. Eu estava satisfeita em apenas pedalar e não ultrapassar ninguém.

A lição que podemos tirar de tudo isso é que, se você estiver fazendo as coisas do jeito certo, quanto maior o declive, maior será a força empurrando-o para o centro. E a razão por que você precisa dessa força nas extremidades, mas não ao longo das laterais, é que as extremidades semicirculares são os locais onde se muda de direção. Quanto mais rápido você altera a direção, maior o impulso necessário para isso acontecer. Se você tentasse pedalar rápido assim em uma pista plana com o mesmo formato, derraparia para os lados — a fricção dos pneus não é o suficiente para fornecer esse impulso para o centro. O velódromo foi o que aconteceu quando o mundo do ciclismo se recusou a permitir que sua necessidade de velocidade em um estádio fosse limitada pela fricção.

Se você algum dia já quis saber qual é a sensação de ser uma moeda rolando por um funil em forma de redemoinho em um posto de coleta de doações para a caridade, aí está a resposta. Ao fim de uma hora, eu estava devidamente estimulada pela adrenalina, e muito feliz por ter chegado o momento de parar.[1] O que assustava no fato de a gravidade efetiva estar me puxando para o centro da pista era a consciência de que se eu desacelerasse de repente ela mudaria. E a ideia de a gravidade puxá-lo para baixo é muito desagradável quando se está pedalando em uma parede com 43 graus de inclinação.

---

[1] Devo enfatizar que, no geral, gostei da experiência, e a recomendo muito. Contanto que você já seja um ciclista confiante, é uma ótima forma de apreciar a física rotacional de uma maneira muito intensa.

COLHERES, ESPIRAIS E O SPUTNIK

O ciclista está sendo empurrado pela pista para o centro da mesma maneira que o chão nos empurra para cima o tempo todo. Se o chão sob os seus pés de repente desaparecesse, você cairia, pois a gravidade está puxando-o para baixo. Assim, o chão está empurrando de volta para equilibrar a atração gravitacional para baixo. Os ciclistas sentem a pista tanto os atraindo para cima quanto os empurrando para o centro. De modo geral, é como se a gravidade estivesse puxando-os para baixo e para fora.

Existe um evento de ciclismo de pista muito apropriadamente chamado "desafio do voo de 200 metros contra o relógio". Admito que deva parecer que estamos voando, apesar de o evento ter esse nome porque os ciclistas já estão em alta velocidade quando o relógio começa a marcar. O recorde mundial no momento em que este livro está sendo escrito pertence a François Pervis, e é de 9,347 segundos. Isso equivale a 21 metros por segundo, ou aproximadamente 75 quilômetros por hora. Para que ele fizesse a curva nessa velocidade, a pista precisava estar empurrando-o para o centro quase com tanta força quanto o chão o empurrava para cima. François estava grudado à pista por uma força quase duas vezes maior do que a gravidade normal.

Como vimos no capítulo 2, uma força universal constante como a gravidade é útil para todo tipo de coisa, embora algumas (como a separação da nata) levem muito tempo. Mas o giro nos oferece uma alternativa. Você não precisa se mudar para outro planeta se quiser aproveitar as vantagens de uma gravidade maior. Os ciclistas podem quase dobrar sua gravidade efetiva no topo de uma pista, mas mesmo o melhor atleta de pista do mundo "só" consegue chegar a cerca de 80 quilômetros por hora. Em tese, você poderia simplesmente girar cada vez mais rápido para que as forças exercidas sobre você fossem gradualmente aumentando.

Você se lembra de como a gravidade ajuda as gotículas de nata a se separarem do restante do leite e subirem para o gargalo da garrafa, como

TEMPESTADE NUMA XÍCARA DE CHÁ

vimos no capítulo 2? Se a força que puxa o leite para baixo for apenas a da gravidade, leva algumas horas para que as gotículas de gordura se separem. Mas se você colocar o leite em um tubo comprido em rotação e girá-lo muito rápido, a força para fora será tão grande que as gotículas de nata vão se separar em alguns segundos. É assim que toda a nossa nata é separada do leite hoje em dia — eles não deixam simplesmente a natureza agir. A produção alimentícia moderna não tem tempo para isso. Girar algo gera uma atração que pode ser tão grande quanto você desejar, contanto que possa girar rápido o bastante. É assim que uma centrífuga funciona: ela é um braço giratório que pode segurar algo, puxando-o para que gire e fazendo com que o objeto pareça estar sendo pressionado contra o lado oposto por uma força muito grande.

É possível aumentar essas forças giratórias internas a tal ponto que coisas que jamais iriam se separar apenas sob a ação da gravidade possam ser separadas. Por exemplo, se você fizer um exame de sangue para checar se está com anemia, os técnicos do laboratório colocarão uma amostra do seu sangue em uma centrífuga capaz de girar tão rápido que a amostra experimentará uma força que pode ser 20 mil vezes maior do que a gravidade. Os glóbulos vermelhos são pequenos demais para serem separados pela ação da gravidade em circunstâncias normais, mas não resistem às forças geradas pela centrífuga. Sob essas condições, leva apenas cinco minutos para que quase todos os glóbulos vermelhos sejam puxados do centro da centrífuga em direção ao fundo do tubo. Eles são mais densos do que o líquido em que se encontram, então vencem a corrida até o fundo. Depois de terem todos chegado lá, o tubo pode ser retirado e é possível medir diretamente que porcentagem do seu sangue é composta por glóbulos vermelhos apenas medindo-se a espessura da camada inferior. Esse é um teste simples que pode levar à identificação de uma série de problemas de saúde, e também é usado nos exames antidoping em atletas. Se não fossem as forças geradas pelo giro, seria muito mais difícil fazer essa avaliação, assim como muito mais caro. E

COLHERES, ESPIRAIS E O SPUTNIK

essas forças podem ser aplicadas a coisas muito maiores do que amostras de sangue. Uma das maiores centrífugas do mundo foi projetada para girar um ser humano inteiro.

Muitas pessoas invejam os astronautas por suas aventuras: as vistas fantásticas que têm do nosso planeta natal, todos os brinquedos técnicos com que podem se divertir, a coleção de histórias fabulosas para contar e as honras recebidas por terem um dos currículos mais raros e difíceis de conquistar do mundo. Mas pergunte às pessoas o que mais invejam, e você quase sempre receberá a mesma resposta: a sensação de não ter peso. Toda aquela coisa de flutuar sem que o fato de se estar "em cima" ou "embaixo" seja um problema soa ao mesmo tempo muito animador e relaxante. Assim, pode parecer um pouco estranho que os astronautas em treinamento precisem estar também preparados para o problema inverso: forças muito maiores do que a gravidade. Atualmente, a única forma de se chegar ao espaço é sentando no topo de um foguete que acelera muito rápido. E é ainda pior na volta: a entrada na atmosfera da Terra pode gerar forças de quatro a oito vezes maiores do que a gravidade — o tipo de força com que um piloto de caça fazendo curvas fechadas em alta velocidade pode ter que lidar. Se você se sente um pouco tonto quando um elevador acelera, talvez esse não seja o trabalho para você. Dependendo da direção das forças-g adicionais, mais sangue é empurrado para ou do seu cérebro, com a possibilidade até mesmo de os minúsculos vasos capilares da sua pele explodirem. Os detalhes não são exatamente agradáveis, mas os seres humanos não apenas podem sobreviver a essas forças, como também trabalhar sob sua ação (como você precisará fazer se estiver pilotando uma espaçonave em sua viagem de volta à Terra), e fazem melhor as duas coisas quando estão acostumados à situação. Assim, encontrou-se uma maneira de treiná-los.

Todos os astronautas e cosmonautas da atualidade passam períodos consideráveis de tempo no Centro de Treinamento de Cosmonautas Yuri Gagarin, na Cidade das Estrelas, bem a nordeste de Moscou.

TEMPESTADE NUMA XÍCARA DE CHÁ

Entre as salas de aula, instalações médicas e maquetes de aeronaves, encontramos a centrífuga TsF-18. A partir do centro de uma imensa sala circular, o braço da centrífuga estende-se por 18 metros. A cápsula na ponta pode ser trocada dependendo da necessidade. Os testes em que qualquer astronauta em formação precisa ser aprovado envolvem sentar-se dentro da cápsula enquanto o braço dá uma volta a cada dois ou quatro segundos — o que não parece muita coisa se você não calcular que, para tal, a cápsula deve estar viajando a uma velocidade de 100 ou 200 quilômetros por hora. Depois de verificarem se têm o que é necessário para o trabalho, os astronautas podem praticar o trabalho sob essas condições, sendo constantemente monitorados para que se possa ver como seus organismos reagem. E não são apenas os astronautas — pilotos de teste e de caça também podem usar as instalações para treinar. O Centro oferece ainda a experiência a pessoas comuns que possam pagar por ela. Contudo, esteja avisado: a única coisa a respeito dela com que todo mundo concorda é que é muito desconfortável. Mas se você quiser saber como é estar submetido a uma força consistente muito intensa, pode dar uma volta.

A centrífuga é um meio de explorarmos as forças geradas quando algo gira: tirando vantagem da capacidade de gerar uma força muito grande em uma única direção e tratando-a como gravidade artificial. Mas há ainda uma segunda maneira de empregarmos as forças do giro. O chá, o ciclista e o astronauta estão todos confinados — sendo forçados a se moverem em círculos porque uma barreira sólida empurra de volta, evitando que se afastem mais do centro. Mas e se você estiver girando e não houver nada no exterior para prendê-lo em uma rota circular fixa? Esse cenário é muito comum. Bolas de rúgbi, piões e frisbees giram sem que nada os empurre de fora para dentro. Entretanto, o melhor jeito de ver o que está acontecendo é muito mais divertido, e também comestível: pizza.

Na minha opinião, a pizza perfeita precisa ter uma massa fina e crocante, a fundação crucial, porém subestimada, sobre a qual os acompanhamentos brilham. A massa crua de pizza começa como uma bolha arredondada, um bolo vivo que precisa ser misturado e alimentado para que possa alcançar todo o seu potencial. Transformar a bolha em uma folha delicada sem quebrá-la é uma habilidade essencial para qualquer pizzaiolo, e alguns vão além, pegando essa habilidade fundamental e transformando-a em um espetáculo teatral. Os chefs que jogam as massas de pizza para cima dominaram a arte de deixar o giro fazer o trabalho duro por eles. Por que pressionar cada parte da massa com os dedos quando você pode simplesmente deixar a física cuidar desse detalhe enfadonho? Especialmente quando o disco que gira no ar lhe dá a aura misteriosa de um mago das massas de pizza.

Jogar massa de pizza para cima tornou-se um verdadeiro esporte voltado para grandes audiências: atualmente, um campeonato é realizado todos os anos. Existe até um grupo de pessoas que se denomina "pizzaiolos acrobatas", e sua ideia de festa é manter uma base (ou duas) de pizza rodando no ar e dando saltos mortais em torno do seu corpo por períodos de muitos minutos a cada rodada. Ninguém deve comer pizzas feitas de massas tão viajadas, mas definitivamente parece impressionante. Todavia, existem vários pizzaiolos que giram as massas brevemente, sem fazer um carnaval disso, e cujo único objetivo é transformá-las no jantar de alguém. O que o giro realmente está fazendo?

Alguns amigos meus que são loucos por pizza recentemente me levaram a um restaurante muito agradável com a cozinha aberta, então perguntei se poderia ver alguém girando massa de pizza. Os jovens chefs italianos riram um pouco, mas em seguida se reuniram ao redor do que teve coragem para se oferecer como voluntário. Ao mesmo tempo constrangido e orgulhoso por estar exibindo suas habilidades, ele deu tapinhas em uma bola de massa para achatá-la um pouco, então a pegou e com um leve golpe do pulso jogou-a girando para cima.

O que aconteceu a seguir foi muito rápido. Quando o círculo de massa deixou sua mão, ele de repente estava livre de qualquer coisa ex-

TEMPESTADE NUMA XÍCARA DE CHÁ

terna que pudesse puxá-lo ou empurrá-lo. É útil pensar em um único ponto na extremidade. Ele está viajando ao redor de um círculo, mas só porque o restante da massa está preso a ele, puxando para dentro. Essa atração para o centro é sempre necessária para que algo rode. No caso do ciclista, a pista está constantemente empurrando a bicicleta de fora, então o atleta precisa fazer uma curva para dentro em vez de continuar em linha reta. Já no caso da massa de pizza, é a atração proveniente do meio que garante a curva das extremidades para o centro. Em qualquer caso, precisa haver uma força dirigida ao ponto central do giro. Mas a massa é mole e elástica, e, se você puxá-la, ela se estica. O centro da massa está puxando as extremidades para dentro, mas isso significa que há uma força de atração sendo exercida ao longo da sua extensão. Assim, a massa precisa se esticar. Quando qualquer objeto sólido gira, o giro produz forças no interior que não podemos ver. A atração interna que não permite que a pizza se fragmente também estica a massa, e as extremidades se afastam cada vez mais do centro. O que é brilhante nesse método para um pizzaiolo é que a atração interna é suave e simétrica. Toda a pizza está girando, então toda sua extensão é esticada a partir do centro.

Às vezes, você mesmo pode sentir essas forças de atração internas. Se segurar um saco contendo um objeto razoavelmente pesado na horizontal e girar o corpo, sentirá algo puxando seu braço e tentando esticá-lo. Essa é a atração interna que mantém o saco girando em um círculo. Felizmente para você, seu braço é muito menos flexível do que massa de pizza, e por isso não tem o comprimento alterado. Porém, quanto mais comprido for o seu braço e quanto mais rápido for o giro, maior a força que você sente puxando-o.

Assim, enquanto a massa girava no ar, a mesma atração que mantinha as extremidades girando em círculos estava gradualmente esticando-a e abrindo-a. A massa passou menos de um segundo no ar, mas quando subiu ela era uma panqueca muito grossa, e quando desceu havia se tornado

COLHERES, ESPIRAIS E O SPUTNIK

um círculo plano e fino. O pizzaiolo continuou girando e a jogou para cima outra vez, mas agora as forças internas de atração haviam ficado tão grandes que a massa se partiu no meio, e o que desceu foi algo feio e desengonçado. O chef sorriu, envergonhado: "É por esse motivo que não costumamos fazer isso", explicou. "A massa que produz a melhor pizza é muito macia para girar, então precisamos esticá-la com as mãos na tábua."[2] Na realidade, a massa usada nas competições acrobáticas é feita a partir de uma receita especial para poder ficar flexível e resistente, mas não necessariamente produz a pizza com a melhor textura. Nas extremidades da pizza, a força de atração interna pode ser de cinco a dez vezes maior do que a gravidade, e é por isso que a base se estica muito mais rápido quando a giramos do que se simplesmente a erguêssemos e deixássemos cair sob o próprio peso.

É muito legal ver uma base de pizza rodando, pois ela muda de formato em reação a forças completamente ocultas dentro de si mesma. Girar qualquer coisa produz uma força de atração do centro para as extremidades — o mesmo se aplica a uma bola de rúgbi ou a um frisbee. Mas você jamais saberia que ela está presente nesses objetos sólidos, pois eles são fortes o bastante para resistir ao fato de estarem sendo esticados. Ou, pelo menos, esticam tão pouco que não podemos ver. Mas tudo estica um bocadinho. Até a própria Terra.

*

O nosso planeta está constantemente girando durante seu movimento de translação ao redor do Sol. E, como a massa de pizza, ele é esticado pelas forças que puxam todas as suas pequenas partes para dentro,

---

[2] Tenho certeza de que os amantes de pizza espalhados por aí têm suas próprias opiniões bem fundamentadas sobre como fazer a melhor massa de pizza e como moldá-la. Posso assegurar por experiência pessoal que a pizza produzida por esse restaurante era maravilhosa. Mas não me escrevam cartas se discordarem das conclusões do pizzaiolo!

TEMPESTADE NUMA XÍCARA DE CHÁ

mantendo cada pedaço de rocha viajando em um círculo. Felizmente para todos nós, a gravidade é forte o suficiente para evitar quaisquer consequências tão extremas quanto as que sofreu a massa de pizza, e a Terra continua relativamente esférica. Mas ela não deixa de ter o que é muito apropriadamente chamado de "protuberância equatorial", o que soa como um eufemismo para quando alguém come muito bolo. Se você estiver no equador, está 21 quilômetros mais longe do núcleo do planeta do que alguém que se encontra no polo norte. Nosso planeta tem sua integridade mantida pela gravidade, mas é moldado pela rotação. Assim, apesar de o monte Everest ser a montanha mais alta da Terra, seu topo não é o ponto mais distante do núcleo do planeta. Esse título pertence ao Chimborazo, um vulcão no Equador. Seu topo fica apenas 6.268 metros acima do nível do mar (o Everest tem 8.848 metros de altitude pelo mesmo parâmetro), mas está em cima da protuberância equatorial. Assim, quando você vai até o topo do Chimborazo, fica pouco mais de 2 quilômetros mais longe do núcleo da Terra do que qualquer pessoa que tenha acabado de escalar o Everest. Mas acho que observar esse fato quando vocês dois voltarem para casa não vai torná-lo mais popular.

Normalmente, as forças geradas pelo giro podem ser úteis de duas formas. A pizza é uma — girar um objeto sem confiná-lo gera uma força de atração para o centro do objeto à medida que ele tenta manter a integridade enquanto gira. O ciclista é a outra — se você colocar uma parede no caminho, confinando o que quer que esteja girando com algo que empurre de volta, pode gerar uma grande força consistente, semelhante à gravidade, exercida sobre o objeto. Mas o tema comum é que uma força de atração ou repulsão para o centro precisa vir de algum lugar. Se essa força para o centro em algum momento desaparecer, o objeto não poderá mais se manter em sua rota circular.

Somente um objeto sólido pode manter sua integridade como a massa de pizza. Líquidos e gases não estão ligados da mesma manei-

COLHERES, ESPIRAIS E O SPUTNIK

ra.[3] Essa distinção é muito útil quando você tem tanto objetos sólidos quanto líquidos misturados, pois permite separá-los. O que é genial em uma secadora de roupas é que elas ficam presas no tambor, e o tambor empurra-as para dentro, então elas são forçadas a continuar girando. Mas a água presente nas roupas não fica retida. Como ela está livre para se movimentar, pode continuar afastando-se do centro até sair pelos orifícios do material. Ela só pode ficar girando em círculos se estiver submetida a uma força de atração para o centro exercida por algo sólido. Do contrário, irá afastar-se gradualmente do centro, e quando encontrar uma abertura no tambor sairá voando para os lados, completamente livre do ciclo.

Quando você gira alguma coisa e em seguida solta, começa puxando-a exatamente com a força de atração certa para mantê-la girando em um círculo, e então de repente retira essa força. A partir do momento em que não há mais uma atração para o centro, também não há mais razão para que o objeto continue girando dentro do círculo. Assim, ele está livre para partir em uma viagem em linha reta. Esse princípio revolucionou a prática da guerra medieval na Europa e no Mediterrâneo Oriental, permitindo que os engenheiros construíssem armas de cerco gigantes capazes de derrubar fortalezas de pedra. E eu as usei para arremessar galochas, embora não com a mesma eficácia.

Ao final da defesa da minha tese de doutorado, logo depois que me disseram que eu havia passado, o examinador convidado sorriu do outro lado da mesa e perguntou o que eu faria pelo resto da tarde. É claro que ele imaginava uma agenda com festas, pubs e bebidas alcoólicas. Certamente não esperava que eu respondesse que estava prestes a sair pedalando pela zona rural de Cambridgeshire para tentar encontrar um fazendeiro que pudesse me emprestar um ou dois pneus velhos de

---

[3] A não ser que seja uma gota tão pequena que a tensão superficial seja capaz de fazer o trabalho. Mas mesmo uma gotícula precisa ser muito minúscula para que ela seja suficiente.

TEMPESTADE NUMA XÍCARA DE CHÁ

trator. Expliquei que estava montando um dispositivo de arremesso de galochas, que precisava construí-lo com material reciclado, e que tinha que terminá-lo até a semana seguinte. O examinador franziu a testa, as sobrancelhas oscilaram um pouco, então gentilmente fingiu não ter ouvido e me perguntou quais eram os meus planos para o mercado de trabalho. Mas era verdade. Eu havia aceitado fazer parte de uma rara equipe completamente composta por mulheres que competiria no espetáculo itinerante *Scrapheap Challenge*,* e o desafio era construir algo capaz de disputar um campeonato de arremesso de galochas a ser testado na Dorset Steam Fair.** Éramos três garotas sem dinheiro e com pouquíssimo tempo, e, do meu ponto de vista, a única alternativa que tínhamos era usar uma tecnologia muito antiga e eficaz: o trabuco.

O trabuco é um dispositivo extremamente inteligente que foi desenvolvido ao longo de muitos séculos, com contribuições de várias civilizações: o nascente império chinês, o bizantino, o islâmico e, por fim, a Europa ocidental. Quando amadureceu nos séculos XI e XII, ele se mostrou uma arma monstruosa e desengonçada capaz de demolir castelos antes considerados inexpugnáveis. Um trabuco podia arremessar pedras de 100 quilos a distâncias de centenas de metros. Armas de cerco como essa ajudaram a precipitar o desaparecimento dos castelos de madeira (estrategicamente úteis, mas feitos apenas de madeira e terra). Os blocos sólidos de pedra eram a única forma de defesa, então as fortalezas de pedra tornaram-se a norma.

O trabuco oferecia à minha equipe e a mim os mesmos benefícios que oferecia aos guerreiros medievais: ele é mecanicamente simples e extremamente eficaz. Pegamos alguns tubos de andaime em um canteiro de

---

* Game show de engenharia realizado pela RDF Media e transmitido no Reino Unido pelo Channel 4. [*N. da T.*]

** Feira realizada em Tarrant Hinton, Dorset, que oferece uma série de exibições, de cavalos a máquinas a vapor, sua principal atração. [*N. da T.*]

COLHERES, ESPIRAIS E O SPUTNIK

obras local, revolvemos a caçamba de lixo da universidade à procura de material para fazer a funda, convencemos os técnicos do Laboratório Cavendish a cederem uma viga de metal de 5 metros de comprimento, reunimos todo esse material no campo esportivo da universidade e lançamos mãos à obra. A Churchill College, em Cambridge, tinha sido o meu lar por quase oito anos até então, e a equipe da universidade já estava acostumada comigo e com o surgimento repentino de novas invenções. Olhando para trás, ainda fico impressionada (e extremamente grata) quando penso na aceitação alegre com que eles recebiam qualquer ideia maluca dos alunos. Naquela semana, havia outra pessoa na extremidade oposta do campo testando um balão de grande altitude para mandar um ursinho de pelúcia para o espaço.

A estrutura básica do trabuco é muito simples. Você constrói uma armação com um eixo mais ou menos 2 ou 3 metros acima do chão. Em seguida, prende uma viga comprida a ela, como uma gangorra gigante, mas posicionando o eixo de forma que de um lado fique uma parte bem maior da viga do que do outro. Agora, o que tem é uma estrutura em forma de A com o que parece uma longa vara instalada horizontalmente no topo. A parte maior é a que toca o chão. Prenda uma funda nela e a estenda no chão debaixo da armação. Na primeira vez que montamos tudo, era um lindo dia ensolarado, perfeito para testar o equipamento.

Foi então que nos deparamos com um problema. O que torna o trabuco interessante (a não ser que você seja o alvo prestes a ter uma pedra arremessada na sua direção) é que ele usa a gravidade para rodar a gangorra e a funda. Você coloca um contrapeso do lado mais curto da gangorra, e então, ao soltá-lo, ele puxa o seu lado da gangorra para baixo muito rápido. A viga inteira gira ao redor do eixo, traçando um círculo vertical, e a funda gira junto em torno da outra ponta da viga. Assim, você tem várias rotações muito rápidas, e o projétil na funda gira ao redor do eixo porque está sendo puxado por ela para o centro.

TEMPESTADE NUMA XÍCARA DE CHÁ

Até aqui, tudo certo. A primeira tarefa era chegar a esse ponto, mas não conseguíamos encontrar um contrapeso pesado o suficiente para mover nada. Eu mesma me ofereci para dar impulso na viga como um peso humano, mas nem eu tinha o peso necessário. Estávamos empacadas. Naquela noite, passei algum tempo desabafando minha frustração com outro grupo de amigos, recusando-me a aceitar as sugestões de que deveria simplesmente comer mais bolo. Então, um deles me ofereceu seus pesos de mergulho. Assim, no dia seguinte, coloquei um cinto com 10 quilos de lastros de mergulho, e tentamos outra vez. Funcionou perfeitamente. Eu dei impulso para baixo sob o eixo, a gangorra subiu e a funda balançou no topo dela. Tudo estava rodando. Agora era a hora de dar o passo seguinte.

A funda é presa apenas por um pequeno laço, e o truque é que, quando ela está quase alcançando seu ponto mais alto, o laço se desfaz e a funda se solta. Isso significa que a força que estava puxando o projétil para o centro e mantendo-o no círculo desaparece. Portanto, a situação muda. A partir desse momento, o projétil na funda passa a viajar para a frente e para cima muito rápido. Assim que se liberta da força de atração para o centro, ele continua em movimento em linha reta. Como antes estava se movimentando para a frente e para cima, continua nessa trajetória. Mas a trajetória não parte diretamente do centro do giro. Ela parte de um lado, como se seguisse uma linha a partir do topo do círculo descrito pelo giro. Essa era a teoria. Colocamos um sapato na funda e ajustamos tudo. Olhei para o outro lado do campo e dei impulso para baixo na gangorra. A outra ponta da gangorra subiu, levando a funda consigo ao redor do eixo e sobre ele. Exatamente no momento certo (primeira vez!), a funda se soltou e o sapato saiu voando sobre a minha cabeça campo afora. Eu jamais iria querer fazer isso com uma pedra, mas o sapato provou que funcionava perfeitamente. O nosso dispositivo podia pelo menos arremessar uma galocha, e com o tempo de que dispúnhamos era o melhor que poderíamos ter feito. Depois de

COLHERES, ESPIRAIS E O SPUTNIK

um pouco mais de treino, desmontamos tudo, prontas para transportar o trabuco para a competição no dia seguinte.

A chegada à Dorset Steam Fair foi como um alfinete para o nosso balão de confiança. Todas as outras equipes eram formadas por homens de meia-idade que haviam passado meses em garagens construindo máquinas gloriosamente decoradas para arremessar galochas. Nossa pequena pilha de tubos de andaime e tapetes descartados, coletados em poucos dias, parecia pobre e patética. Mas tomamos coragem e nos preparamos. Os organizadores da competição (também homens de meia-idade) vieram dar uma olhada. "É tolice se balançar nisso", um deles disse. "Vocês deveriam fazer o que os guerreiros medievais faziam e simplesmente puxar a alavanca para baixo com um pedaço de corda. Isso vai funcionar muito melhor." Os meus protestos, argumentando que fora a invenção do contrapeso que levara ao sucesso da máquina, foram ignorados. O motivo pelo qual o trabuco só conseguiu se tornar uma arma de cerco poderosa a partir do século XI foi precisamente o fato de as pessoas tentarem operá-lo usando a força humana. Mas os organizadores enfiaram as mãos nos bolsos, disseram que puxar uma corda era uma ideia bem melhor, dando a entender que nós, mulheres inexperientes, deveríamos ser gratas por estarmos recebendo ajuda extra deles, e não nos deixaram em paz até minhas companheiras cederem e concordarem com eles. Não havia tempo para argumentar. A competição estava prestes a começar.

O primeiro desafio era arremessar o máximo possível de galochas a uma distância de 25 metros, marcada por uma linha, em 2 minutos. Os cinco primeiros lugares seguiriam para a próxima etapa da competição, em que veriam quem conseguiria arremessar à maior distância. O relógio começou a marcar. Nós três puxamos a corda, virando a gangorra e atirando a funda. Mas a primeira galocha mal ultrapassou nossas cabeças. Não conseguíamos puxar rápido o bastante para fazer a gangorra girar adequadamente. Tentamos outra vez. E mais uma vez.

235

TEMPESTADE NUMA XÍCARA DE CHÁ

Após cerca de 1 minuto, convenci minhas parceiras de que aquilo não estava funcionando, e retornamos à ideia original. Vesti meus lastros de mergulho, pulei do pequeno arquivo que estávamos usando como plataforma, dei impulso sob o eixo e uaaaau... A primeira galocha saiu voando sobre a minha cabeça até cruzar a linha de chegada. Próxima. Galocha na funda, subir no arquivo, dar impulso para baixo, e lá vai! Próxima — mas o apito havia soado. O nosso tempo acabara. Duas galochas na linha de chegada não eram o suficiente. Não passaríamos para a etapa seguinte. Os homens de meia-idade vieram nos consolar. Mais sorte da próxima vez. Eu fugi do organizador que havia sugerido a corda, porque estava muito chateada com ele. A nossa criação *funcionava*! Era uma estrutura simples de andaimes, tapetes e física elegante que havia funcionado do jeito que eu dissera que funcionaria. Poderíamos ter competido contra as beldades complexas e pintadas com esmero em garagens! Mas havíamos sido eliminadas por causa de uma mudança de planos de última hora.[4] A maioria dos outros dispositivos inscritos na competição se baseava em métodos muito menos eficientes. Eles podiam ser coloridos, mas nós tínhamos a eficiência física e a simplicidade do nosso lado.

Portanto, meu sucesso pessoal com trabucos é um pouco limitado, mas oitocentos anos atrás essa ideia elegante revolucionou a arte da guerra. A possibilidade de arremessar rochas pesadas com muita precisão significava que você podia golpear repetidamente o mesmo ponto do muro de um castelo até ele ceder. Ao longo de dois séculos, aproximadamente, os trabucos foram se tornando maiores e melhores, recebendo nomes como "Funda de Deus" e "Lobo de Guerra". Para construí-los, usava-se muita madeira, mas ser capaz de jogar uma rocha de 150 quilos nos seus inimigos em espaços de poucos minutos fazia valer a pena. Girar a rocha e a funda em torno de um eixo permite o acúmulo de

---

[4] Se eu guardo ressentimento dez anos depois? Imagine... O que o fez pensar isso?

COLHERES, ESPIRAIS E O SPUTNIK

uma velocidade altíssima em um espaço de tempo muito curto. Você não quer que o giro continue, pois está usando-o apenas como uma forma de aceleração. Quando o projétil alcança a velocidade desejada, removemos a força de atração para o centro no momento em que ele está posicionado na direção certa. E lá vai ele, voando exatamente para o ponto em que foi lançado. Até a pólvora tornar-se confiável o bastante para que o canhão fosse considerado uma arma segura, em termos de eficiência destrutiva o trabuco era a melhor opção.

*

Muitas coisas estão girando. Por exemplo, neste exato momento, você e eu estamos girando. Estamos circundando o eixo da Terra uma vez por dia, ainda que não possamos sentir, pois a Terra é tão grande que mudamos de direção muito lentamente. Se estivéssemos no equador, a nossa velocidade horizontal seria de 1.670 quilômetros por hora. Em Londres, onde estou escrevendo este livro, minha velocidade horizontal é de 1.045 quilômetros por hora, pois ficamos mais perto do eixo de rotação. Mas se todos nós habitamos um planeta imenso em rotação, e se, na superfície de algo que gira, um objeto solto decola em linha reta quando o arremessamos, por que continuamos todos aqui? A resposta é que a atração da gravidade é forte o bastante para evitar que o planeta nos solte. Na verdade, mesmo quando você está em órbita, isso não quer dizer exatamente que o planeta o soltou. E quando está subindo, a velocidade extra que tem devido à rotação da Terra pode ser muito útil.

Em 4 de outubro de 1957, uma pequena esfera de metal chamada Sputnik emitiu os primeiros sons da Era Espacial, e o mundo ouviu de queixo caído. O primeiro satélite artificial da Terra foi uma grande conquista tecnológica. O Sputnik completava uma volta ao redor do seu planeta natal a cada 96 minutos, e cada vez que ele passava, qualquer um com um rádio de ondas curtas podia ouvir seu audível som "bip... bip...

237

bip". Os Estados Unidos acordaram naquela manhã muito tranquilos, com a consciência de que eram a maior nação da Terra, mas à noite foram para a cama chocados com a possibilidade de não serem mais. Em um ano, os soviéticos haviam enviado para o espaço o Sputnik II, um satélite maior transportando uma cadela chamada Laika. Os norte--americanos, em pânico, não haviam mandado nada para o espaço, mas haviam criado a NASA, a Administração Nacional da Aeronáutica e Espaço. Era o início da Corrida Espacial.

Mas qual foi a verdadeira conquista do Sputnik? Não foi só subir; qualquer coisa que esteja perto de algo tão grande quanto um planeta está submetida à máxima "o que sobe tem que descer". O truque para colocar satélites em órbita começa na subida, mas a verdadeira dificuldade está no adiamento pelo maior tempo possível da descida. O Sputnik não havia se libertado da gravidade da Terra. Esse não era o objetivo. Douglas Adams resumiu perfeita e precisamente, embora estivesse falando sobre voar, e não sobre o voo orbital: "O segredo está em aprender a se jogar no chão e errar." O Sputnik estava permanentemente caindo em direção à Terra, mas sempre errava.

O satélite foi lançado dos desertos do Cazaquistão, hoje o lar do Cosmódromo de Baikonur, uma imensa base de lançamento espacial. O foguete que transportou o Sputnik decolou à máxima potência, ultrapassou a parte mais espessa da atmosfera, e em seguida virou para o lado, acelerando horizontalmente ao redor da curvatura da Terra. Quando as últimas partes do foguete caíram, o Sputnik já zumbia ao redor do planeta a cerca de 8,1 quilômetros por segundo, ou 29 mil quilômetros por hora. Aí está a dificuldade quando se quer entrar em órbita — a questão não é subir, mas se deslocar horizontalmente.

A pequena esfera de metal não havia absolutamente escapado da gravidade. Na verdade, ela precisava da gravidade para estar onde estava — certificando-se, assim, de que permaneceria em órbita em vez de continuar subindo e deixar a Terra para trás. Enquanto ela navegava

COLHERES, ESPIRAIS E O SPUTNIK

nessa velocidade fantástica, a Terra puxava-a para baixo com uma força quase igual à que a gravidade exerce no solo.[5] Mas como o Sputnik tinha uma velocidade horizontal tão alta, sempre que caía um pouco em direção à Terra ele já havia avançado tanto horizontalmente que o planeta curvara-se lá embaixo. Ou seja, à medida que caía, a superfície da Terra também se curvava. Esse é o belo equilíbrio que se tem em órbita. Você está se deslocando horizontalmente tão rápido que cai em direção ao chão, mas erra. E como quase não existe resistência do ar, pode continuar caindo e errando à medida que gira.

Para entrar em órbita, você precisa estar se deslocando horizontalmente rápido o bastante para que esse equilíbrio funcione. E o Cazaquistão já tem uma velocidade horizontal considerável, pois dá uma volta por dia ao redor do eixo da Terra. Quanto mais longe estiver do eixo do giro, mais rápido será a sua velocidade horizontal. Assim, se fizer o lançamento de um lugar próximo ao equador, você terá uma vantagem considerável. É necessária uma velocidade horizontal de cerca de 8 quilômetros por segundo para que a órbita terrestre baixa funcione. O Cazaquistão está a uma velocidade horizontal de mais ou menos 400 metros por segundo (1.440 quilômetros por hora). Então, ao fazer o lançamento a leste, com o giro da Terra, o simples fato de decolar no Cazaquistão e não no polo norte significa que 5% do trabalho já está feito.

Na secadora de roupas, a parte externa do tambor empurra as roupas para dentro, então elas não podem escapar. No velódromo, era a pista extremamente inclinada que estava me empurrando para dentro. E, no caso do Sputnik, o pequeno arauto da primeira aventura espacial da humanidade com seus bipes, era a gravidade que fazia esse papel. Tudo que gira precisa de algo que esteja puxando ou empurrando-o

---

[5] O Sputnik tinha uma órbita elítica, então sua altitude acima da superfície variava entre 223 e 950 quilômetros. Isso nos dá uma atração gravitacional de 93 a 76% do valor que temos na superfície da Terra.

TEMPESTADE NUMA XÍCARA DE CHÁ

constantemente em direção ao centro do giro. Tanto no caso das roupas dentro da secadora quanto no do Sputnik, se essa força desaparecesse, eles simplesmente continuariam se deslocando em linha reta.

Portanto, a gravidade definitivamente continua sendo importante algumas centenas de quilômetros acima das nossas cabeças. Mas é claro que o principal detalhe de permanecer no espaço é a ausência de peso. O que dizer de todos aqueles astronautas movimentando-se com gravidade zero, tentando desesperadamente não derramar nada, porque se isso acontecer o líquido vai passar dias flutuando? Hoje, a Estação Espacial Internacional está em órbita. Os astronautas que moram a bordo dessa imensa base científica afirmam orgulhosamente que estão voando em alguma missão, e não os culpo por isso. Soaria muito menos legal se dissessem que vão passar seis meses caindo. Mas a realidade é que eles estão caindo, e não voando. Assim como o Sputnik estava caindo em direção à terra e errando, o mesmo pode ser dito dos astronautas e da estação espacial.

Quando você está em queda livre, não consegue sentir a gravidade, pois não há nada o empurrando de volta. Como os astronautas não sentem nenhuma força de reação, não conseguem identificar a presença da gravidade. É como no momento em que um elevador começa a descer, e por um instante você se sente mais leve — o chão não está empurrando-o de volta com a mesma força de antes. Se o elevador estivesse em queda livre em um fosso muito profundo, você também se sentiria completamente desprovido de peso. Mesmo em órbita, você não foge da gravidade; somente encontra uma maneira de ignorá-la. Mas, embora não possa senti-la, ela continua ali, e é a sua força de atração para o centro que o mantém girando ao redor do nosso planeta.

A rotação possui diversas utilidades, embora em alguns momentos ela se torne uma grande chatice. Por exemplo, por que a torrada cai com o lado da manteiga para baixo? Você acabou de tirar a torrada quente da torradeira e aplicou uma camada de manteiga que está começando a

COLHERES, ESPIRAIS E O SPUTNIK

derreter. Basta um momento de distração ao esticar a mão para pegar o chá, e você esbarra na torrada na extremidade da mesa. Ela vira na beirada, e em seguida está no chão com o lado de cima para baixo. A deliciosa manteiga derretida agora está decorando o chão. É muito chato limpar, e mais ainda porque você acha que o universo se voltou contra você. Por que isso tem que acontecer da pior forma possível? Por que a torrada vira?

Isso é realmente um fenômeno. Várias pessoas já fizeram experiências empurrando pacientemente torradas de mesas repetidas vezes, e de fato o lado amanteigado cai para baixo com muito mais frequência. Isso depende um pouco de como a queda tem início, mas em geral é assim que o mundo funciona, e não há o que fazer. E não tem nada a ver com o peso adicional da manteiga. A maior parte dela penetra na torrada, e mesmo que isso não acontecesse, não faria diferença, pois ela não adiciona mais do que uma fração minúscula da massa total do pão.

A primeira questão é: por que ela vira? Tudo acontece tão rápido que é difícil ver (e, de qualquer modo, se estivesse olhando para a torrada você provavelmente não a teria derrubado da mesa). Você pode observar como acontece se estiver disposto a sacrificar uma torrada,[6] ou até mesmo uma peça do seu jogo americano ou livro mais ou menos do mesmo tamanho. Coloque a torrada escolhida para o sacrifício deitada na mesa perto da beirada e a empurre em direção ao precipício. No momento em que o ponto central da torrada se encontra na extremidade da mesa, duas coisas acontecem. Uma é que a torrada começa a virar ao redor da extremidade como uma gangorra. A outra é que ela começa a deslizar para fora sem mais nenhuma força empurrando-a. Ela agora está por conta própria. Escorregando, rodando, splash.

---

[6] Pelo bem da harmonia doméstica, talvez seja melhor não passar manteiga para fazer a experiência. Se você fizer questão de reproduzir a situação real, pelo menos coloque uma folha de jornal no chão onde a torrada vai pousar, ou outro substituto possa ter a mesma utilidade em uma sociedade sem papel. Proteger superfícies é uma das funções do jornal impresso que um sofisticado tablet jamais vai conseguir fazer.

TEMPESTADE NUMA XÍCARA DE CHÁ

Então, a rotação começa a partir do momento em que mais da metade da torrada está para fora da mesa. A chave para isso tudo é que, neste momento, pela primeira vez a parte da torrada apoiada pela mesa é menor do que a parte que está para fora da beirada. A gravidade puxa toda a torrada para baixo. A mesa empurra de volta, mas o ar não pode fazer a mesma coisa. Está tudo no equilíbrio, exatamente como em uma gangorra. O ponto médio é quando a gravidade que puxa para baixo o lado pendurado torna-se exatamente suficiente para virar a parte da torrada que ainda se encontra sobre a mesa. Os físicos chamam a posição desse ponto médio de "centro de massa", o que significa que uma gangorra com o nível de inclinação ajustado nesse ponto estaria perfeitamente equilibrada.

No momento em que você percebe que a torrada está caindo, já é tarde demais para fazer alguma coisa. Depois que a torrada escorrega para fora da mesa, vai demorar um tempo determinado para que ela caia. Se a sua mesa tiver cerca de 75 centímetros de altura, será necessário pouco menos de meio segundo para que a torrada atinja o chão. Mas assim que a rotação começa, não há razão para parar, e ela começa a girar à medida que cai.[7]

Como a gravidade é constante e as mesas costumam ter a mesma altura, a torrada tem sempre a mesma velocidade de rotação. Em 0,4 segundo, ela virará 180°C. Como a manteiga começou na parte de cima, ela acaba para baixo. A física é mais ou menos a mesma em todas as ocasiões, então o resultado costuma ser quase sempre igual: a torrada cai com o lado da manteiga para baixo.

---

[7] Talvez você esteja se perguntando por que a galocha no trabuco consegue parar de rodar e é arremessada em linha reta quando é liberada, enquanto a torrada continua girando. A diferença é que a torrada tem sua integridade como objeto mantida por forças internas, e enquanto for uma unidade terá uma quantidade fixa de momento angular que será conservada. Se um pedaço da torrada se soltasse do restante (talvez um farelo caísse), ele passaria a se deslocar em linha reta.

242

COLHERES, ESPIRAIS E O SPUTNIK

Curiosamente, só há uma coisa a fazer que pode alterar o resultado,[8] mas ela envolve um risco considerável de efeitos colaterais. Assim que perceber que esbarrou na torrada, no momento em que ela começar a virar na beirada, a física sugere que dar mais um bom empurrão para o lado pode ajudar. A torrada acabará do outro lado da sala, mas como passa menos tempo virando na beirada, não girará tão rápido à medida que cai, e talvez não gire o bastante para ficar de cabeça para baixo antes de atingir o chão. Então, há uma boa probabilidade de chegar ao piso com o lado da manteiga para cima — mas também há uma boa probabilidade de acabar debaixo do sofá ou grudada no cachorro.

A torrada começa a girar por causa de dois componentes: um ponto em torno do qual pode virar e uma força puxando-a ao redor desse ponto. Não importa que a força esteja apontando apenas para baixo, e não mantenha a torrada girando em círculos. O que importa é que a força seja suficiente para movê-la (e ela é, basta o centro de massa estar no ar, e não sobre a mesa) e que a puxe ao redor do ponto pelo menos por um instante. Depois que a rotação tem início, ela continua até algo interrompê-la.

Esse é o princípio por trás dos "ovos girantes" mencionados na introdução. Se você pensar nas várias coisas que giram livremente — frisbees, moedas jogadas, bolas de rúgbi, piões —, perceberá que elas simplesmente continuam rodando. Seria muito estranho se você jogasse uma moeda e ela de algum modo parasse de girar antes de pegá-la.[9] Qualquer coisa que gire tem um momento angular, que é a medida da quantidade de giro. A não ser que algo (como uma fricção ou a resistência

---

[8] Quer dizer, apenas uma coisa além de fazer uma torrada do tamanho de uma caixa de fósforos ou servir o café da manhã em uma mesa de centro muito baixa.

[9] O que é interessante em se jogar uma moeda é que isso mostra que o movimento geral do objeto e a rotação podem ser independentes. A moeda se movimentaria no mesmo arco, estivesse ou não girando. Mas se você der o peteleco certo, estará dando a ela tanto o movimento de rotação quanto velocidade para cima. A rotação e o movimento do centro de massa não interferem um no outro.

TEMPESTADE NUMA XÍCARA DE CHÁ

do ar) desacelere o objeto, ele vai girar indefinidamente. Essa é a lei da conservação do movimento angular. Algo que está girando continuará girando, a não ser que seu movimento seja interrompido.

Quando eu era criança, a tontura era considerada um tipo de alegria interior. Se você estivesse entediado, podia sempre girar sem sair do lugar, em parte para ver quem conseguia girar por mais tempo, mas também porque era engraçado o fato de que qualquer pessoa caía assim que parava. O giro em si não parecia causar muitos problemas — a breve e divertida sensação de desorientação surge quando você para. É uma pena que os adultos não brinquem de girar com muita frequência; poderíamos nos entender melhor se fizéssemos isso. A sensação de desorientação é causada por algo que acontece dentro dos seus ouvidos e que você não pode ver, mas seu cérebro sem dúvidas percebe.

Retornemos ao teste em que giramos ovos crus e cozidos, que falei na Introdução. Cada ovo ainda com a casca é colocado deitado e girando. Após alguns segundos, você rapidamente coloca o dedo na casca de cada um para que eles parem seu movimento. Os dois param. Você retira os dedos. Então, um deles volta a girar. O ovo que está sólido precisa parar de girar completamente quando você interrompe o movimento da casca. Tanto o ovo quanto a casca precisam se movimentar juntos. Mas quando você para o ovo cru, só para a casca. O fluido lá dentro continua girando; ele não está conectado à casca, então não há razão para parar. Dessa forma, o conteúdo empurra a casca até ela recomeçar a girar.

Quando você roda, a maior parte do seu corpo (felizmente) é como o ovo cozido. Ele tem que se movimentar por inteiro. Assim, quando para de rodar, seu cérebro, seu nariz e seus ouvidos também param. Mas não os ouvidos internos. Existem pequenos canais semicirculares em cada ouvido que estão cheios de fluido precisamente porque isso faz com que eles se comportem como o ovo cru. O fluido não precisa acompanhar o movimento do seu recipiente, porque não está conectado a ele. Esse é

COLHERES, ESPIRAIS E O SPUTNIK

um dos meios que seu corpo usa para saber onde está: pelos minúsculos detectam como o fluido está se movimentando, e seu cérebro combina essa informação ao que você vê. Se você gira a cabeça, o fluido no canal curvo não gira com a mesma velocidade, então flui ao redor dos canais por não estar acompanhando o ritmo. Mas se você passar algum tempo girando, o fluido também começa a girar. Leva apenas alguns segundos para que alcance o ritmo, e então o fluido nos seus ouvidos passa a girar acompanhando os canais, no mesmo movimento que o seu recipiente. Quando você para de repente, o fluido não para. Assim como no caso do ovo cru, o recipiente parou, mas o fluido continua girando. Portanto, seu ouvido interno está dizendo ao seu cérebro que você está se movimentando, mas seus olhos estão dizendo que você está parado. É nesse momento que você se sente tonto, quando seu cérebro está tentando processar o que está realmente acontecendo. Eventualmente, o fluido nos seus ouvidos internos para de girar assim como o recipiente, e a tontura vai passando.

Essa é uma das razões por que as bailarinas olham apenas em uma direção enquanto giram e em seguida viram a cabeça muito rapidamente para voltar à mesma direção quando seu corpo completa uma volta. Com essa rápida alternância entre repouso e movimento, o fluido interno não alcança uma rotação constante, então a bailarina não se sente desorientada quando para.

Há dois aspectos na conservação do momento angular. O primeiro é que um corpo que não está girando precisa de um empurrão para começar a girar. Ele não consegue começar a girar sozinho. E o segundo é que um corpo que já está girando continuará nesse movimento a não ser que algo o faça parar. No nosso dia a dia, geralmente é a fricção que fornece a força necessária para desacelerar as coisas. Assim, o pião acaba parando e a moeda que está girando vai desacelerando até começar a cair. Mas nas situações em que não existe fricção, as coisas continuam girando indefinidamente. É por isso que a Terra tem estações.

TEMPESTADE NUMA XÍCARA DE CHÁ

No norte da Inglaterra, as estações compõem o ritmo que oferece um lar aconchegante a todas as minhas memórias. Longas caminhadas pelo canal de Bridgewater em dias quentes de verão, partidas de hóquei sob a garoa do outono, a volta de carro depois da ceia polonesa de Natal no frio da neve, a animação dos dias de primavera ficando mais longos — a variedade fazia parte da alegria presente nisso tudo. Um dos motivos mais difíceis de viver na Califórnia era a ausência desse ritmo; parecia que o tempo não estava passando, e isso era perturbador. As estações continuam tendo uma grande influência na minha vida até hoje. Gosto de poder identificar o meu lugar no ciclo anual pelas características que ainda o marcam, mesmo em uma sociedade moderna: os animais, o ar, as plantas e o céu. E a base de toda essa diversidade é a parte da física que mantém as coisas girando a não ser que algo interrompa esse movimento.

A rotação tem uma direção, o eixo ao redor do qual tudo está girando. Imaginamos o eixo da Terra como uma linha que vai do polo sul ao polo norte, saindo um pouco e apontando para o espaço. Mas, como no passado foi atingido por fragmentos do sistema solar (especialmente com a grande colisão que deu origem à Lua), o pião que é a Terra não está na vertical em relação ao restante do sistema. Imagine o sistema solar, com o Sol no centro e os planetas girando ao redor em um plano horizontal. O eixo da Terra aponta um pouco para a esquerda. E agora que está girando ao redor desse eixo inclinado, deve continuar girando ao redor do mesmo eixo. Portanto, quando a Terra está à esquerda do Sol, a extremidade superior do eixo está apontando para o outro lado. Seis meses depois, porém, quando a Terra se encontra à direita do Sol, a extremidade superior do eixo continua apontando para a esquerda — que agora aponta em direção ao Sol. O eixo de rotação da Terra não muda de direção à medida que ela gira ao redor do Sol — não há nenhuma força sendo exercida sobre ele, então ele conserva o mesmo movimento de antes. Mas isso significa que o polo norte recebe mais ou menos luz do sol, dependendo de onde a Terra se encontra em sua órbita. É daí que vêm as estações.[10] Temos um ciclo de dia e noite porque a Terra não para de girar, e um ciclo de estações porque o eixo desse giro está inclinado.[11]

O giro faz parte da nossa vida de várias formas. Mas existe um dispositivo em particular que usa o giro e que provavelmente vai se tornar mais comum no futuro: o volante de inércia, ou *flywheel*. Qualquer coisa que gira tem energia adicional por causa do movimento de rotação. Assim, se um objeto em rotação continua rodando indefinidamente, isso também significa que pode armazenar energia. Se você conseguir capturar a energia à medida que desacelera o movimento de rotação, terá uma bateria. É isso que é um volante de inércia, e ele não é novidade; já existe há séculos. Entretanto, uma nova onda de volantes de inércia está prestes a chegar à nossa sociedade, um grupo de dispositivos modernos muito eficientes que poderiam resolver um problema muito complicado.

Um dos maiores desafios para qualquer rede elétrica é combinar fornecimento e demanda em escalas de tempo muito curtas. Se todo mundo preparar o jantar por volta da mesma hora, o consumo de energia em todo o país aumentará por mais ou menos uma hora e em seguida cairá. O ideal é que alguém monitorasse o sistema para permitir a liberação de energia para a rede conforme o necessário a fim de acompanhar o pico. Mas isso é um problema quando a energia é fornecida por uma usina movida a carvão que leva horas para ser ligada e desligada. E talvez você não possa controlar sequer a taxa ou os horários da geração de energia. Uma das dificuldades relacionadas a muitas

---

[10] O quadro gravitacional completo é um pouco mais complicado do que isso, mas a ideia básica é a mesma. Se quiser saber mais, dê uma olhada no ciclo de Milankovitch.
[11] Embora a Terra esteja girando desde a sua formação, ela desacelerou um pouco por causa da atração da Lua, que atua como um freio suave. Ela só causa uma pequena mudança, mas a cada cem anos um dia na Terra fica cerca de 1,4 milissegundo mais longo. De alguns em alguns anos, um segundo a mais é adicionado ao ano para compensar isso.

TEMPESTADE NUMA XÍCARA DE CHÁ

fontes de energia renovável é que é impossível determinar quando elas devem gerar energia — consegue-se armazenar energia com facilidade quando as condições são propícias, mas e se elas não coincidirem com o momento em que você precisa?

Você pode argumentar que só precisamos de uma bateria para armazenar energia adicional até podermos usá-la, certo? Mas as baterias elétricas não estão à altura desse trabalho. Sua produção é cara, elas com frequência são feitas a partir de metais relativamente escassos, têm um número limitado de ciclos de carga e descarga, e há limites para a rapidez com que podem armazenar e liberar energia. Em resposta a isso, nos últimos anos surgiram alguns protótipos de *flywheel*. E parece que essa tecnologia pode oferecer uma solução viável, pelo menos em parte do tempo. Um *flywheel*, ou volante de inércia, é um disco ou cilindro pesado em rotação com mancais com o mínimo possível de atrito. A partir do momento em que começa a girar, ele continua girando. E como há uma relação entre rotação e energia, esse giro pode armazená-la. Você pode usar qualquer energia adicional na rede para fazer o *flywheel* girar, e ele simplesmente continuará girando e conservando a energia. Então, quando quiser usar essa energia, basta reduzir a velocidade da rotação do *flywheel* pela conversão da energia em eletricidade. Não há limite para o número de vezes que você pode carregar e descarregar os volantes de inércia, e eles podem liberar sua energia muito rápido. Você só perde cerca de 10% da energia que tinha no início, e precisa de pouquíssima manutenção. Melhor ainda: pode produzir *flywheels* diferentes de acordo com as suas necessidades — um pequeno para os painéis solares do seu telhado, ou uma grande pilha deles para moderar os picos em toda a rede elétrica. Há até pequenos *flywheels* portáteis sendo testados em ônibus híbridos, armazenando energia quando o ônibus freia e devolvendo a energia às rodas quando ele precisa acelerar outra vez. Os *flywheels* são atraentes porque se baseiam em uma ideia maravilhosamente simples — a conservação do momento angular. Ovos, piões e o chá que você

248

COLHERES, ESPIRAIS E O SPUTNIK

mexe na sua xícara seguem todos o mesmo princípio. Mas é necessária uma tecnologia moderna eficiente para transformá-lo em uma solução prática. Ainda estamos no raiar da nova encarnação dessa tecnologia, mas é possível que você passe a ver *flywheels* com muito mais frequência no futuro.

8

Quando os opostos se atraem

Eletromagnetismo

Uma bolsa capaz de se auto-organizar parece um sonho impossível. Mas talvez não seja bem assim. Certo dia em 2015, fui até o Museu da Ciência de Londres comprar uns lindos ímãs esféricos. (Uns para uma amiga e uns para mim — é assim que tem que ser com brinquedos científicos, certo?) Depois de uma pausa para tomar um chocolate quente e passar alguns minutos me divertindo com meus brinquedos novos, enfiei aquele monte de ímãs na parte superior da minha bolsa de viagem e fui embora. Dois dias depois, na Cornualha, lembrei-me de que já fazia algum tempo que não via os ímãs, e comecei a procurá-los dentro da bolsa. Quando os encontrei, eles estavam lá no fundo, e o aglomerado de ímãs agora incluía sete moedas, dois clipes de papel e um botão de metal. Eu já estava me parabenizando por ter descoberto uma nova maneira de manter minha bolsa organizada quando percebi que havia muitas outras moedas soltas no fundo dela que não tinham entrado no jogo. Então comecei a checar quais moedas ficavam presas e quais não ficavam. Algumas moedas de 10 pence ficavam, enquanto

251

TEMPESTADE NUMA XÍCARA DE CHÁ

outras não. Nenhuma de valor superior a 20 pence ficava presa. A maioria das moedas de 1 e 2 pence ficava, mas não as anteriores a 1992.

O problema dos ímãs é que eles são muito seletivos. Não exercem nenhuma atração sobre a maioria dos materiais — plástico, cerâmica, água, madeira ou seres vivos. Mas a história é diferente para o ferro, o níquel e o cobalto. Esses materiais não hesitam em pular em cima de um ímã se puderem. É estranho pensar nisso, mas, se o ferro não fosse um dos materiais mais comuns do nosso mundo, o magnetismo provavelmente não estaria presente no nosso cotidiano. Esse único elemento compõe 35% da massa da Terra, e o aço (que é basicamente ferro com alguns outros componentes misturados em sua composição) é parte essencial da nossa infraestrutura moderna. Se as portas das geladeiras não fossem feitas de aço, os ímãs de geladeira não existiriam. Mas o aço está presente em todos os lugares, então o magnetismo é algo comum.

Os ímãs na minha bolsa estavam atraindo as moedas de acordo com a sua composição. As moedas modernas de 1 penny e 2 pence possuem um núcleo de aço com uma fina camada de cobre ao redor. Antes de 1992, elas eram 97% cobre. Os pence mais novos e os mais antigos me parecem quase idênticos, mas os ímãs reagem ao seu interior oculto.[1] A moeda prateada de 20 pence não adere aos ímãs porque, curiosamente, é predominantemente composta por cobre. O mesmo acontece com as moedas mais antigas de 10 pence, mas qualquer uma que tenha sido feita a partir de 2012 é de aço banhado com níquel. Tudo que ficava preso ao ímã tinha o ferro como principal elemento da sua composição, até os "cobres".

---

[1] Os pence mais novos são um pouco mais espessos, pois foram feitos para ter exatamente o mesmo peso que os antigos (uma determinada massa de aço ocupa um pouco mais de espaço do que o equivalente em cobre). É por isso que as máquinas de venda automáticas precisam ser mudadas quando a Casa da Moeda altera o material das moedas — metais diferentes ocupam espaços diferentes para uma determinada massa. As máquinas de venda automáticas também checam o tipo da moeda de acordo com as propriedades magnéticas.

QUANDO OS OPOSTOS SE ATRAEM

Um ímã é cercado por um campo magnético, algo que podemos chamar de "campo de força". Isso significa que há uma região ao seu redor que pode repelir e atrair outros objetos, mesmo que o ímã propriamente dito não os esteja tocando. É uma ideia um pouco estranha, mas é assim que o mundo funciona. O problema dos campos magnéticos é que não podemos vê-los, e geralmente tampouco senti-los, então é difícil imaginá-los. Mas nós vemos o efeito que eles têm, o que pode nos ajudar a imaginá-los melhor. E a característica mais importante dos ímãs é que todos têm duas extremidades diferentes, um polo norte e um polo sul.

O norte magnético de um ímã atrai o sul magnético de outro, mas dois polos norte se repelem. As minhas moedas a princípio não estavam magnetizadas, mas os ímãs usaram um truque inteligente para atraí-las. Dentro de cada uma das minhas moedas novas de 1 penny, regiões diferentes do ferro possuem campos magnéticos apontando em direções diferentes. Essas regiões se chamam domínios, e os campos magnéticos dos átomos no interior de cada um estão todos alinhados. Cada domínio possui um campo magnético próprio, mas como todos os domínios estão com o norte magnético apontando aleatoriamente para direções diferentes, a coisa toda se anula. Quando eu aproximava uma moeda de um dos meus ímãs, o forte campo magnético do ímã empurrava todos os domínios individuais da moeda. Os átomos não se moviam, mas seu campo magnético se alterava, de modo que a extremidade norte ficasse o mais longe possível do norte do ímã. Isso provocava um alinhamento dos polos sul dos domínios da moeda que os colocava o mais perto possível do ímã. E como os polos magnéticos opostos se atraem, o polo sul da moeda era atraído pelo polo norte do ímã, prendendo a moeda. Assim que eu afastava a moeda do ímã, todos os seus domínios magnéticos retornavam às suas orientações aleatórias.

É um fenômeno estranho, mas nós, humanos, aprendemos a utilizá-lo de maneiras que hoje permeiam as nossas vidas. Tudo começa com

TEMPESTADE NUMA XÍCARA DE CHÁ

moedas, clipes de papel e ímãs de geladeira, mas no topo da escala os ímãs são essenciais para a geração de energia no nosso mundo. Existe um ímã no coração de todos os dispositivos que alimentam nossa rede elétrica. Entretanto, os ímãs não fazem isso sozinhos, e o magnetismo é apenas metade da história. Ele está ligado de uma forma muito fundamental à eletricidade, algo tão essencial para a sociedade moderna que hoje mal percebemos sua presença.

O escritor de ficção científica Arthur C. Clarke afirmou que "qualquer tecnologia suficientemente avançada é indistinguível da magia". Juntos, a eletricidade e o magnetismo são responsáveis para um número maior de tecnologias avançadas que parecem mais ser mágica do que qualquer outra coisa. Quando analisamos bem a física, podemos ver que essas forças invisíveis são dois lados do mesmo fenômeno: o eletromagnetismo. Elas estão conectadas, uma influenciando a outra. Contudo, antes de falarmos sobre essa conexão, vamos explorar um pouco mais o lado que mais conhecemos: a eletricidade. Infelizmente, da primeira vez que experimentamos diretamente a energia, ela dói.

*

Rhode Island é um minúsculo e agradável fragmento do nordeste americano, e foi meu lar por dois anos. Seu apelido oficial é "Estado Oceânico", e os habitantes locais não percebem a ironia de terem apelidado o menor estado dos Estados Unidos inspirados no elemento mais gigantesco do planeta. A mentalidade dos habitantes de Rhode Island apoia-se em dois pilares: o litoral e o verão. A vida lá consiste em velejar, restaurantes de frutos do mar, saladas de moluscos[2] e praia. Mas os invernos eram frios. Os turistas desapareciam, os habitantes locais

---

[2] Não estou brincando. Eles têm muito orgulho disso. A Senhorita Vegetariana aqui escapou, mas acho que elas são feitas com moluscos gigantes de água salgada e alho.

QUANDO OS OPOSTOS SE ATRAEM

hibernavam e o azeite de oliva na minha cozinha congelava quando eu saía e desligava o aquecimento.

Nos melhores dias de inverno, eu acordava com um silêncio distintivo que me dizia antes mesmo de abrir meus olhos que havia nevado durante a noite. Para alguém criada na úmida e cinzenta Manchester, isso era muito legal. Eu adorava tudo, com exceção de um único momento que se repetia sempre. Depois de calçar botas confortáveis de inverno, retirar a neve da frente da casa e rir dos esquilos cavando nos montinhos brancos, eu ia para o carro em meio ao silêncio. E todas as manhãs depois de nevar, no primeiro contato da minha pele com o carro, eu era cumprimentada pela fisgada aguda de um doloroso choque elétrico. Eu nunca me lembrava disso a tempo. Ai!

Para mim, sempre parecia ser culpa do carro. Mas, pensando bem, não era. Quando eu fazia o caminho até o carro, estava carregando um pequeno grupo de passageiros sorrateiros que estavam apenas esperando encontrar uma rota de fuga. A dor era apenas um efeito colateral de eles terem abandonado o navio. Esses passageiros eram elétrons, fragmentos incrivelmente pequenos de matéria e alguns dos tijolinhos mais fundamentais do nosso mundo. O maravilhoso nos elétrons é que você não precisa de um acelerador sofisticado de partículas ou de alguma experiência elaborada para saber que eles estão se movimentando. Na situação apropriada, nossos corpos podem detectar diretamente esse movimento. É uma pena que eles registrem essa percepção incrível como dor.

Tudo começa pelo conteúdo de um átomo. No centro de cada um, há um núcleo pesado que corresponde à maior parte da massa do átomo. Esse núcleo tem uma carga elétrica compacta positiva, então quase nunca fica sozinho. A carga elétrica é um conceito estranho, mas é o que mantém o nosso mundo intacto. Só três coisas formam quase tudo que vemos: prótons, elétrons e nêutrons, e cada um possui uma carga elétrica diferente. Os prótons têm muito mais massa do que os

255

TEMPESTADE NUMA XÍCARA DE CHÁ

elétrons, e sua carga é positiva. Os nêutrons são parecidos com os prótons em tamanho, mas não têm carga elétrica. E cada elétron é minúsculo se comparado a eles, mas tem exatamente a carga negativa necessária para compensar a de um próton. Essa mistura de peças determina a estrutura do planeta. No centro de cada átomo, prótons e nêutrons se aglomeram para formar um núcleo pesado. Mas um átomo precisa ser eletricamente equilibrado. As cargas elétricas afetam o mundo, porque cargas diferentes se atraem e cargas iguais se repelem (como vimos com os meus ímãs e as moedas). Assim, elétrons minúsculos se reúnem em torno do núcleo maciço, já que estão negativamente carregados — e, portanto, são atraídos pela carga positiva no centro. De modo geral, as partículas positivas e as negativas se anulam, mas a atração é o que mantém a integridade do átomo. Toda a matéria que vemos está cheia de elétrons, mas como tudo está equilibrado, não percebemos sua presença. Eles só se tornam perceptíveis quando se movem.[3]

O problema é que, quando temos componentes tão minúsculos e rápidos como os elétrons, as coisas nem sempre ficam equilibradas. Quando dois materiais diferentes se tocam, os elétrons muitas vezes pulam de um para o outro. Isso acontece o tempo todo, mas geralmente não importa, porque os elétrons adicionais costumam encontrar o caminho de volta com rapidez. Andar pelo meu chalé de meias não era um problema — alguns poucos elétrons pulavam do carpete de náilon para os meus pés a cada passo, mas logo em seguida retornavam para os seus lugares. Porém, assim que eu calçava minhas botas forradas de lã e com solas de borracha, a situação mudava. Os elétrons itinerantes

---

[3] As moléculas são formadas quando os elétrons se deslocam e são compartilhados entre núcleos diferentes: esse compartilhamento provoca a união dos núcleos, formando uma molécula composta por átomos diferentes. A única coisa que impede a desintegração de átomos e moléculas é a atração das cargas negativas pelas cargas positivas. Às vezes, os elétrons se deslocam entre moléculas, mudando os núcleos que estão conectados e alterando o padrão formado por esses núcleos. Chamamos isso de reação química. A química é o estudo dessa dança dos elétrons e da fantástica complexidade que ela produz.

agora pulavam do carpete para as solas de borracha, mas por mais rápidos que os elétrons sejam, existem alguns materiais em que eles não conseguem penetrar com tanta facilidade: são os isolantes elétricos, e a borracha é um deles. Ela possui seus próprios elétrons, mas não aceita a entrada de outros facilmente. Enquanto organizava minha bolsa para o dia, procurava meu casaco e arrumava a cozinha depois do café da manhã, eu estava acumulando elétrons que discretamente pulavam a bordo. Os elétrons se espalhavam por toda a parte externa do meu corpo. No momento em que saía do chalé, eu havia me tornado um veículo para alguns milhares de bilhões de elétrons extras, um número gigantesco, mas ainda assim uma fração minúscula da população de elétrons do meu corpo.

Por que eles não haviam escapado? Cada um daqueles elétrons extras negativamente carregados estava sendo repelido pelos outros — e qualquer rota de fuga seria melhor do que ficar onde estavam. Mas minhas botas impediam que eles escapassem para o solo. Havia ainda outra rota de fuga comum: o ar úmido, que contém muitas moléculas de água, cada uma com um segmento positivo que poderia hospedar um elétron adicional por algum tempo. Na maioria dos dias, meu grupo adicional de elétrons teria escapado um a um, pegando carona com a água que flutuava no ar. Mas os dias frios que sucedem noites com muita neve costumam ser secos. Assim, há muito pouca água no ar, que deixa de ser um meio de fuga.

Assim, todos os dias frios com neve eu saía do chalé em direção ao meu carro, completamente alheia aos bilhões de passageiros negativamente carregados que transportava — até o momento em que a oportunidade batia à porta deles. Lá estava o meu carro estacionado no solo, um imenso repositório de elétrons e núcleos equilibrados. Menos de um segundo depois de os meus dedos entrarem em contato com o metal do carro, era como se eu tivesse aberto um túnel de fuga. O metal é um condutor elétrico, então os elétrons conseguem se locomover por ele com

TEMPESTADE NUMA XÍCARA DE CHÁ

muita facilidade. Meus passageiros pulavam pela ponta do meu dedo, enfim livres ao encontrarem o carro. As terminações nervosas da pele reclamavam quando o bando passava tão rápido por elas, diretamente estimuladas pelo fluxo de elétrons: uma corrente elétrica. E eu xingava, esquecendo toda a magia da neve por um momento.

Hoje em dia, um choque elétrico é o contato mais direto com a eletricidade que a maioria de nós tem. E, no entanto, estamos cercados por ela. As paredes dos nossos prédios, nossos dispositivos eletrônicos, nossos carros, lâmpadas, relógios e ventiladores estão zunindo com eletricidade. Mas a eletricidade não se limita a tomadas, fios, circuitos e fusíveis. Eles não passam dos troféus que proclamam a manipulação humana do fenômeno. O nosso planeta está cheio de eletricidade em muitos lugares surpreendentes. Até mesmo em uma humilde abelha.

Imagine um dia relaxante, quente e tranquilo em um jardim muito inglês, com um pintassilgo bicando agitadamente a grama. Por trás dele, elegantes canteiros de flores estão ocupados em uma lenta porém intensa batalha por água, nutrientes, pela luz do sol e pela atenção dos polinizadores. O cheiro do jasmim e das ervilhas-de-cheiro se espalha pelo jardim, anunciando seus produtos. Uma abelha zune sobre o canteiro examinando as ofertas. Esse pode parecer um cenário sereno, mas para a abelha isso é trabalho duro, e a eficiência é importante. Ela faz um grande esforço para permanecer no ar. Precisa bater as asinhas diminutas duzentas vezes a cada segundo, e os golpes constantes do ar são tão fortes que produzem vibrações audíveis para nós: o zunido. Quando se tem o tamanho de uma abelha, a resistência do ar é muito maior do que para nós, então é muito mais difícil abrir caminho em meio a todas as moléculas do ar. Atacar o ar desse modo não é uma forma elegante de voar, mas funciona, e ela paira por um segundo perto de uma petúnia antes de decidir fazer sua próxima parada ali. Quando está entrando, um pouco antes de tocar a flor, algo muito estranho acontece. Grãos de pólen depositados no centro da flor de repente pulam através do ar

QUANDO OS OPOSTOS SE ATRAEM

na abertura para os pelos da abelha. E quando ela pousa na flor, mais pólen adere ao seu pelo. Ela ainda não bebeu nem um gole de néctar, e já está usando um casaco do DNA da planta — é quase como se ele estivesse deliberadamente subindo a bordo.

Essa capacidade de voar torna a abelha muito atraente, literalmente. E não é por causa da sua aparência ou comportamento, e sim por ela estar eletricamente carregada, ainda que muito pouco. Assim como o meu choque elétrico, isso acontece porque alguns elétrons se deslocaram. A diferença é que desta vez ninguém está se machucando.

Os elétrons da própria abelha flutuam nas extremidades de cada molécula das suas asas. Se algo passando muito rápido pela abelha (como o ar, por exemplo) vai derrubar alguma coisa, essa coisa será um elétron. E é o que acontece. É o mesmo que esfregar um balão em um suéter de lã — há um acúmulo de eletricidade estática, o que significa simplesmente que algo passa a ter mais ou menos elétrons do que deveria. Enquanto as asas frenéticas da abelha empurravam as moléculas do ar para fora do caminho, alguns elétrons deixavam as asas e flutuavam para o ar. A abelha ficou com uma pequena carga positiva, pois não tinha mais o número necessário de elétrons para anular a carga positiva de todos os prótons nos seus átomos. A carga, contudo, é bem pequena — certamente não o bastante para causar um choque elétrico em um humano.

Quando a abelha se aproxima da flor, atrai os elétrons negativamente carregados para a superfície e repele as cargas positivas. Assim como o polo norte do ímã atrai o seu oposto (os polos sul magnéticos), uma abelha positivamente carregada atrai elétrons negativos. Quando está muito perto, mesmo sem ter ainda tocado a flor, a carga positiva da abelha exerce uma atração sobre a superfície do pólen intensa o bastante para puxar alguns grãos da flor pela abertura até seus pelos. Então o pólen adere aos pelos da abelha do mesmo jeito que um balão carregado com energia estática gruda na parede. Quando a abelha voa para a flor seguinte, o pólen vai junto. A polinização das abelhas também fun-

TEMPESTADE NUMA XÍCARA DE CHÁ

cionaria sem a eletricidade estática, pois o pelo da abelha toca o pólen quando ela pousa na flor, e o pólen adere ao pelo por ser grudento. Mas o deslocamento de alguns elétrons soltos que permite que o pólen pule pela abertura sem dúvida agiliza o processo.[4]

Os elétrons são minúsculos e móveis, de modo que, quando uma carga elétrica se desloca, em geral são os elétrons que realizam o transporte. Eles se movimentam muito, mas normalmente não percebemos. Os elétrons, com suas cargas negativas, se repelem. Portanto, se um grande número deles se acumula em algum lugar, começam a empurrar uns aos outros e a se afastar, impossibilitando o acúmulo de qualquer carga significativa. Mas há duas situações que podem impedir o afastamento e prender a carga: ou os elétrons não têm para onde ir, ou não conseguem se mover. Quando a abelha está voando, a carga positiva não tem para onde ir, então se acumula no exterior do corpo da abelha.

É a outra situação, porém — aquela em que os elétrons não podem se mover —, que nos dá um controle espetacular sobre a eletricidade. Se a abelha pousa em um jarro com uma planta de plástico, a carga positiva não pode ser transferida para o plástico, pois ele é um isolante elétrico. Isso significa que, mesmo o plástico tendo seus muitos próprios elétrons, eles estão presos em suas moléculas, e não podem se deslocar. É difícil adicionar ou subtrair alguns elétrons nessa combinação, pois eles não conseguem penetrar entre os outros. É isso que define um isolante elétrico — ele não tem capacidade de adquirir ou doar elétrons. Assim, quando uma abelha pousa em um jarro com uma planta de plástico, a carga positiva continua na abelha. Um forcado

---

[4] Há ainda outra reviravolta no conto da abelha. Pesquisadores da Universidade de Bristol descobriram em 2013 que cada flor tem uma pequena carga negativa que é neutralizada quando a abelha chega. Eles demonstraram que as abelhas podem distinguir uma flor neutra de uma flor com carga negativa sem pousar nelas. Os pesquisadores sugeriram que é possível que as abelhas evitem as flores neutralizadas, pois isso sugere que outra abelha já esteve ali e levou consigo uma boa quantidade do néctar. Se quiser saber mais, leia os artigos de Clarke et al. e Corbet et al., listados nas referências deste livro.

metálico de jardim roubaria a carga da abelha imediatamente; os metais são condutores elétricos, e os elétrons podem passar para eles sem qualquer esforço. O metal tem esse comportamento porque todos os seus átomos compartilham os elétrons das camadas mais externas em uma multidão gigantesca ao redor. Como esses elétrons movimentam-se o tempo todo, e nenhum pertence a um átomo em particular, é fácil acrescentar ou subtrair alguns.

Nossa sociedade só pode ter e controlar uma rede elétrica porque temos os dois tipos de materiais, condutores e isolantes. É a única coisa de que precisamos: um mosaico de materiais que na realidade é um labirinto para os elétrons, onde algumas partes são mais fáceis do que outras, além de uma forma de controlar algumas partes desse padrão. Basta possuirmos esses recursos básicos para termos um controle incrível sobre o mundo.

*

A eletricidade estática já é um começo, mas a verdadeira energia surge quando você começa a mover elétrons e cargas elétricas mais sistematicamente. A rede elétrica que usamos para a transmissão de energia é um recurso fantástico. Ao promovermos o movimento de cargas elétricas por fios e controlarmos esse movimento com pequenos interruptores e amplificadores, podemos depositar energia onde quisermos. Um circuito elétrico é apenas uma forma de redistribuir energia elétrica. A coisa mais importante em um circuito é que ele é isso mesmo — um circuito. É preciso ser um ciclo, de modo que os elétrons possam estar sempre se movimentando sem se acumular em uma extremidade. Todo circuito precisa começar e terminar em uma fonte de alimentação, algo que mantenha os elétrons em movimento, captando-os em uma ponta e recolocando-os de volta no circuito na outra. A fonte de alimentação pode ser comparada a um elevador que transporta as pessoas até o topo

TEMPESTADE NUMA XÍCARA DE CHÁ

de um escorrega muito longo. As pessoas podem escorregar e subir para descer outra vez, passar o dia inteiro subindo e escorregando, contanto que o elevador lhes ofereça energia o suficiente para subirem. A regra de todo circuito é que você precisa perder toda a energia extra pela fonte da alimentação antes de os elétrons voltarem ao ponto de partida.

O deslocamento de um elétron por um fio é algo muito útil, mas o que o impele pelo circuito? Já dissemos que a primeira coisa que precisamos ter é um condutor elétrico, algo que ofereça uma rota por onde o elétron possa se deslocar. Mas a outra coisa de que precisamos é uma força para empurrá-lo.

Um ímã de geladeira e um balão carregado com eletricidade estática são esdrúxulos pela mesma razão: eles demonstram que é possível termos um campo de força invisível. Isto é, um objeto em repouso está repelindo ou atraindo outro nas proximidades, mas não conseguimos ver o que provoca essa ação. A semelhança entre o ímã de geladeira e o balão com eletricidade estática não é coincidência, mas a verdadeira ligação só fica óbvia quando começamos a movimentar os campos elétricos ou magnéticos. Em primeiro lugar, retornemos ao princípio do campo de força. Não é só para os humanos que eles são úteis.

Um leito aquático é um labirinto marrom e turvo de pedras, plantas e raízes de árvore. É de madrugada, e a água barrenta flui preguiçosamente em seu curso cheio de obstáculos. Um metro abaixo da superfície, duas pequenas antenas saem debaixo de um seixo, agitando-se ao experimentar a água. Algo se movimenta ali perto, e então a antena desaparece. Esse camarão de água doce é um necrófago faminto, mas vulnerável. Rio acima, um caçador desliza nas águas sujas. Ele bate os pés de pato da frente ao longo da superfície em direção ao centro da corrente, então fecha os olhos, o nariz e a boca, e mergulha. O ornitorrinco está pronto para o jantar.

Se o camarão ficar completamente parado, estará em segurança. O ornitorrinco nada rápido, orientando-se confiante pelo labirinto, embora no momento esteja cego, surdo e incapaz de sentir o cheiro de qualquer coisa. Seu bico chato varre o caminho de um lado para outro, explorando a lama. Outro camarão à procura de alimento sente o movimento na água quando o ornitorrinco se aproxima e mexe a cauda rapidamente, voltando para baixo do cascalho. O caçador vira em direção a ele. O sinal que forçou a contração do músculo da cauda do camarão foi um sinal elétrico. Esse pulso elétrico criou um campo elétrico temporário centralizado no camarão. Essa perturbação elétrica se propagou pela água ao redor, provocando pequenos movimentos entre os elétrons mais próximos com forças de atração e repulsão. Ela durou uma fração de segundo, mas foi o bastante. Um ornitorrinco possui uma cadeia de 40 mil sensores elétricos tanto na parte superior quanto na inferior do bico. O movimento da água e o pulso elétrico simultâneos eram tudo de que ele precisava para calcular a direção e o alcance. Ele crava o bico exatamente no lugar certo na areia, e o camarão já era.

O movimento do camarão o condenou porque alterou seu campo magnético. Toda carga elétrica atrai ou repele outras cargas elétricas ao redor. Um campo elétrico é apenas uma maneira de descrever a intensidade das forças de atração ou repulsão em lugares diferentes, enquanto falar de sinais elétricos significa que uma carga elétrica se deslocou para algum lugar, e algo ao redor percebeu a mudança pelo aumento ou diminuição da força à qual estava submetido. Como todos os movimentos musculares envolvem o movimento de cargas elétricas no interior dos músculos, eles geram campos elétricos. Portanto, o uso de sensores elétricos é uma técnica de caça subaquática eficaz quando você está perto o suficiente da presa, pois não existe nenhuma camuflagem, sejam quais forem as cores, capaz de disfarçar um sinal elétrico. Qualquer animal em algum momento precisa se mexer, e o menor movimento gerará um sinal elétrico que pode denunciar sua localização.

Se esse é o caso, por que não estamos mais cientes dos campos elétricos gerados por nós? Em parte, isso se deve ao fato de esses campos

TEMPESTADE NUMA XÍCARA DE CHÁ

não serem muito fortes, mas o principal motivo é que campos elétricos se desgastam muito rápido no ar, que não conduz eletricidade. A água corrente (e especialmente a água salgada do oceano) é um condutor muito bom de eletricidade, então sinais elétricos podem ser detectados de muito mais longe. Quase todas as espécies que usam sensores elétricos são aquáticas (as únicas exceções conhecidas são as abelhas, as baratas e as equidnas).

Em um circuito elétrico, os elétrons se deslocam porque há um campo elétrico no interior do fio. Esse campo elétrico empurra cada elétron, promovendo seu movimento. Mas de onde vem o campo elétrico? Um bom ponto de partida é uma bateria. Existem baterias de todos os formatos e tamanhos, mas há um conjunto em particular que nunca vou esquecer. Eram baterias marinhas robustas, e a minha preocupação em relação a elas vinha do fato de estarem flutuando livremente em meio a uma forte tempestade enquanto forneciam a energia necessária para a minha única chance de realizar uma experiência importante.

Para estudar a física da superfície oceânica em tempestades, precisamos ir até lá examinar a superfície. O oceano é um ambiente tão complicado que ficar elaborando teorias em um escritório aconchegante tem uma utilidade limitada, a não ser que você tenha certeza de que aquilo em que está trabalhando definitivamente se baseia na realidade. Mas mesmo quando se chega "lá", em um navio a quilômetros da terra firme, navegando em mar agitado, continua sendo difícil o contato com a região onde estou interessada — a água poucos metros abaixo da superfície do mar. Saber o que acontece por lá pode nos oferecer uma compreensão melhor de como os oceanos respiram, possibilitando previsões do tempo e modelos climáticos melhores. Contudo, para ver os detalhes, você precisa estar dentro da água — um lugar violento, caótico e perigoso. Não posso nadar nessas águas, mas meus testes precisam. Esses testes necessitam de energia, de uma fonte de alimentação, e necessitam disso enquanto mergulham e emergem nas ondas, sem nada que os prenda ao navio. Não podemos ligá-los em tomadas, então precisamos recorrer a baterias. E, para a minha sorte, circuitos elétricos funcionam tão bem quando estão se balançando no mar agitado quanto em terra firme.

*

O contramestre fez cara feia para o horizonte, enfiou as mãos nos bolsos do moletom manchado de tinta e veio se balançando pelo deque do navio na minha direção. Era novembro no Atlântico Norte, e fazia quatro semanas que eu não via terra. Tudo estava sempre subindo ou descendo enquanto tentávamos navegar em um mar cinzento e agitado que se fundia com um céu igualmente cinza para onde quer que olhássemos. O rolo de fita isolante que eu havia acabado de colocar no deque se aproveitou da minha distração temporária e deslizou até bater na bota do contramestre. Seu sotaque forte e alegre de Boston parecia comicamente deslocado naquele ambiente inóspito. "De quanto tempo você vai precisar?"

Para mim, a pior parte de realizar experiências em alto-mar sempre foram essas últimas checagens antes de deixar os testes flutuarem livremente. Eu estava nervosa, e aquela parte dependia só de mim. Para analisar as bolhas pouco abaixo das ondas, eu usava uma imensa boia amarela com uma variedade de dispositivos de medição amarrados a ela. O contramestre era o encarregado de manobrar essa besta para colocá-la no mar, mas era eu quem precisava me certificar de que ela estava pronta. A tempestade que se aproximava seria das grandes, e eu queria desesperadamente extrair dados de qualidade dela. "Só falta ligar as baterias, e aí podemos começar", respondi. A boia amarela imensa, de 11 metros de comprimento, que transportaria os meus testes estava presa ao deque, bem amarrada até estar tudo pronto para liberá-la. Comecei pela câmera com armadura de proteção perto do topo, segurando o conector de energia e passando a mão pelo cabo até o fundo da boia, onde ficavam as baterias, e então liguei. Em seguida, de volta ao ressonador acústico. Segurar o cabo elétrico, passar a mão até as baterias, conectar. Checar se a conexão está segura. Checar novamente. Agora, a outra câmera. Esses testes podiam realizar uma manipulação incrivelmente delicada e sofisticada do mundo físico, mas só se houvesse algo para fornecer energia elétrica. E o que forneceria essa energia seriam quatro desajeitadas baterias marinhas chumbo-ácido que pesavam 40 quilos cada, e cujo design básico não mudara desde que haviam sido inventadas em 1859. Mas elas funcionavam.

Quando chegou a hora, nós, cientistas, nos encolhemos em nossas capas impermeáveis na outra extremidade do deque, deixando a tripulação assumir com o guindaste, manobrando o monstro que balançou muito enquanto era erguido sobre a lateral do navio e mergulhado no oceano escuro. Quando a última corda foi solta, houve uma estranha mudança de perspectiva: a besta amarela gigante agora não passava de um resto de naufrágio vulnerável, oscilante e minúsculo se comparado ao vasto oceano, frequentemente encoberto pelas ondas. Todos foram para a balaustrada do navio, discutindo como a boia estava flutuando sobre a água e a velocidade com que estava se afastando do navio. Mas eu não estava pensando em nada disso. Eu estava pensando nos elétrons.

Abaixo da linha da água, a dança dos elétrons havia começado. Eles começaram a sair da bateria, percorrendo os circuitos transportados pela boia e retornando ao outro lado da bateria. Havia um número fixo de elétrons no circuito, todos repetindo o mesmo ciclo. Os elétrons não são gastos — eles simplesmente ficam repetindo o ciclo. O truque é que é preciso energia para colocá-los em movimento, e eles perdem essa energia à medida que se deslocam. A fonte da energia é a bateria, e uma bateria é um dispositivo muito engenhoso.

O que é inteligente nas baterias é que elas participam de uma cadeia de eventos. Cada ligação na cadeia fornece os elétrons de que a próxima ligação precisa; assim, no momento em que uma bateria é conectada a

QUANDO OS OPOSTOS SE ATRAEM

um circuito, está tudo pronto para que os elétrons percorram o ciclo. Essas baterias marinhas tinham dois terminais conectando-as ao mundo externo. No seu interior, cada terminal estava conectado a uma de duas folhas de chumbo, mas essas duas folhas não se tocavam. O espaço entre elas era preenchido por ácido, e é por isso que essas baterias são chamadas de baterias chumbo-ácido. O chumbo pode reagir com o ácido de duas maneiras. Uma delas precisa de elétrons extras de algum lugar, enquanto a outra doa elétrons extras. Uma bateria chumbo-ácido é carregada quando essas duas reações são levadas ao limite.

Ao ligar o equipamento a cada bateria, forneci um caminho que ia de uma folha de chumbo e percorria os meus testes até chegar à outra. E então havia a última peça crucial para o quebra-cabeça: as reações químicas que estavam acontecendo nas folhas de chumbo criavam um campo elétrico no cabo. Os elétrons estavam sendo impelidos ao longo dele, de uma folha de chumbo para a outra. Eles não podiam chegar lá através do ácido, então a única opção era o circuito externo, o caminho mais longo. Quando os elétrons têm um caminho com um campo elétrico para colocá-los em movimento, as reações podem se desfazer, pois a cadeia está completa. Um aparelho de folhas de chumbo doa os elétrons ao ácido, que transmite essa carga para o chumbo na outra folha. A folha adquire elétrons ao reagir, e a coisa toda se repete porque os elétrons podem percorrer o circuito de volta até o primeiro aparelho de folhas de chumbo. O fato realmente importante é que, durante essa viagem até a câmera, os elétrons ganham energia extra para perder. Isso é eletricidade. E se organizar as coisas de forma que no caminho os elétrons passem por um circuito elétrico sofisticado, você poderá dar uma finalidade a essa eletricidade, e então terá uma bateria útil.

Quando me debrucei na balaustrada para observar a boia amarela oscilante, eu estava imaginando essa dança. A câmera seria ligada, criando um caminho para que os elétrons pudessem sair da bateria, e

TEMPESTADE NUMA XÍCARA DE CHÁ

eles iriam até a parte dianteira da boia e entrariam na caixa da câmera. Podemos controlar para onde os elétrons vão porque sabemos que eles pegarão a trilha mais fácil. Assim, abrimos um caminho no labirinto feito de material condutor. O fio elétrico é feito de metal, onde o elétron se movimenta mais facilmente do que pelo revestimento de plástico ao redor do fio. Logo, sabemos que a eletricidade percorrerá o fio em vez de escapar para o material ao redor. Além disso, o elemento mais básico do controle é a chave. Uma chave fechada é apenas um lugar no circuito onde duas partes do fio elétrico se tocam. Elas não estão coladas, mas quando se tocam, os elétrons podem se deslocar entre elas. Para interromper o fluxo, só precisamos separar as extremidades do fio. O fluxo elétrico para porque não há mais uma rota fácil por onde passar.

Uma vez dentro da câmera, a rota dos elétrons se dividia, alguns entrando no computador enquanto outros entravam na própria câmera. O detalhe interessante dos circuitos elétricos é que, no final, todos os caminhos levam a Roma — ou, nesse caso, de volta à bateria. A imensa boia amarela era apenas o esqueleto para esse fluxo ramificado de elétrons, e os próprios elétrons estavam gerando campos elétricos e magnéticos, abrindo e fechando diafragmas de câmera, atuando como cronômetros, gerando descargas de luz e registrando dados em uma longa sequência intrincada e sincronizada antes de retornarem à bateria.

E tudo isso estava acontecendo enquanto a boia era empurrada de um lado para outro pelas ondas gigantes (com 8 a 10 metros de altura em alguns casos) de uma tempestade no Atlântico. Esperamos a bordo do navio de pesquisa, balançando, levando uma vida onde a gravidade era uma amiga nada confiável e um tênue controle da ordem era mantido exclusivamente por utensílios que permitiam aprisionar coisas, como Velcro, cabos elásticos e cordas. Após três ou quatro dias, a reação química na bateria havia se extinguido — ela retornara ao seu estado descarregado inicial. Não havia mais energia armazenada, os elétrons não podiam ser impelidos pelos circuitos e a dança chegara

QUANDO OS OPOSTOS SE ATRAEM

ao fim. A boia voltou a ser uma casca inanimada de metal, plástico e semicondutores. Mas os dados haviam sido armazenados em estado permanente na memória do computador, e estavam seguros.

Alguns dias depois, quando a tempestade havia passado, localizamos a boia e a trouxemos de volta a bordo. Fico sempre impressionada com a habilidade das tripulações dos navios de pesquisa ao recuperarem coisas na água. Os navios não se movimentam de lado, e são lentos quando precisam dar meia-volta ou mudar de direção. Para recuperar a boia, o capitão precisava posicionar sua embarcação de 75 metros bem ao lado dela, conseguindo tanto evitar atropelá-la quanto chegar perto o bastante para que o contramestre a alcançasse e capturasse com um croque* comprido. E eles geralmente obtêm sucesso na primeira tentativa.

Então, era novamente a nossa vez de assumir. As baterias foram ligadas à rede elétrica do navio, que forneceu energia para desencadear as reações químicas no sentido contrário, prontas para sua próxima missão. Os testes foram desconectados e levados para dentro, com exceção da câmera. Ela foi deixada lá fora no frio congelante, pois a dança dos elétrons tem um lado negativo, e meu pobre aluno de doutorado estava prestes a pagar o preço por isso.

Talvez a lei mais fundamental conhecida da física — uma lei que teve sua precisão comprovada inúmeras vezes e nunca foi invalidada — seja a da conservação da energia. Segundo essa lei, a energia nunca pode ser criada ou destruída, apenas convertida de uma forma para outra. A bateria continha energia química, e as reações químicas a convertiam em energia elétrica. Então, em algum ponto entre um terminal da bateria e outro, essa energia se dissipou. Mas para onde ela foi? Coisas aconteceram — a câmera tirou fotos, os programas do computador foram executados e dados foram gravados. Mas nada disso armazenou a

---

* Cabo de madeira com gancho na extremidade usado para facilitar manobras em uma embarcação. [*N. da T.*]

TEMPESTADE NUMA XÍCARA DE CHÁ

energia elétrica em outro lugar. A energia simplesmente escoou sem que ninguém percebesse. Há um preço a ser pago quando movimentamos elétrons, e esse preço é a produção de calor. Qualquer resistência elétrica aplica um custo energético sobre a energia elétrica que passa por ela. Mesmo que os elétrons escolham a rota com a menor resistência, algum preço ainda precisa ser pago.[5]

A câmera era isolada por plástico grosso, um material que é péssimo condutor de calor. Quando ela estava ligada, toda a energia dos elétrons eventualmente era convertida em calor à medida que se deslocavam pelo sistema. Isso não tinha importância na água, pois a temperatura do mar era de cerca de 8°C, e absorvia o calor, resfriando eficientemente a caixa da câmera. Mas o ar não pode fazer a mesma coisa. No laboratório, quando ligamos o computador para baixar os dados, a câmera começou a superaquecer. Fizemos o melhor que pudemos, mas a única solução encontrada foi deixá-la lá fora dentro de um balde de água com gelo (por sorte, o navio tinha uma máquina de gelo). Então, meu aluno de doutorado precisou passar nove ou dez horas pausando e reiniciando os downloads para dar continuidade à transferência dos dados e ao mesmo tempo evitar que a câmera cozinhasse. Eis o glamour da ciência de campo.

É por isso que laptops, aspiradores de pó e secadores de cabelo esquentam quando são usados. A energia elétrica precisa ir para algum lugar, e se não for convertida em outros tipos de energia, o calor é seu fim inevitável. Os secadores de cabelo usam isso para aquecer o ar; seus circuitos são feitos para liberar energia como calor de uma forma muito concentrada. Mas os fabricantes de laptops detestam o calor, pois

---

[5] Isso é tudo que acontece no aquecedor elétrico. Os elétrons são submetidos a uma grande resistência, e sua energia elétrica é convertida em calor. Qualquer outro processo de conversão de energia é ineficiente, pois parte da energia sempre é perdida em forma de calor. Mas se é calor que você quer, pode ter 100% de eficiência... perfeito!

QUANDO OS OPOSTOS SE ATRAEM

circuitos mais quentes trabalham com menos eficiência. É impossível usar a energia elétrica sem pagar uma taxa em calor.[6]

Assim, os elétrons fluem porque um campo elétrico empurra-os. Uma bateria não fornece elétrons — eles já existem em abundância no mundo. A função dela é fornecer um campo elétrico para o seu deslocamento. E se o circuito estiver completo, esse campo elétrico empurra os elétrons, fazendo-os percorrer o circuito. Até aqui, muito simples. Mas o que são aqueles números nas tomadas e em fontes minúsculas nos alertas de segurança? Talvez seja melhor adotarmos a típica abordagem britânica para todos os problemas: ir pegar a lata de biscoitos e colocar a chaleira no fogo.

O mais importante em uma pausa para o chá é que ela é formada por chá e uma pausa. Alguns dos meus colegas americanos nunca entenderam isso, e costumavam levar material de trabalho para continuarmos discutindo durante o chá. Mas para os britânicos o ato de "colocar a chaleira no fogo" significa uma mudança de ritmo. Vou fazer isso agora, e por acaso a minha chaleira é elétrica, então só preciso enchê-la de água e ligar na tomada. Minha mente pode parar de trabalhar por um momento enquanto a chaleira faz o seu trabalho.

Apertar o botão produz um efeito muito simples: move um pedaço de metal, encaixando o último trecho de um circuito. Agora, temos uma rota percorrendo o labirinto da chaleira, um caminho inteiramente composto de condutores elétricos pelos quais os elétrons podem se deslocar com facilidade. Essa rota se tornou contínua, e sai de um pino da tomada, passa pela chaleira, e retorna ao segundo pino. Nesse caso, o campo elétrico não vem de uma bateria, mas de uma tomada na parede.

---

[6] Para os mais exigentes, sim, há os supercondutores. Mas o resfriamento das coisas a temperaturas próximas ao zero absoluto consome muita energia e produz grandes quantidades de calor. Portanto, isso não ajuda muito se você está procurando eficiência energética.

271

TEMPESTADE NUMA XÍCARA DE CHÁ

A tomada padrão de três pinos possui um mais longo no topo. Ele é o pino do fio terra. Fica completamente separado do restante do circuito. Na prática, ele faz o mesmo trabalho que o meu carro fazia naquelas manhãs frias com neve: oferece uma rota de fuga a elétrons que possam começar a se acumular no lugar errado (digamos, na parte externa da chaleira). Assim, não faz parte da rota que fornece energia à chaleira.

São os outros dois pinos, os menores, que vão empurrar os elétrons. Um deles atua como uma carga positiva fixa, e o outro, como uma carga negativa fixa. Quando aperto o botão, conecto um segmento que passa a ser percorrido por um campo elétrico. Os elétrons que percorrem o circuito são repelidos pelo lado negativo e atraídos pelo lado positivo. Então, enquanto pego o bule e os saquinhos de chá, os elétrons começam a se movimentar. Eles já não estavam em repouso, mas agora têm uma leve tendência a se deslocar pelo fio. E isso significa que, de modo geral, há um movimento de carga elétrica de um pino da tomada, passando pela chaleira, até o outro pino.

No fundo da minha chaleira, uma etiqueta informa que ela foi projetada para operar a 230 volts. A voltagem está relacionada à força do campo elétrico que empurra os elétrons pelo circuito. Quanto mais forte for o campo elétrico, mais energia cada elétron precisará liberar ao longo do caminho. É isso que uma voltagem alta nos informa — a quantidade de energia disponível para uso na rota do circuito. Em termos da analogia feita anteriormente com um escorrega, a voltagem é a altura do escorrega que os elétrons precisam descer antes de retornarem ao outro pino da tomada. Quanto mais alta a voltagem, mais energia cada elétron precisa perder no caminho.

Lavei o bule e coloquei os saquinhos de chá dentro dele, e também deixei o leite e a caneca a postos. Agora, é só esperar a água esquentar. Leva apenas uns 2 minutos, mas quando estou com sede fico muito impaciente. Vamos logo! Sei qual é a voltagem da fonte de alimentação, mas essa é só parte da história. Quanto maior a voltagem, mais ener-

QUANDO OS OPOSTOS SE ATRAEM

gia cada elétron pode dispensar. Mas isso não diz nada sobre quantos elétrons estão passando. A forma mais rápida de liberar uma boa quantidade de energia para a água é nos certificarmos de que haja muitos elétrons se deslocando pelo circuito. E isso é a corrente elétrica, que medimos em amperes. Quanto maior a corrente, mais elétrons passam por um ponto do fio a cada segundo. Quando você multiplica a voltagem da fonte de alimentação pela corrente (em amperes) que percorre o circuito, obtém o valor total da energia que está sendo depositada por segundo. Minha chaleira é ligada a uma fonte de alimentação de 230 volts, e pode puxar uma corrente de 13 amperes, e 230 x 13 = 3 mil (aproximadamente). O fundo da chaleira concorda — ele diz que a potência da chaleira é de 3 mil watts, o que é igual a 3 mil joules de energia liberados por segundo. Isso é o suficiente para aquecer a minha água até o ponto de fervura em pouco menos de dois minutos, mas parte do calor é perdida para a atmosfera. Então, na prática, leva mais ou menos 2 minutos e meio.

Não tenho a intenção de testar isso enquanto espero meu chá ficar pronto, mas dizem que "volts dão choque, corrente mata". A diferença de voltagem entre meu carro e eu naquele dia frio em Rhode Island provavelmente era de 20 mil volts. Mas só uma fração minúscula da carga elétrica era transmitida, então não me causava maiores problemas. A corrente era muito pequena, e pouquíssima energia era transferida. Se eu conectasse os dois terminais de uma tomada com meus dedos, ocupando o lugar da chaleira com o meu corpo, a história seria diferente. Uma corrente alta equivale a uma grande quantidade de elétrons, cada um transportando a mesma quantidade de energia. A quantidade total de energia é imensa, pois há muitos elétrons passando. Seria muito mais perigoso do que o choque do carro, mesmo apesar de a diferença de voltagem entre os pinos da chaleira ser de apenas cerca de um centésimo da diferença de voltagem entre meu carro e eu. Quando falamos do risco de se machucar, é a corrente que é mais importante.

TEMPESTADE NUMA XÍCARA DE CHÁ

Enquanto os elétrons percorrem o metal do condutor, eles são empurrados pelo campo elétrico. Isso faz com que ganhem certa velocidade, mas o condutor é composto por muitos átomos, então os elétrons acelerados acabam inevitavelmente se chocando com outras coisas. Quando se chocam, eles perdem energia, aquecendo o que quer que se choque com eles. Assim, quando forçamos uma grande carga a se deslocar, há muitos choques e muito aquecimento. Isso é tudo que a chaleira faz — acelerar os elétrons para que eles esbarrem em coisas e transmitam sua energia em forma de calor. Os elétrons propriamente ditos não vão tão longe — eles se deslocam a cerca de 1 milímetro por segundo. Mas é o suficiente.

A água fervente tem muita energia extra, e é fantástico que chegue a esse ponto a partir de elétrons minúsculos se movimentando e esbarrando em coisas. Incrível, mas inegável; meu chá está pronto, aquecido por campos elétricos que empurram elétrons em um condutor. Essa é a utilidade mais simples possível da energia elétrica: convertê-la diretamente em calor. Mas quando as pessoas descobriram como construir circuitos, fontes de alimentação e baterias, as coisas rapidamente ficaram muito mais sofisticadas.

Existe uma diferença fundamental entre a dança dos elétrons gerada pelas baterias (qualquer bateria) e o que acontece quando você conecta um dispositivo a uma tomada na parede. Em todo dispositivo alimentado por uma bateria, os elétrons estão sempre fluindo em apenas uma direção. Isso se chama corrente contínua [CC ou, do inglês, DC]. Uma pilha AA padrão fornece cerca de 1,5 volt DC. Mas a corrente da tomada na sua parede é diferente — é corrente alternada [CA, ou do inglês AC]. Isso significa que ela muda de direção por volta de cem vezes por segundo.[7] É mais eficiente se a sua fonte de alimentação operar dessa forma.

---

[7] Assim, volta ao ponto de partida cinquenta vezes a cada segundo — é isso que significa dizer que a energia da rede elétrica do Reino Unido é transmitida a 50 Hertz.

QUANDO OS OPOSTOS SE ATRAEM

Você pode alternar entre AC e DC, mas isso gera um inconveniente. Qualquer um que costume levar seu laptop com uma fonte de alimentação aonde quer que vá conhece bem esse inconveniente — ele é o bloco pequeno e pesado que fica no meio do fio. Chama-se adaptador AC/DC, e seu trabalho é converter a corrente AC da rede elétrica para o tipo de corrente DC que seu laptop requer (a corrente que a bateria fornece diretamente). Para fazer isso, ele precisa de bobinas e circuitos, e ainda é difícil tornar todas as partes necessárias menores do que já são.[8] Então, por enquanto, não temos outra opção além de carregar os adaptadores.

Hoje, já estamos acostumados com a eletrônica. Mas quando ela surgiu, era um animal caprichoso e inconstante. Meu avô se envolveu nesse mundo exatamente quando toda a nova sofisticação estava chegando aos nossos lares.

Vovô Jack foi um dos primeiros técnicos de televisão. Naquela época, a eletrônica podia ser barulhenta e quente, e sem dúvidas capaz de produzir mau cheiro — como minha avó lembra muito bem. Sua descrição do tipo de problema que ele costumava ter que consertar me lembrou daquela característica da eletrônica no início da sua existência, que nestes dias de smartphones e wi-fi a um toque, é fácil esquecer — e também me surpreendeu pela familiaridade que ela demonstrou com os componentes e os processos. Eu nunca a ouvira falar sobre nada técnico na vida, e, no entanto, quando o assunto são aparelhos antigos de TV, ela parecia muito à vontade com termos técnicos que eu desconhecia completamente. "Bem", ela me disse certo dia, "um componente importante era o transformador *flyback*, e quando ele era ligado na TV, às

---

[8] Para aqueles que gostam de detalhes: o processo empregado pelo adaptador é dividido em três etapas. Ele muda a voltagem de 230V para 20V, ou o que quer que o laptop use. Em seguida, precisa cortar metade de cada ciclo, de forma que só receba a corrente quando ela está passando em uma direção, e não quando está retornando. Depois disso, ele a suaviza um pouco para produzir o mesmo tipo de corrente constante que se obtém de uma bateria.

TEMPESTADE NUMA XÍCARA DE CHÁ

vezes produzia um barulho, mas também uma sensação e um cheiro de queimado." Seu sotaque do norte me lembra de que isso certamente é um eufemismo. Os elétrons sempre foram invisíveis, mas da década de 1940 à de 1970, você definitivamente podia dizer quando estavam aprontando alguma coisa. Havia sempre o risco de um barulho de batida, ou estouro, ou chiado, o súbito surgimento de uma região queimada, parecendo coberta por fuligem, ou de um flash luminoso indicando que uma grande quantidade de energia havia acabado de se deslocar para algum lugar aonde não deveria ter ido. Jack viveu os primórdios do novo mundo da televisão, parte da única geração que realmente entendeu o mundo da eletricidade. No fim da sua carreira, transistores e computadores haviam escondido tudo isso. O exterior minúsculo desses componentes oculta um interior vasto e sofisticado, incompreensível para quem observa de fora. Mas antes de eles surgirem, houve algumas décadas em que era quase possível ver toda a magia acontecendo bem diante dos olhos.

Em 1935, quando tinha 16 anos, Jack havia começado a trabalhar como aprendiz na Metropolitan Vickers, localmente chamada de MetroVick. Essa gigante da engenharia eletrônica pesada tinha sede em Trafford Park, perto de Manchester, e produzia geradores de nível internacional, turbinas a vapor e outros equipamentos de eletrônica em grande escala. Quando concluiu seu treinamento em engenharia elétrica aos 21 anos, ele foi colocado na reserva devido a sua ocupação, considerado útil demais para ir para a guerra. Por isso, passou cinco anos testando os sistemas eletrônicos de aviões de combate na MetroVick. O primeiro teste desses sistemas era chamado de *flashing*. Eles eram submetidos a 2 mil volts, e se não houvesse uma explosão, passavam no teste. Essas foram as primeiras tentativas de adestrar o elétron, os primeiros estágios da sua submissão.

Depois da guerra, a EMI estava à procura de pessoas com experiência em eletrônica, pois os primeiros aparelhos de televisão eram monstros

QUANDO OS OPOSTOS SE ATRAEM

complexos e volúveis, e precisavam de especialistas para montá-los e de ajustes constantes durante toda sua vida útil. Assim, a EMI mandou Jack para Londres, onde ele fez um treinamento como técnico de televisores. As ferramentas da profissão eram válvulas, resistores, fios e ímãs — componentes capazes de colocar um cabresto nos elétrons. Esse pot-pourri visualmente bonito de vidro, cerâmica e metal podia ser transformado em algo que parece muito simples, algo que estava no coração de todas as televisões até os anos 1990: ele podia produzir um feixe de elétrons e dobrá-lo; e se você fizesse tudo certo, o resultado eram imagens em movimento.

Jack aprendeu a trabalhar com aparelhos "CRT", um nome que eu adoro, pois nos conecta a um mundo que existia antes mesmo de os elétrons serem descobertos. CRT é a sigla em inglês para tubo de raios catódicos, e raios catódicos eram coisas bem impressionantes quando de sua descoberta. Imagine o físico alemão Johan Hittorf trabalhando em sua última criação em 1867. Em um laboratório sombrio, há um tubo de vidro com duas peças de metal penetrando no espaço interior em cada ponta, e todo o ar foi removido do interior do tubo. Parece muito simples. Mas imagine o quão impressionante deve ter sido descobrir que, se você conectasse uma grande bateria às duas peças de metal, coisas misteriosas invisíveis fluíam de uma extremidade do tubo à outra. Hittorf sabia que elas estavam lá porque faziam a extremidade do tubo brilhar, e ele podia produzir sombras quando colocava no caminho. Mesmo que ninguém soubesse o que estava fluindo, isso precisava de um nome, então surgiram os raios catódicos. Cátodo é o terminal acoplado à extremidade negativa de uma bateria, e era dali que as coisas estranhas estavam vindo.

Mais trinta anos passariam antes de J. J. Thomson descobrir que o que estava fluindo na verdade não eram raios, mas uma corrente de partículas individuais negativamente carregadas — as partículas que hoje chamamos de elétrons. Àquela altura, porém, era tarde demais para mudar o nome do aparelho, que continuou sendo chamado de tubo

TEMPESTADE NUMA XÍCARA DE CHÁ

de raios catódicos. Hoje, sabemos que a aplicação de uma voltagem ao longo dele produz um campo elétrico que vai de uma ponta à outra, fazendo os elétrons pularem do terminal negativo e correrem para o positivo. Qualquer partícula com uma carga negativa será acelerada pelo campo elétrico, o que significa que será constantemente impelida. Assim, os elétrons não só se deslocam para o terminal positivo por estarem sendo atraídos por ele; eles sofrem uma aceleração ao longo desse deslocamento. Quanto maior a diferença de voltagem entre os dois terminais, mais rápido eles estarão se movimentando quando chegarem ao outro lado. Em um aparelho CRT de televisão, eles podem estar a muitos quilômetros por segundo quando chegam à tela. Essa é uma fração considerável da velocidade da luz, a maior velocidade que qualquer coisa no universo pode alcançar.

Portanto, o mesmo processo básico que levou à descoberta dos elétrons era aplicado no interior de todas as TVs do mundo até duas décadas atrás. Cada TV CRT possui um dispositivo na parte de trás que produz elétrons. No meio, há uma câmara completamente vazia — um vácuo, sem nenhum ar — para que não haja nenhum obstáculo no caminho. Com isso, os elétrons "disparados" do "canhão de elétrons" fluem pelo espaço vazio até alcançarem a tela. É a forma mais pura de corrente elétrica — partículas elétricas deslocando-se em linha reta.

*

Minha tia abre uma caixa cheia de coisas que guardou da oficina de Jack quando ele morreu. Há tubos de vidro que parecem lâmpadas cilíndricas com uma estrutura metálica esquisita, parecida com um inseto, dentro de cada uma. São válvulas, usadas para controlar o fluxo dos elétrons nos circuitos. No início, o trabalho de Jack basicamente consistia em descobrir qual delas estava com defeito e substituí-la. Minha mãe, minha tia e minha avó claramente têm muito carinho por elas, pois havia

QUANDO OS OPOSTOS SE ATRAEM

sempre tantas na época, e de vários tipos. E então, em um canto da caixa, há um imenso ímã redondo, agora partido ao meio.

Essa é a grande conexão, e representa o momento em que a ficha caiu para os físicos do final do século XIX. Se você quer controlar a eletricidade, precisa de ímãs. Se quer controlar ímãs, precisa de eletricidade. A eletricidade e o magnetismo integram o mesmo fenômeno. Tanto um campo elétrico quanto um campo magnético podem empurrar um elétron em movimento. Mas o resultado da força exercida sobre o elétron é diferente. Um campo elétrico empurra o elétron na direção do campo. Um campo magnético empurra um elétron em movimento para o lado.

A criação de um feixe de elétrons é muito interessante, mas a verdadeira inteligência por trás desses antigos aparelhos de televisão era controlar para onde o feixe era apontado. E a íntima conexão entre eletricidade e magnetismo está no coração disso. Quando um elétron passa por um campo magnético, ele é empurrado para um lado. Quanto maior é o campo magnético, mais o elétron é deslocado. Assim, ao alterarmos os campos magnéticos no interior de uma velha TV, o feixe de elétrons podia ser puxado ou empurrado para o ponto desejado. O imenso ímã permanente que minha tia me mostrou era usado muito perto do canhão de elétrons para fazer a focalização básica. Mas os eletroímãs responsáveis pelo direcionamento posicionados um pouco mais perto da tela eram controlados diretamente pelo sinal da antena. Eles empurravam o feixe de elétrons de forma a fazer um mapeamento horizontal da tela, linha por linha. O feixe propriamente dito era ligado e desligado a cada linha, e criava um ponto de luz onde quer que atingisse a tela. O "transformador *flyback*" que vovó havia mencionado era a parte do aparelho que controlava o mapeamento. Para produzir uma imagem clara, 405 linhas eram mapeadas cinquenta vezes por segundo, com o feixe de elétrons acendendo e apagando exatamente no momento certo para cada pixel.

Estamos falando de uma dança eletrônica extremamente complexa. A visualização de qualquer imagem resultante dela requer muitos com-

279

ponentes complexos, todos fazendo a coisa certa na hora certa. Assim, as primeiras televisões tinham muitos botões e dials para ajustes, e parece que a tentação de mexer neles era grande demais para a maioria dos proprietários de aparelhos de TV. Jack sabia como ajustá-los. Na época, devia parecer mágica. Por séculos, os profissionais haviam sido respeitados pelo que podiam produzir, e todos apreciavam suas obras, ainda que não conseguissem fazer a mesma coisa. Agora, o mundo mudara. Os engenheiros eletrônicos podiam fazer um dispositivo funcionar, mas era impossível ver exatamente o que haviam feito ou por que havia funcionado.

É estranho que elétrons silenciosos e invisíveis confinados a um vácuo fossem a chave para a imensa riqueza da teledifusão, com todo o seu som e o seu espetáculo. E, por cinquenta anos, os aparelhos televisores se basearam no mesmo princípio simples: coloque um elétron em um campo elétrico, e você pode acelerá-lo ou desacelerá-lo. Coloque esse elétron em movimento em um campo magnético, e sua trajetória vai se curvar. Deixe-o lá por tempo o bastante, e ele passará a girar em círculos.

O colossal experimento físico que é o CERN, em Genebra, famoso pela descoberta do bóson de Higgs em 2012,[9] trabalha exatamente com base nos mesmos princípios que um tubo de raios catódicos, embora possa manipular outras partículas além de elétrons. Qualquer partícula carregada pode ser acelerada por um campo elétrico e ter a trajetória curvada por um campo magnético. O Grande Colisor de Hádrons, o acelerador de partículas que finalmente confirmou a existência do bóson de Higgs, tinha prótons percorrendo suas entranhas. Nesse caso, as velocidades alcançadas estavam muito próximas da velocidade da luz,

---

[9] Essa descoberta causou uma grande excitação. Físicos haviam detectado um padrão nas partículas que compõem o nosso universo, um padrão que denominam "Modelo-Padrão" da física de partículas. Mas o padrão só poderia estar correto com a existência de uma partícula muito específica: o bóson de Higgs. Levou décadas para que ela fosse comprovada, e quando isso aconteceu reforçou muito a confiança na nossa compreensão do mundo.

velocidades tão grandes que mesmo com ímãs extremamente resistentes para alterar a direção das partículas em movimento o círculo precisava ter 27 quilômetros de circunferência.

Portanto, o arranjo básico usado tanto na descoberta do próprio elétron quanto na operação do Grande Colisor de Hádrons do CERN, um fluxo controlado de partículas carregadas no vácuo, também podia ser encontrado em muitos lares até pouquíssimo tempo atrás. Hoje, os pesados televisores CRT foram substituídos quase completamente por telas planas. Em 2008, as vendas de telas planas superaram as de telas CRT no mundo inteiro, e nós nunca mais voltamos atrás. A mudança possibilitou o surgimento de laptops e smartphones porque os tornou portáveis. Os novos displays também são controlados por elétrons, mas de um modo muito mais sofisticado. A tela é dividida em muitas caixas minúsculas chamadas pixels, e o controle eletrônico de cada um deles determina se deve ou não emitir luz. Se você tem uma tela com resolução de 1.280 por 800 pixels, isso significa que está olhando para uma malha composta por pouco mais de 1 milhão de pontos individuais de cor, cada um ligado e desligado separadamente com voltagens minúsculas e atualizado pelo menos sessenta vezes por segundo. É um feito impressionante de coordenação, mas ainda assim é trivial se comparado ao que acontece no seu laptop.

Retornemos aos ímãs. Um campo magnético pode empurrar elétrons, e com isso controlar correntes elétricas. Mas a relação entre eletricidade e magnetismo não para por aí. As correntes elétricas também formam seus próprios campos magnéticos.

*

Como vimos no capítulo 5, as torradeiras aquecem torradas com muita eficiência usando a luz infravermelha. Mas a verdadeira genialidade por trás de uma torradeira não é que ela produz muito calor — sua grelha

TEMPESTADE NUMA XÍCARA DE CHÁ

pode fazer a mesma coisa; a genialidade por trás das torradeiras é que elas sabem quando parar. A regra universal das torradeiras é que o pão só desce para o seu interior quando você puxa a alavanca lateral. Se você não puxar até embaixo, a torrada pulará imediatamente de volta para fora. Mas se puxar a alavanca até embaixo, você ouvirá um clique, e ela ficará travada até chegar a hora de a torrada quentinha ser expulsa da minifornalha. Não preciso ficar por perto checando o quanto o pão já está tostado. Quando ele se transformar em uma torrada, ouvirei outro clique mecânico e a torrada pulará para fora sozinha. Então, enquanto ando pela cozinha procurando a manteiga e a geleia, algo mantém o pão no lugar.

Há uma bela simplicidade no que uma torradeira faz. Quando você insere o pão, ele fica em cima de uma bandeja acionada por molas. As molas por baixo da bandeja empurram o pão para a posição externa, bem acima dos condutores. Mas você tem a força necessária para empurrar o pão para baixo mesmo apesar das molas. E quando a bandeja chega ao fundo da torradeira, uma peça protuberante de metal preenche a lacuna em dois circuitos. Um desses circuitos cuida do aquecimento, e então a eletricidade começa a fluir pela torradeira para aquecer o pão.

Mas o outro circuito é muito mais interessante. Os elétrons nesse caso se movimentam por um fio enrolado ao redor de um pequeno bloco de ferro. Ele é como uma montanha-russa de elétrons — descem em uma espiral em volta do fio para em seguida percorrerem o resto do circuito de volta até a tomada. Isso é tudo. Mas como o magnetismo e a eletricidade estão profundamente interligados, ao percorrer um fio, uma corrente elétrica cria um campo magnético em torno dele. O deslocamento de elétrons por uma bobina elétrica significa que a cada volta eles contribuem para o mesmo campo magnético. O núcleo de ferro no meio da bobina reforça o campo magnético, tornando-o ainda mais forte. Isso é um eletroímã. Quando uma corrente elétrica percorre o fio, é um ímã. Quando a corrente para, o campo magnético desapa-

QUANDO OS OPOSTOS SE ATRAEM

rece. Portanto, quando abaixamos a alavanca da torradeira, estamos acionando um campo magnético no fundo dela que antes não existia. Como o fundo da bandeja de pão é feito de ferro, ele adere ao ímã. Em outras palavras, enquanto estou com a cabeça enfiada na geladeira, um campo magnético temporário prende a bandeja de pão. A torradeira possui um temporizador na lateral, e o relógio começa a marcar quando os circuitos são conectados. Quando o tempo acaba, o temporizador interrompe o fornecimento de energia para toda a torradeira. Como não há mais energia para o eletroímã, ele deixa de ser um ímã. Não há nada mais segurando o pão no fundo da torradeira, então as molas o lançam para cima.

Às vezes esqueço que tirei a tomada da torradeira, mas não demoro muito tempo para lembrar. Se tento puxar a alavanca para baixo, ela volta imediatamente para cima, mesmo se eu puxar até o fundo. Isso acontece porque não há energia elétrica para o eletroímã, então ele não pode segurar a bandeja de pão no fundo. É um sistema tão simples, e ao mesmo tempo extremamente elegante. Sempre que você faz uma torrada, está tirando vantagem da conexão fundamental entre a eletricidade e o magnetismo.

Os eletroímãs são muito comuns, porque é muito útil poder ativar e desativar ímãs. Eles estão presentes em alto-falantes, trancas eletrônicas e nos drives de mídia dos computadores. Devem estar sempre recebendo energia; de outro modo, o campo magnético desaparece. O tipo de ímã que colocamos na geladeira chama-se ímã permanente — nós não podemos ativá-lo ou desativá-lo, nem alterar o seu magnetismo, mas ele não precisa de energia. Os eletroímãs executam exatamente a mesma tarefa que um ímã de geladeira quando acionados, mas podem ser convenientemente desligados — basta interrompermos a corrente.

Estamos cercados por pequenos campos magnéticos locais, uns permanentes e outros temporários. A maioria é obra dos seres humanos, seja como algo útil ou como um efeito colateral de algo útil.

TEMPESTADE NUMA XÍCARA DE CHÁ

Os campos magnéticos não têm um alcance muito grande, então só podem ser detectados quando chegamos muito perto do ímã. Mas essas são só pequenas falha locais em um campo magnético muito maior que percorre todo o nosso planeta, um campo magnético inteiramente natural. Não podemos senti-lo, mas o usamos o tempo todo.

*

É fácil olhar para uma bússola como um objeto comum, especialmente se você faz muitas caminhadas, quando é muito difícil ser acompanhado por uma agulha que aponta o tempo todo para o norte. Mas imagine-se pegando dez, vinte ou duzentas bússolas. Espalhe-as pelo chão, e todas apontarão para o norte, e de repente você se dá conta de que isso não acontece só quando você sai com uma bússola. Acontece o tempo todo, e é algo consistente. Você pode levar sua coleção de bússolas a qualquer lugar do globo, retirá-las da mala, dispô-las, e todas virarão e concordarão que o norte está no mesmo lugar. O campo magnético da Terra está sempre presente, fluindo pelas cidades, pelos desertos, florestas e montanhas. Vivemos dentro dele, e embora nunca o sintamos, a bússola sempre vai nos lembrar da sua presença.

A bússola é um dispositivo de verificação brilhantemente simples. A agulha é um ímã, então uma ponta age de forma muito diferente da outra. Não ajuda muito o fato de uma ser chamada de norte e a outra de sul, mas é apenas uma maneira de dizer que uma ponta se comporta como o polo norte magnético da Terra, enquanto a outra se comporta como o polo sul magnético. Se você pegar dois ímãs e colocá-los lado a lado, verá rapidamente que é muito difícil juntar os dois nortes, mas que um polo norte e um polo sul sofrem uma forte atração. É por isso que é fácil detectar a direção de um campo magnético: se você colocar um pequeno suporte para smartphone com ímã dentro de um campo magnético, ele vai girar até seu polo norte e seu polo sul se alinharem ao campo. Eis o que é uma bússola: um ímã móvel que informa a direção de qualquer campo magnético onde você o coloca. Não podemos ver o imenso campo magnético da Terra, mas podemos ver como a agulha da bússola reage a ele. E não é só o campo da Terra que as bússolas captam. Percorra sua casa com uma bússola e você detectará os campos magnéticos ao redor de tomadas na parede, panelas de ferro, aparelhos eletrônicos, ímãs de geladeira e até qualquer coisa de ferro que tenha ficado perto de um ímã recentemente.

Obviamente, as bússolas são mais usadas na navegação. Sempre será complicado encontrar um caminho na superfície de uma esfera, mas por séculos o campo magnético da Terra tem fornecido uma ferramenta extremamente confiável aos exploradores. A Terra tem um polo norte magnético e um polo sul magnético, e qualquer pessoa que disponha de uma bússola pode se orientar em direção a um ou outro. Como ferramenta de navegação, o magnetismo é simples, barato e nunca se extingue. Entretanto, possui limitações. A primeira parece inesperadamente grave: os polos magnéticos não são fixos. Eles se deslocam e podem percorrer longas distâncias.

No dia em que estou digitando este texto, o polo norte magnético está na extremidade norte do Canadá, a cerca de 434 quilômetros do "norte verdadeiro", que é o polo norte real definido pelo eixo de rotação da Terra. Desde essa mesma hora no ano passado, o polo norte magnético se deslocou quase 42 quilômetros — ele está atravessando o oceano Ártico, indo a caminho da Rússia. Isso não parece muito bom para os navegadores, embora, como o mundo é um lugar grande, não seja tão ruim quanto parece. Mas o campo magnético se desloca em razão do seu local de origem, e isso é um lembrete de que as entranhas do nosso planeta são mais do que uma bola estática de pedra.

Lá embaixo sob os nossos pés, o núcleo externo rico em ferro da Terra trabalha lentamente. Ele transporta o calor do centro para a superfície, e a rotação do planeta força o magma a rodar também. Por causa do

TEMPESTADE NUMA XÍCARA DE CHÁ

ferro, o lento núcleo externo é um condutor elétrico, e isso significa que pode se comportar como o eletroímã da torradeira. Acredita-se que as correntes que percorrem o núcleo externo da Terra durante sua rotação são as responsáveis pela formação do campo magnético do planeta. O processo se baseia no lento movimento do magma; e como os detalhes dos movimentos do magma mudam com o tempo, os polos magnéticos fluem. Eles ficam aproximadamente alinhados ao eixo de rotação da Terra, pois a rotação do magma rico em ferro é causada pela rotação do planeta como um rodo, embora esse alinhamento seja apenas aproximado.

Portanto, se você está muito interessado na precisão da navegação, precisa fazer correções de acordo com a posição atual do polo magnético, pois ela não é a mesma que a do verdadeiro polo norte. Os mapas atuais exibem o sentido dos dois polos. Acabei de dar uma olhada em um mapa da Ordnance Survey,* de parte do litoral sul do Reino Unido, e tanto o norte magnético quanto o norte estabelecido pela rotação da Terra estão demarcados no topo. Posso ver que, se você seguisse uma bússola por 64 quilômetros no sentido norte, acabaria cerca de 1,6 quilômetro a oeste da linha que aponta para o norte verdadeiro. Um mapa parece um registro permanente, e ainda assim o campo magnético que você usa para ajudá-lo a navegar com ele é instável. A tecnologia moderna impede que você e eu nos percamos com muita frequência por causa disso. Mas para a indústria da aviação, que possui um dos sistemas de navegação mais sofisticados já desenvolvidos pelos seres humanos, isso é uma grande preocupação. Para começar, ela está sempre trocando os rótulos de suas pistas de decolagem.

Da próxima vez que visitar um aeroporto, dê uma olhada nas imensas indicações no início de cada pista. Todas as pistas do mundo são rotuladas por um número, que é sua direção em graus a partir do norte dividida por

---

* Agência cartográfica nacional da Grã-Bretanha. [*N. da T.*]

QUANDO OS OPOSTOS SE ATRAEM

dez. Assim, a pista do Aeroporto de Glasgow Prestwick recebeu o número 12, já que um avião que pousa nele voará com o que é chamado de "proa" de 120°C. Cada pista tem uma designação específica que é um número entre 01 e 36.[10] Mas a proa está relacionada ao norte *magnético*, pois é para ele que a bússola aponta. Assim, em 2013, a pista 12 de Glasgow tornou-se pista 13, acompanhando o movimento do polo magnético. A pista não havia se deslocado, mas o campo magnético da Terra, sim. As autoridades da aviação estão de olho nisso o tempo todo, e corrigem as designações das pistas sempre que necessário. Como os polos se movem relativamente devagar, as mudanças podem ser administradas.

O deslocamento dos polos, no entanto, é apenas o início. O instável campo magnético da Terra tem muito mais a oferecer do que assistência à navegação. E as pistas que deixa para trás permitiram a confirmação definitiva de uma das ideias mais controversas, simples e profundas que os geólogos já tiveram. Os continentes, as imensas massas rochosas que dominam a superfície da Terra, estão se deslocando.

*

Na década de 1950, a civilização humana entrava em uma nova era tecnológica e científica. As fundações da nossa sociedade moderna estavam sendo estabelecidas: os fornos de micro-ondas, a Lego, o Velcro e os biquínis haviam acabado de aparecer e começavam a cair no gosto popular. A humanidade tentava lidar com a chegada da era atômica, as regras sociais estavam sendo completamente reescritas e os cartões de crédito haviam acabado de ser inventados. E não obstante, no meio de toda essa modernidade galopante, não conseguíamos entender o planeta onde

---

[10] Ou talvez dois números com uma diferença de 18 unidades (09–27, por exemplo). Isso porque você pode decolar ou pousar nos dois sentidos da pista, mas, obviamente, a diferença na sua proa seria de 180 graus.

287

TEMPESTADE NUMA XÍCARA DE CHÁ

vivíamos. Os geólogos haviam reunido um catálogo fantástico das rochas da Terra, mas não conseguiam explicar a Terra em si. De onde tinham vindo todas aquelas montanhas? Por que aquele vulcão estava ali? Por que algumas rochas eram tão velhas e outras tão novas? Por que as rochas eram diferentes para onde quer que olhássemos?

Uma das muitas observações que gritavam por uma explicação satisfatória era a de que a costa leste da América do Sul e a costa oeste da África pareciam ter um dia se encaixado como peças de um quebra-cabeça. As rochas, os formatos e os fósseis combinavam. Como isso poderia ser coincidência? Mas a maioria dos cientistas via o fato como uma curiosidade sem importância; era quase impensável que qualquer coisa daquele tamanho pudesse ir a algum lugar. No início da década de 1900, um pesquisador alemão chamado Alfred Wegener enfim reuniu todas as evidências e propôs a ideia da "deriva continental". Wegener sugeriu que a América do Sul e a África já haviam estado conectadas, e que uma dessas imensas massas de terra havia se desconectado da outra e deslizado pela face do planeta. Pouquíssimos cientistas levaram a ideia a sério, pois a noção de algo gigantesco como um continente simplesmente ter deslizado cerca de 5 mil quilômetros para oeste parecia ridícula. Se fosse verdade, o que provocava o deslocamento? O próprio Wegener sugeriu que os continentes flutuavam sobre a crosta oceânica, mas não conseguiu fornecer nenhuma evidência disso. Não havia um "como" nem um "por quê", então a teoria logo foi engavetada. Ninguém tinha outra ideia melhor, e a questão foi esquecida.

Na década de 1950, ainda não existia nenhuma ideia melhor, mas já havia novas informações. A lava cuspida pelos vulcões continha compostos ricos em ferro, e foi descoberto que cada pequeno ponto de um composto podia atuar como a agulha de uma bússola, girando para se alinhar ao campo magnético local. A parte realmente útil era que quando a lava esfriava e formava rochas sólidas — os minúsculos minerais de ferro não podiam mais se mover, então ficavam fixos. Graças a essas pequenas bússolas congeladas, um registro do campo magnético da Terra foi reunido nas rochas no momento em que elas se formaram. Quando os geólogos usaram esse registro para examinar as alterações no campo magnético ao longo das eras, algo ainda mais curioso veio à tona. A direção do campo magnético da Terra parecia se inverter a períodos de algumas centenas de milhares de anos. Ele se invertia completamente, de modo que o sul se tornava o norte e o norte se tornava o sul. Isso não parecia ter muita importância, mas era muito estranho.

Então, os geólogos chegaram ao assoalho oceânico. Um dos muitos fenômenos sem explicação da estrutura da Terra era que vários oceanos tinham cordilheiras de montanhas submersas percorrendo longas trajetórias pelas planícies do assoalho oceânico. Ninguém sabia o que elas estavam fazendo ali. A mais famosa é a dorsal mesoatlântica, uma linha de vulcões que começa acima do nível do mar (o país que chamamos de Islândia é apenas a ponta protuberante dessa cordilheira), em seguida desaparecendo debaixo da água, onde ziguezagueia até o centro do oceano Atlântico, quase alcançando a Antártida. Depois disso, em 1960, aferições magnéticas mostraram que o magnetismo das rochas ao redor dessa cordilheira era muito estranho. Ele tinha variações, e as variações eram paralelas à cordilheira. À medida que você se afastava da cordilheira central, as rochas do assoalho oceânico tinham um magnetismo que apontava para o norte, em seguida para o sul, e depois voltavam a apontar para o norte, e essas variações percorriam toda a extensão da cordilheira. E ficava ainda mais estranho: se você olhasse para o outro lado da cordilheira, as variações magnéticas de lá eram um espelho perfeito.

Em 1962, dois cientistas britânicos, Drummond Hoyle Matthews e Fred Vine, fizeram a conexão.[11] Em retrospecto, podemos quase ouvir o

---

[11] O canadense Lawrence Morley também havia proposto a mesma ideia ao mesmo tempo, mas esse artigo fora rejeitado pelo periódico por ser uma tolice cômica.

TEMPESTADE NUMA XÍCARA DE CHÁ

"clique" produzido à medida que todas as estranhas peças da geologia se encaixavam. E se, disseram eles, os vulcões do assoalho oceânico estivessem construindo um novo assoalho oceânico à medida que os continentes se afastam? O magnetismo da cordilheira alinha-se ao campo magnético atual. Contudo, com o afastamento dos continentes, as rochas das cordilheiras são levadas para os dois lados dos vulcões e novas rochas são produzidas. Quando o campo magnético da Terra se inverte, o magnetismo da nova lava também se inverte, dando início a uma nova variação que aponta na direção oposta. A razão pela qual as variações são espelhos uma da outra é que cada uma representa um período do alinhamento magnético antes de ele virar para o outro lado. Outras descobertas feitas por volta da mesma época mostravam os lugares onde o assoalho oceânico velho estava sendo destruído, o que era importante, pois o planeta propriamente dito conservava o mesmo tamanho. Do outro lado da América do Sul, a Cordilheira dos Andes existe porque é lá que o assoalho oceânico velho do Pacífico está sendo empurrado para baixo do continente, retornando ao manto da Terra. A partir do momento em que você sabe que os continentes podem ser deslocados, colidindo e se separando, criando e destruindo o assoalho oceânico enquanto se deslocam, os padrões da geologia passam a fazer sentido. Esse foi o momento seminal da geologia: a descoberta da tectônica de placas. Essa teoria hoje é a espinha dorsal de tudo que sabemos sobre o que transformou Terra no que ela é.

Então, os continentes de fato se deslocam, mas eles não flutuam pelo assoalho oceânico. Eles flutuam sobre o que está embaixo dele, empurrados por correntes de convecção sob a superfície da Terra. E esse processo não é apenas algo do passado. O oceano Atlântico continua se ampliando cerca de 2,5 centímetros por ano.[12] As variações magnéticas

---

[12] Costuma-se dizer que ele está crescendo mais ou menos no mesmo ritmo que as suas unhas.

da atualidade ainda estão sendo formadas. Foi necessária uma evidência surpreendente para convencer os cientistas de que a superfície da Terra podia ser tão móvel, mas os padrões do magnetismo no assoalho oceânico eram inegáveis. Hoje, podemos medir o movimento de todos os continentes com dados muito precisos fornecidos por GPS, e podemos ver o processo em andamento. Mas a chave para a história do passado e do formato atual da Terra estava no magnetismo que pode passar milênios oculto nas rochas do planeta.

Juntos, o magnetismo e a eletricidade formam uma parceria incrivelmente importante para nós. Nosso próprio sistema nervoso usa a eletricidade para enviar sinais para o corpo; nossa civilização é movida pela eletricidade; e o magnetismo permite o armazenamento de informações e a submissão dos minúsculos elétrons à nossa vontade. Portanto, é impressionante que a nossa civilização tenha tido tanto sucesso na ocultação do mundo do eletromagnetismo. Nós raramente sofremos choques elétricos ou quedas de energia, e somos tão bons em nos resguardar dos campos magnéticos e elétricos que poderíamos passar a vida praticamente alheios à sua presença. Isso é ao mesmo tempo uma confirmação fantástica do nosso controle do eletromagnetismo e extremamente triste, pois estamos escondendo essa parte extraordinária do mundo de nós mesmos. Mas talvez o futuro guarde alguns lembretes a mais, não permitindo que nos esqueçamos por completo dela. Agora que a civilização está começando a encarar sua dependência dos combustíveis fósseis, uma alternativa começa a se tornar mais provável. A geração de energia não vai mais ocorrer só em usinas remotas. A energia renovável pode ser gerada muito mais perto da sua casa, e talvez no futuro possamos ter mais oportunidades de verificar de onde vem a nossa energia elétrica. O mostrador do meu relógio é um painel solar, e o relógio está funcionando sem interrupções há sete anos. Já existem tecnologias que vão coletar energia solar das

TEMPESTADE NUMA XÍCARA DE CHÁ

nossas janelas, energia cinética dos nossos passos e energia das ondas dos nossos estuários. E os princípios por trás delas são exatamente os princípios do eletromagnetismo.

*

Há ainda uma última peça do padrão eletromagnético. Vimos que uma corrente elétrica pode gerar um campo magnético na torradeira. Mas o inverso também ocorre. Quando movemos um ímã perto de um fio, ele empurra partículas carregadas como elétrons, o que significa que você pode criar uma corrente elétrica que antes não existia. Isso não é só relevante para o futuro, mas o que possibilita a existência da nossa rede elétrica hoje. Só conseguimos disponibilizar energia na rede elétrica movimentando ímãs, seja pelo uso de turbinas em usinas a gás ou usinas nucleares, ou girando o botão de um rádio a corda. Um dos exemplos mais bonitos e simples do uso da eletricidade e dos ímãs para mover o nosso mundo é a turbina eólica.

Observada de longe, uma turbina eólica parece algo sereno, uma estrutura branca gigantesca que serve de apoio para pás rotatórias elegantes. Mas a sensação de paz acaba no momento em que você entra na base da torre. O interior é preenchido por um zumbido alto e profundo, e então você se dá conta de que acabou de penetrar na barriga de um instrumento musical gigante. A turbina onde entrei, em Swaffham, região leste da Inglaterra, é uma das poucas que abrem algumas horas à visitação, e é mais do que remota. Mas a viagem vale a pena.

Enquanto você sobe a escadaria em espiral no interior da torre, o zumbido aumenta e diminui. Você pode sentir a estrutura sendo golpeada pelo vento, e sabe que está se aproximando do topo quando as luzes começam a piscar — a luz natural do sol está sendo interrompida pela rotação das pás. E então você emerge para uma galeria com uma vista de 360° da paisagem, a uma altitude de 67 metros, bem embaixo do cubo das pás. Qualquer impressão de serenidade agora ficou para trás. As três pás gigantescas, cada uma de 30 metros de comprimento, giram com uma intensidade considerável, e não há dúvidas de que há energia a ser colhida aqui em cima. Se o vento aumenta ou diminui, o chiado e a velocidade das pás mudam quase instantaneamente. Só isso já é muito impressionante.

Mas o ponto principal de tudo isso fica escondido no nariz branco, a parte do mecanismo que fica logo atrás das pás. Se eu pressiono o meu nariz contra o vidro e olho para cima, posso ver o cubo inteiro rodando. Logo acima da minha cabeça, a extremidade do cubo mais próxima da torre gira suavemente em torno de um anel interno estacionário. Essa extremidade está alinhada a potentes ímãs permanentes, então os ímãs giram, e ao girarem passam pelo interior do cubo. Já o anel interno está alinhado a bobinas de cobre, cada uma conectada aos circuitos logo atrás. À medida que passa sibilando por cada bobina, cada ímã gera uma corrente que percorre o fio. Elétrons são impelidos pela bobina para depois serem puxados de volta por todos os ímãs que passam por ela. Sem que os ímãs e os fios se toquem, a energia é transferida da rotação para se tornar energia elétrica nos fios. As pás estão movendo os ímãs, que passam pelas bobinas, e as regras da indução eletromagnética estão criando uma corrente em cada bobina. É assim que nasce a eletricidade.

O mesmo princípio é encontrado em todas as nossas usinas — estejam produzindo energia por meio de carvão, gás, reações nucleares ou ondas. Ímãs são empurrados, passam por fios, e assim a energia cinética é transferida para se tornar corrente elétrica. A beleza da turbina eólica é que ela é a coisa mais crua que podemos encontrar em termos de geração de eletricidade; o vento gira os ímãs, que geram a corrente. Na usina a carvão, a água é aquecida para girar uma turbina a vapor, que gira ímãs. O resultado é o mesmo, mas são necessárias algumas etapas extras para se chegar lá. Sempre que você liga algo na tomada, está usando energia que fluiu para a rede graças a um ímã

TEMPESTADE NUMA XÍCARA DE CHÁ

que empurrou elétrons por um fio de cobre. A eletricidade e os ímãs são inseparáveis. Nossa civilização depende da energia que é coletada e distribuída pelo uso da dança entre esses irmãos gêmeos. Temos tido um sucesso espetacular na omissão dessa dança, prendendo-a em fios isolados, por trás de paredes e em cabos enterrados. Nós nos saímos tão bem mascarando-a que uma criança que nasce hoje pode jamais chegar a ver ou experimentar diretamente a eletricidade ou o magnetismo. As futuras gerações podem ser privadas de qualquer tipo de contato com a elegância e a importância do eletromagnetismo à medida que a capa invisível do progresso se estende sobre tudo. Mas nós sabemos qual é a sua importância, pois hoje o tecido da nossa civilização é costurado com fios eletromagnéticos.

9

Uma questão de perspectiva

Todos nós estamos vivos graças a três sistemas: o corpo humano, o planeta Terra e a nossa civilização. Os paralelos entre esses três sistemas são substanciais, pois todos existem no mesmo ambiente físico. Ter uma compreensão melhor de todos eles pode ser a melhor coisa a se fazer para nos mantermos vivos e garantir a prosperidade da nossa sociedade. Nada poderia ser ao mesmo tempo mais pragmático e mais fascinante. Portanto, este último capítulo do livro oferecerá uma perspectiva, abordando cada um desses sistemas.

Humano

Estou respirando, e você também. Nossos corpos precisam extrair moléculas de oxigênio do ar e liberar dióxido de carbono em troca. Cada um de nós conta com seu próprio sistema de manutenção da vida, um corpo com uma parte interna e uma parte externa. Nosso interior pode fazer todo tipo de coisa, mas apenas quando tem acesso a suprimentos que vêm do exterior: energia, água e os tijolinhos moleculares certos.

295

TEMPESTADE NUMA XÍCARA DE CHÁ

A respiração é apenas uma das nossas rotas de fornecimento. É um processo engenhoso: a caixa torácica se expande, o volume dos pulmões aumenta e a multidão agitada de minúsculas moléculas de ar próxima à sua boca é empurrada pela sua traqueia pelo ar mais afastado. Respire mais fundo e seu peito se expande ainda mais, abrindo espaço para que uma porção maior da atmosfera entre e toque as menores estruturas dos pulmões. Em seguida, quando você relaxa os músculos em torno da caixa torácica, suas costelas são puxadas para baixo pela Terra, empurrando as moléculas de ar nos seus pulmões e fazendo com que se aproximem mais, até elas empurrarem umas às outras de volta para o exterior. O oxigênio não é a única molécula empurrada para dentro dos pulmões que pode ser usada pelo seu corpo. Quando o ar passa pelos sensores localizados na parte interna superior do nariz, alguns dos bilhões de moléculas se chocando contra as paredes acabam colidindo com uma molécula maior que se encontra ligada à parede, a qual temporariamente se encaixa como uma chave em uma fechadura. A célula abaixo sente o clique molecular quando elas se encaixam, e eis o princípio do sentido do olfato — algumas moléculas do tipo certo flutuando e se chocando no lugar certo. O interior agora tem algumas informações sobre o que há no exterior.

O corpo humano é uma vasta e coordenada coleção de células (cerca de 37 trilhões da última vez que alguém contou), sendo cada uma delas uma fábrica em miniatura. Cada célula precisa de suprimentos, mas também de um ambiente seguro, com a temperatura, a umidade e o pH certos. Enquanto você perambula pelo mundo, seu corpo está constantemente se ajustando para se adaptar às condições ao redor. Se você passar muito tempo em um ambiente quente, as moléculas mais próximas da superfície da sua pele começam a vibrar mais rápido, pois recebem mais energia. Se essas vibrações fossem transmitidas para partes mais internas do seu corpo, elas poderiam começar a atrapalhar o funcionamento das suas células. Assim, quando você está em um

UMA QUESTÃO DE PERSPECTIVA

lugar quente, precisa liberar energia. Isso parece fácil; moléculas de água evaporam facilmente no calor, levando consigo energia. Você tem muitas moléculas de água no seu corpo que podem evaporar. Mas a água está presa lá dentro, pois você é à prova d'água. Você precisa suar.

Sua pele tem uma camada muito fina de moléculas de **gordura** logo abaixo das células mais externas, uma barreira que evita a passagem de qualquer líquido para dentro ou para fora. Contudo, quando você está em um ambiente quente, sua pele abre túneis através dessa barreira: os poros. O suor começa a passar pelos poros, penetrando na camada à prova d'água e alcançando o exterior. Moléculas individuais de água chocam-se umas com as outras e com a superfície quente da pele até o ponto em que as que têm mais energia possam adquirir velocidade suficiente para escapar. Uma a uma, elas flutuam para fora, resfriando sua pele. Depois de ela ter sido resfriada o bastante, os poros se fecham e você volta a ser à prova d'água. Sua pele não é à prova d'água só para evitar a entrada de água, mas também para impedir a saída, pois o seu suprimento interno é limitado. A água é transportada pelo seu corpo pelo sangue — o sistema interno de fornecimento que permite que seu organismo compartilhe recursos. Esse sistema de fornecimento precisa estar sempre em funcionamento para manter as células vivas. E podemos verificar se ele está funcionando: basta checar o pulso.

O pulso é uma perturbação tridimensional, uma onda de pressão em deslocamento que nos dá informações sobre o nosso fluxo sanguíneo. O coração está constantemente comprimindo o sangue em suas câmaras, elevando a pressão dos fluidos e com isso forçando o sangue a sair para as artérias. É um impulso forte, e quando ele chega ao fim a pressão dos fluidos dentro das câmaras cardíacas cai. As forças exercidas sobre o sangue agora foram invertidas, e o sangue recém-expelido voltaria se não fosse pelas válvulas que controlam a saída e só permitem a passagem em um sentido. O retorno súbito dos fluidos fecha as válvulas, e o líquido se choca contra os tecidos no momento em que elas

TEMPESTADE NUMA XÍCARA DE CHÁ

se fecham. Esse choque é tão forte que produz uma pressão para fora sobre os tecidos ao redor, que por sua vez pressionam os tecidos seguintes, gerando uma onda de pressão que viaja pelo corpo, comprimindo levemente os músculos e os ossos no seu caminho ao passar. Leva cerca de seis milissegundos para que essa onda de pressão alcance o exterior do corpo, e se você colocar um estetoscópio ou encostar o ouvido no corpo de uma pessoa, poderá ouvi-la. Esse é o seu batimento cardíaco. Se as ondas não viajassem pelos nossos tecidos, não poderíamos ouvir os nossos corações. Na verdade, é uma batida dupla, com dois pulsos: "tum-tum", pois o coração possui quatro válvulas, e elas se fecham aos pares, um logo após o outro. Essa combinação acidental de física e fisiologia é a responsável pela disseminação do sinal de vida mais importante pelos nossos corpos.

Depois de suar, seu sangue passa a ter um número menor de moléculas de água do que antes. Agora, seu corpo precisa se reabastecer com suprimentos externos. Para que você possa beber um simples copo d'água, as células precisam coordenar suas atividades. As decisões e as ações necessárias para coordenar as partes do corpo envolvidas na tomada dessas decisões ocorrem primeiro subconscientemente e depois conscientemente no cérebro.

Um neurônio sozinho não tem nenhuma utilidade. Ele só funciona porque está conectado a outros, e a rede de conexões parece ser tão importante quanto os próprios neurônios. Quando a decisão de ir pegar uma bebida emerge dessas conexões, os neurônios precisam se conectar com outros mais distantes. O veículo para essa comunicação interna é uma fibra nervosa, um fio celular fino que é o equivalente do corpo a um fio elétrico. Com a transmissão de partículas eletricamente carregadas por uma membrana em uma das pontas da fibra nervosa, o neurônio produz um sinal elétrico que se dissemina pela fibra nervosa como uma fila de dominós elétricos. Na ponta da primeira fibra nervosa há outra. A dança das partículas eletricamente carregadas transmite a mensagem

UMA QUESTÃO DE PERSPECTIVA

pelos espaços vazios, e então mais dominós elétricos vão retransmitindo-a. A mensagem é transmitida de um neurônio a outro pela fração de segundo que leva para alcançar um dos músculos da sua perna. Mais ou menos no mesmo momento, as mensagens de outras fibras nervosas transmitindo sinais coordenados para outros músculos da perna também chegam, e então os músculos da sua perna se contraem para que você se levante do sofá. A sensação do contato do solo sob seus pés e a mudança de temperatura na sua pele à medida que o movimento gera uma leve brisa são transmitidas de volta para o seu cérebro por mais sinais elétricos.

Uma quantidade fenomenal de informações é transmitida dentro de nós por impulsos nervosos elétricos ou mensageiros químicos como os hormônios. Todos os órgãos e estruturas diferentes de um corpo humano compõem um único organismo, pois não somos conectados só por recursos, mas também por informações — fluxos imensos, coordenados e que se sobrepõem. Muito antes da "era da informação", nós mesmos já éramos máquinas de informações.

Essas informações dividem-se em duas categorias. A primeira é a das informações viajantes: impulsos nervosos e sinais químicos que estão se locomovendo agora mesmo, penetrando, passando e fluindo através de nós. Mas também contemos imensas quantidades de informações armazenadas — a biblioteca molecular que está arquivada no nosso DNA. No mundo ao nosso redor, milhões de átomos semelhantes se agrupam para formar grandes aglomerados de vidro, açúcar ou água. Mas na molécula gigante que é uma cadeia de DNA, cada pequeno átomo ocupa o seu devido lugar, e a localização precisa de átomos individuais de tipos diferentes fornece um alfabeto aos nossos corpos. Uma parte do maquinário molecular da célula pode percorrer a cadeia, lendo o alfabeto genético de A, T, C e G, e usa essas informações para construir proteínas ou regular a atividade celular. Precisamos ser gigantescos em comparação aos átomos, já que cada célula — ou seja, cada espécie de fábrica — precisa comportar tudo isso.

TEMPESTADE NUMA XÍCARA DE CHÁ

Nossos corpos são máquinas imensas; até uma única célula pode conter 1 bilhão de moléculas, e há cerca de 10 milhões de milhões (10^{13}) de células no nosso corpo. Precisamos de sistemas de sinalização e transporte impressionantes para coordenar todas essas partes constituintes, e essa coordenação requer tempo. Nenhum ser humano tem "reações-relâmpago", pois o custo da nossa maravilhosa complexidade é o longo tempo necessário para fazermos qualquer coisa. O período de tempo mais curto que conseguimos apreciar é aproximadamente um piscar de olhos (mais ou menos um terço de segundo), mas nesse mesmo período milhões de proteínas foram formadas dentro de nós e bilhões de íons se difundiram por intermédio das nossas sinapses nervosas, enquanto o mundo mais simples fora dos nossos corpos segue seu curso.

Nossa máquina interna de informações continua trabalhando enquanto nos locomovemos de um cômodo a outro. Mas esse sistema gigante precisa de informações sobre o que há ao seu redor. Neste exato momento, precisamos encontrar água. Possuímos sensores, ou partes do corpo que reagem ao ambiente e compartilham essas informações com o cérebro. O sentido do qual temos mais consciência provavelmente é a visão.

Vivemos mergulhados na luz, mas nosso corpo evita a entrada da maior parte dela. Esse mar de luz transporta informações sobre o mundo, pois a natureza da luz contém pistas das suas origens, mas a maior parte dessas informações passa despercebida por nós. Uma fração minúscula dessa cornucópia luminosa chega às pupilas dos nossos olhos — dois círculos com no máximo alguns milímetros de diâmetro. E só uma pequena parcela do que chega às pupilas, o espectro visível da luz, pode entrar. É a partir dessa amostra ínfima que tiramos toda essa riqueza visual à qual já estamos tão acostumados. Quando entram, essas ondas luminosas devem ser organizadas para que as informações possam ser colhidas. Nossas janelas para o mundo são guardadas por lentes delicadas e transparentes que reduzem a velocidade da luz a 60%

UMA QUESTÃO DE PERSPECTIVA

da que ela tem no ar. À medida que esses raios de luz perdem velocidade, eles se curvam, e então o formato das lentes é ajustado por pequeninos músculos para garantir que todos os raios de um objeto localizado fora do corpo encontrem-se outra vez no fundo do olho. Esse processo de seleção é fantástico. Presumimos que vemos tudo que existe, mas na realidade retiramos a menor amostra do que existe lá fora para formar a imagem que visualizamos no final.

Os raios luminosos que chegam à nossa retina podem ter vindo da lua ou dos nossos dedos, mas têm o mesmo efeito. Um único fóton é absorvido por uma única molécula de opsina, torcendo a molécula para iniciar a derrubada de uma fila de dominós que envia um sinal elétrico para os nossos sistemas de controle. Quando nosso corpo sedento entra na cozinha, fótons refletidos pela pia, pela torneira e pela chaleira entram através de nossos olhos, e nosso cérebro processa essas informações em um piscar para nos dizer o que pegar primeiro. Se estiver um pouco escuro na cozinha, acendemos uma lâmpada, liberando uma fonte de ondas luminosas. Elas irradiam, se espalham e, assim que sua jornada começa, passam a ser modificadas pelo mundo, refletidas, refratadas e absorvidas até nossos olhos talvez capturarem o que resta. E não é só a luz que está fluindo à nossa volta.

Os seres humanos são animais que vivem em sociedade. Nós mantemos redes sociais por intermédio da comunicação, transmitindo e recebendo sinais de outros seres humanos. Nossa voz é um dos nossos atributos mais especiais, um instrumento musical flexível capaz de produzir e moldar ondas sonoras que então são transmitidas pelo nosso ambiente. Nenhum inglês poderia imaginar preparar uma bebida quente sem perguntar aos demais presentes se desejam compartilhar a experiência, e essa pergunta é feita por meio do som. Os outros capturam o sinal com os ouvidos, e a audição da pergunta dispara um novo fluxo de informações dentro de seus corpos, dividindo, reunindo e agrupando significados até suas fibras nervosas instruírem seus músculos vocais a

TEMPESTADE NUMA XÍCARA DE CHÁ

fornecerem a resposta apropriada. Quando recebemos a resposta, alteramos o mundo de acordo, reorganizando a louça e os metais à nossa frente.

Nossos corpos são compostos por muitos átomos diferentes, e por mais que essa variedade seja maravilhosa o modo como esses átomos são distribuídos impõe limites ao que podemos fazer diretamente. Mas os humanos são especialistas na manipulação do mundo para a produção de ferramentas capazes de fazer o que não conseguimos. Não podemos segurar água fervente nas mãos, mas uma chaleira de aço pode. Não conseguimos transformar parte de nós em um recipiente à prova de ar para folhas secas, mas um pote de vidro consegue fazer essa tarefa. Não temos garras, nem uma concha, nem caninos, mas podemos fazer facas, roupas e abridores de lata. Um recipiente de cerâmica é capaz de segurar uma bebida quente por nós sem transmitir o calor para os nossos dedos vulneráveis e sensíveis. Os metais, o plástico, o vidro e a cerâmica nos auxiliam com materiais de origem natural: madeira, papel e couro.

A chaleira contém as moléculas de água enquanto lhes transmite energia na forma de vibrações no menor nível. Então, elas passam a vibrar muito mais rápido do que antes, e as transferimos para um novo lar de cerâmica. É frustrante que só possamos ver uma pequena porção do leite que pula logo depois de o acrescentarmos à bebida. Ele está bem ali, logo na sua frente, diante dos seus olhos, mas é quase invisível, porque não conseguimos processar os sinais rápido o suficiente. Você não pode mais ver o fundo da xícara: o líquido que antes era em parte transparente agora está opaco, pois a luz está sendo refletida por milhões de gotículas minúsculas de gordura.

Enquanto manipulamos o mundo ao nosso redor, não pensamos muito no fato de estarmos grudados ao chão por uma força que só é administrável porque nossos corpos evoluíram para lidar com ela. Se a gravidade da Terra fosse maior, nós provavelmente precisaríamos de pernas mais robustas, e poderíamos achar a vida bípede bem difícil. Se a gravidade fosse menor, poderíamos ter nos tornado mais altos com a evolução, mas a vida seria mais lenta, pois tudo levaria mais tempo para cair. Quando levantamos uma perna para dar um passo, temos ajuda da atração da gravidade para nos fazer cair para a frente. Nos deslocamos em torno do pé que está fixo e, ao interrompermos a queda com o pé que avança, nosso corpo inteiro já se movimentou para a frente. Andar não funciona sem a gravidade, e nossos corpos evoluíram para se adaptar à força gravitacional da Terra. Temos exatamente o tamanho e a forma ideais para nos movimentarmos como bípedes. Quando pegamos a bebida e nos locomovemos até a porta, estamos usando o nosso próprio corpo como um pêndulo de cabeça para baixo, impelindo cada perna para a frente enquanto giramos em torno do outro pé e do outro quadril. O ritmo do nosso caminhar, resultante desse impulso regular, afeta o líquido na xícara, forçando-o a balançar no mesmo ritmo.

Enquanto andamos, usamos o fluido presente no interior dos nossos crânios para nos ajudar a manter o equilíbrio. O fluido que balança de um lado para outro no interior da minúscula cavidade do nosso ouvido interno continua balançando quando paramos e recomeça um pouco atrasado quando voltamos a nos movimentar. Sensores presentes nas paredes dessa cavidade transmitem essa informação para a gigantesca rede de conexões do nosso cérebro, ajudando-o a decidir que músculo mover em seguida.

Nesse caso, vamos até uma porta, que abrimos com a mão que estiver livre, e saímos.

Terra

Do lado de fora, podemos contemplar o resto do mundo por intermédio da atmosfera invisível. Nosso planeta é um sistema composto por cinco componentes que interagem: as rochas, a atmosfera, os oceanos, o gelo e a vida. Cada um tem seu próprio ritmo e dinâmica, mas a

TEMPESTADE NUMA XÍCARA DE CHÁ

suntuosa variedade que vemos na Terra é o resultado da eterna dança que os conecta. Eles são movidos pelas mesmas forças, e há semelhanças em lugares surpreendentes. Quando olhamos através das moléculas invisíveis presentes no céu, bolsas de ar mudam de direção de acordo com o seu empuxo. O ar que foi aquecido pela construção de onde acabamos de sair está subindo por ser menos denso do que o ar ao redor. Colunas de ar subindo do chão quente podem ter alguns quilômetros de altura, levando talvez cerca de cinco minutos para subir cada quilômetro. Um ar mais frio e denso flui logo abaixo para ocupar seu lugar, puxado pela força gravitacional da Terra. Esses padrões de convecção se estendem pela paisagem que contemplamos. O ar nunca está completamente parado.

Se estivéssemos olhando para a superfície do oceano profundo, nossa visão poderia se deparar com fluxos de empuxo semelhantes, mas eles também são invisíveis. A água fria e salgada do Atlântico Norte afunda em direção ao centro da Terra, exatamente como o ar mais frio e mais denso. Ao alcançar o assoalho oceânico, ela flui horizontalmente no fundo do mar até se aquecer ou se misturar a águas menos salgadas e flutuar de volta à superfície. No céu, um ciclo de subida e descida pode levar algumas horas. Já no oceano, esse tempo pode chegar a 4 mil anos, e a água percorre metade do globo durante o processo.

E não para por aí: sob os nossos pés, exatamente neste momento, as rochas também estão se movimentando. O manto da Terra compõe a maior parte do planeta, uma camada espessa entre o núcleo externo e a fina camada que flutua no topo. Ele é líquido, mas viscoso, preguiçoso e lento. Essa calda está sendo aquecida tanto pelo núcleo quente da Terra quanto pela lenta desintegração dos elementos radioativos presentes no subsolo. Essa transferência de energia ao redor das rochas localizadas nas profundidades do planeta está acontecendo agora mesmo debaixo de onde estamos. À medida que ganham empuxo, as rochas quentes do manto sobem e as mais frias descem para ocupar seu lugar. Mas rochas

UMA QUESTÃO DE PERSPECTIVA

derretidas a essas temperaturas e pressões levam tempo para se locomover. Lá embaixo, uma pluma mantélica pode levar um ano para subir 2 centímetros. Um ciclo completo de subida e descida pode levar 50 milhões de anos. Mas o centro da Terra obedece aos mesmos princípios físicos que a atmosfera e o mar, transferindo calor continuamente de dentro para fora.

Uma grande quantidade de energia térmica está constantemente se deslocando a partir do centro da Terra para a superfície, mas ela é insignificante se comparada à quantidade de energia luminosa que o nosso planeta recebe do Sol. E em quase todos os ambientes da Terra, escondido nos recantos mais secretos ou dominando a paisagem, encontramos o verde. Seja em um furtivo verniz de musgo em uma parede de tijolos ou na luxuosa arquitetura biológica de uma floresta tropical, a vegetação está em todo lugar. Uma única folha atua como estrutura de sustentação para camadas de células cheias de clorofila, cada uma delas uma fábrica molecular microscópica que transforma a luz do sol e o dióxido de carbono em açúcar e oxigênio. Uma fração da energia presente na enxurrada de luz que banha a folha é capturada e armazenada em forma de açúcar: combustível para o futuro. Até nos dias ensolarados mais calmos, em um campo onde tudo parece inerte e imutável, as plantas estão trabalhando. Molécula por molécula, elas produzem o oxigênio que respiramos, o suficiente para manter os outros seres do planeta vivos, assim como uma atmosfera que é 21% oxigênio. Essas minúsculas máquinas moleculares estão refazendo continuamente um quinto da atmosfera inteira do nosso planeta. Quando olhamos através do ar, estamos olhando para a vibrante produção molecular de milhões de samambaias, árvores, algas, gramíneas e outras plantas, resultado de milhares de anos de trabalho: a dádiva de um exército verde.

Da nossa posição no solo, quando saímos de casa, podemos ver apenas uma pequena fração do nosso planeta. Vamos imaginar que podemos levitar: assim, veremos muito mais. À medida que subimos atmosfera acima, as moléculas de ar se espalham. A gravidade está puxando-as para

TEMPESTADE NUMA XÍCARA DE CHÁ

baixo, e só consegue segurar uma finíssima camada perto da superfície da Terra. Ao ultrapassarmos o topo da maior tempestade de trovões, aproximadamente a 20 quilômetros de altitude, 90% das moléculas da atmosfera terão ficado para trás. O ponto mais profundo do oceano fica 11 quilômetros abaixo do nível do mar, e embaixo dele há cerca de 6.360 quilômetros de rocha densa antes de chegarmos ao centro. Sem um foguete, nós humanos estamos confinados a uma faixa vertical de míseros 30 quilômetros, brincando na borda do planeta gigante que chamamos de lar. Isso é o equivalente em espessura à camada de tinta que cobre a superfície de uma bola de pingue-pongue.

À altitude de 100 quilômetros, estamos oficialmente na fronteira entre o planeta Terra e o espaço sideral, e podemos ver o globo girando logo abaixo de nós — verde, marrom, branco e azul, movimentando-se na escuridão do espaço. Daqui de cima, a escala do oceano é chocante: uma concha do tamanho de um planeta feita de uma única molécula simples repetida sucessivamente. A água é a tela da vida, mas só na zona de Cachinhos Dourados,[1] a faixa energética dentro da qual as moléculas se movimentam na forma líquida. Forneça energia extra a essas moléculas e o impacto de suas vibrações romperá quaisquer moléculas complexas que possam armazenar. Forneça mais energia ainda, e elas flutuarão no estado gasoso, inúteis para a proteção da vida frágil. Na extremidade inferior da faixa de Cachinhos Dourados, à medida que você reduz a energia, a intensidade das vibrações diminui até as moléculas serem forçadas a se fixar na estrutura do gelo. Esse tipo de imobilidade é inimiga da vida. Até o processo de construção desses cristais de gelo inflexíveis pode romper qualquer célula viva onde estejam contidos. Nosso planeta é especial não só porque tem água, mas porque a maior parte da água está na forma líquida. Do nosso ponto privilegiado aqui na borda do espaço, o bem mais precioso da Terra domina a vista.

---

[1] Nem quente demais, nem frio demais, na medida certa.

306

UMA QUESTÃO DE PERSPECTIVA

Talvez, lá embaixo, enquanto o oceano Pacífico desliza diante dos nossos olhos, uma baleia-azul esteja produzindo ondas sonoras, cantando na penumbra. Se pudéssemos ver o som viajando sob a superfície do oceano, nós o veríamos se espalhar como marolas em um lago, levando uma hora para ir do Havaí à Califórnia. Mas o som está oculto na água, e não há nenhuma evidência visível dele aqui em cima. Os oceanos são povoados por sons, oscilações de pressão que se sobrepõem pulsando ao se espalharem a partir do quebrar das ondas, de navios e golfinhos. Os ruídos profundos do gelo antártico podem viajar milhares de quilômetros debaixo d'água. Do nosso ponto de vista aqui, na borda do espaço, jamais saberíamos que tudo isso está lá.

Tudo no planeta está girando, dando uma volta ao redor do eixo da Terra todos os dias. À medida que os ventos viajam sobre a superfície girante, tendem a seguir uma linha reta, embora a fricção com o solo e o confinamento do ar ao redor restrinjam sua rota. Daqui de cima, podemos ver que os ventos no hemisfério norte tendem a virar para a direita em relação ao solo, dando sequência ao seu deslocamento — apesar do movimento de rotação da Terra. Assim, as condições climáticas, especialmente nos pontos mais distantes do equador, giram. Ciclones giram, assim como as tempestades menores que vemos atravessando os oceanos. O olho da tempestade é o eixo de cada anel, e cada anel gira porque a Terra gira.

Sobre a Antártida, espessas nuvens de neve estão se aglomerando. No interior de cada uma, há bilhões de moléculas individuais de água na forma gasosa, vibrando com o oxigênio e o nitrogênio. Porém, à medida que a nuvem esfria, elas liberam energia e perdem velocidade. Quando as moléculas mais lentas esbarram em um cristal de gelo em formação, elas ficam presas, cada uma em um lugar fixo da estrutura do gelo. Enquanto o floco de neve é empurrado de um lado para outro dentro da nuvem, as moléculas de todos os seis lados do cristal original encontram-se sob as mesmas condições e também ficam presas. Molé-

TEMPESTADE NUMA XÍCARA DE CHÁ

cula por molécula, forma-se um cristal de neve simétrico. Após horas de crescimento lento, o cristal fica grande o bastante para que a gravidade vença a batalha, fazendo-o cair da base da nuvem. Lá embaixo, está o manto de gelo da Antártida, a maior aglomeração de gelo da Terra, que se estende por milhares de quilômetros e tem uma espessura que alcança até 4,8 quilômetros. O acúmulo de gelo é tão pesado que o próprio continente foi rebaixado pela pressão do peso adicional. Mas cada molécula dessa imensidão branca caiu em um floco de neve, e a pilha de flocos de neve vem crescendo há muito tempo. Parte da água presente aqui está congelada há 1 milhão de anos. Durante esse tempo, as moléculas vibraram sem parar dentro da sua localização fixa na estrutura do cristal, mas nunca rápido o bastante para retornarem ao estado líquido. Por outro lado, as moléculas que são impelidas para o exterior dos vulcões do Havaí como lava estão perdendo calor e alcançando temperaturas inferiores a 600°C pela primeira vez desde a formação da Terra, há 4,5 bilhões de anos.

No coração do motor externo da Terra está a energia fornecida pelo Sol. À medida que aquece as rochas, o oceano ou a atmosfera, ou ainda alimenta a produção de açúcar nas plantas, ela produz um desequilíbrio no motor. Enquanto houver um desequilíbrio na distribuição de energia, haverá sempre o potencial para mudanças. A energia cinética da chuva que cai pode erodir montanhas ao atingir a rocha nua. O grande excesso de energia térmica no equador gera tempestades tropicais, balançando coqueiros, redistribuindo a água do nível do mar para montanhas elevadas e produzindo ondas que quebram nas praias. A energia armazenada em uma planta será usada na construção de galhos, folhas, frutos e sementes, eventualmente perdendo sua utilidade como calor leve. Só restará a semente, um invólucro de informações genéticas destinado a reiniciar o ciclo com a nova energia recebida da fonte de luz do sol. Nosso planeta está vivo por causa da injeção constante de energia lá de cima, alimentando o motor e evitando que a Terra se reduza ao equilíbrio

UMA QUESTÃO DE PERSPECTIVA

estável e imutável. Daqui de cima, na borda do espaço, não conseguimos enxergar os detalhes microscópicos, mas podemos ver o quadro geral: a energia flui do Sol para a Terra, banha o oceano, a atmosfera e a vida, e no final volta para o espaço à medida que o planeta irradia calor. A mesma quantidade de energia entra e sai. Mas a Terra é uma represa gigantesca no fluxo de energia, armazenando e usando esse precioso recurso de inúmeras formas antes de ele ser liberado para o universo.

Ao voltarmos ao nível do solo, uma praia passa a parecer um processo, e não um lugar; uma colcha de retalhos de escalas de tempo e tamanho. As ondas do mar carregam energia de tempestades distantes. Quando quebram na praia, elas atingem a areia e as rochas, triturando-as e misturando-as. Partícula por partícula, a pedra vai sendo quebrada, cada seixo esculpido por milhões de colisões aleatórias. Leva um milissegundo para a remoção de um fragmento minúsculo, mas anos de lento atrito para deixar um seixo liso. No tempo geológico, uma praia é temporária. Ela só dura se o suprimento de novos seixos e grãos de areia for maior do que a perda sofrida ao serem levados pelo mar. Ao longo de meses e anos, a areia é arrastada pelo mar e trazida de volta de acordo com o seu ritmo. Nós amamos as marés precisamente porque podemos ver o fluxo e refluxo refazendo a faixa de areia duas vezes por dia; é como se uma lousa tivesse sido apagada, e então achamos a simplicidade da areia recém-aplainada muito agradável. Mas essa remodelação diária esconde mudanças ocorridas ao longo de décadas enquanto o nosso litoral aumenta e encolhe diante dos nossos olhos. A vida nas piscinas naturais formadas entre as rochas prospera com a mudança, adaptada à alternância entre períodos de elevação e seca e fases de total submersão. Embora a observação casual de uma piscina natural dê a impressão de uma exibição de museu protegida por uma vidraça, em cada piscina uma acirrada batalha por recursos se desenrola. Os recursos disponíveis são muito simples: acesso às gotas de energia que banham o sistema da Terra ou a chance de coletar os tijolos moleculares necessários para a

TEMPESTADE NUMA XÍCARA DE CHÁ

construção de uma vida. Mais do que em qualquer outro lugar, uma praia é o exemplo da transitoriedade da vida. Quando a energia e os nutrientes estão disponíveis para a manutenção da vida, as piscinas naturais prosperam. Durante os períodos áridos, a vida se muda para outros lugares. As espécies evoluem alterando o uso que fazem da caixa de ferramentas físicas à sua disposição a cada mutação genética. Seja na coleta de energia, na locomoção, na comunicação ou na reprodução, todas só estão usando os mesmos princípios de formas distintas.

A energia passa, mas a Terra é constantemente reciclada. Quase todo o alumínio, carbono e ouro que compõem o nosso planeta estão aqui há bilhões de anos, passando de uma forma a outra. Pode parecer que depois de tanto tempo, essas substâncias diferentes já deveriam estar todas misturadas a ponto de se confundirem em uma sopa planetária gigante. Mas os processos físicos e químicos que ocorrem ao nosso redor estão continuamente reorganizando a pilha, de modo que átomos semelhantes se agrupam. A gravidade permite que os líquidos penetrem sólidos porosos, então a água encharca o solo e se junta aos imensos aquíferos subterrâneos, enquanto o solo permanece onde está. Se grandes florescências de minúsculas criaturas marinhas compostas por cálcio vivem e morrem na superfície oceânica, é a gravidade que as arrasta para baixo, fazendo-as mergulhar em direção ao assoalho oceânico. Os vastos cemitérios marinhos que às vezes se formam em águas rasas como consequência disso se comprimem, alteram e se tornam o calcário distintivamente branco. Depósitos de sal se formam porque moléculas de água evaporam facilmente e passam para o estado gasoso quando recebem mais energia, mas o mesmo não acontece com o sal. A lava produzida em dorsais vulcânicas oceânicas é muito mais densa do que a água, então permanece no assoalho oceânico, formando uma nova crosta. E a própria vida está sempre extraindo materiais do mundo ao seu redor, alterando sua forma e reorganizando-os para em seguida descartar resíduos que são reutilizados quando ela se extingue.

310

UMA QUESTÃO DE PERSPECTIVA

Se olharmos para o céu em uma noite escura, vemos ondas que viajaram pelo nosso sistema solar, da nossa galáxia ou do próprio universo para alcançar os nossos olhos. Por milênios, as ondas luminosas foram a nossa única conexão com o restante do universo, a única razão pela qual sabíamos que havia mais coisas lá em cima. Duas décadas atrás, começamos a observar os finos fluxos de matéria que nos alcançam: neutrinos e raios cósmicos. E então vieram as ondas gravitacionais, que são apenas a terceira forma que encontramos de tocar o restante do universo. Em fevereiro de 2016, foi finalmente confirmado que eventos astronômicos catastróficos como a fusão de buracos negros também produzem ondas e marolas no próprio espaço. Ondas gravitacionais têm passado por nós por toda a nossa vida, e enfim estamos prestes a descobrir a peça que estava faltando. A luz e as ondas gravitacionais que passam pelo nosso planeta tecem uma rica tapeçaria que nos permite mapear o universo e acrescentar uma seta com os dizeres "estamos aqui".

Mas em um dia comum na Terra há considerações mais imediatas a serem feitas. Sair da sua casa para ver o mundo girar serve de lembrete do sistema gigantesco que você integra. Somos não mais do que um pequeno fragmento da vida que mantém o sistema funcionando na sua configuração atual. Quando o *Homo sapiens* surgiu, cada ser humano só tinha dois sistemas de manutenção da vida: o corpo e o planeta. Agora, todavia, há um terceiro.

Este planeta foi alterado por muitas espécies, mas só nos últimos milhares de anos uma espécie em particular reconstruiu de forma intencional seu ambiente para atender às próprias necessidades. Ele é quase um único organismo agora, uma rede espalhada por todo o planeta de interconexões entre consciências individuais. Cada indivíduo depende quase inteiramente dos outros indivíduos que integram o sistema para sobreviver, mas também tem que fazer sua própria contribuição. A compreensão das leis da física é um dos pilares que sustentam a nossa sociedade, e não seríamos capazes de administrar nossos transportes, nossos recursos, comunicações ou decisões sem ela. A ciência e a tecnologia estão por trás da maior conquista coletiva da humanidade: a civilização.

Civilização

Uma vela e um livro. Energia portátil e informação portátil, disponíveis sob demanda, mas com o potencial para durar séculos. Esses são os fios que costuram vidas humanas individuais para formar algo muito maior: uma sociedade cooperativa que está sempre ampliando o trabalho da última geração. A energia precisa continuar fluindo por intermédio da nossa civilização, então a vela pode ser guardada quase por tempo indefinido, mas só poderá ser usada uma única vez. O conhecimento se acumula, então um livro é capaz de estimular muitas mentes. Havia velas e livros 2 mil anos atrás, e eles continuam presentes até hoje. São tecnologias simples, mas funcionam. Construímos o mundo moderno pelo armazenamento da energia e o compartilhamento de informações sobre o que fazer com ela.

Associamos civilizações a cidades, mas elas sempre são fundadas nos campos. É preciso energia para construir, explorar, tentar, errar e tentar outra vez, então os seres humanos precisaram manipular as plantas na coleta de energia solar para alimentar suas empreitadas. Nós podemos mover o solo, a água e as sementes, mas precisamos das plantas para converter ondas luminosas em açúcar. Aprendemos a montar nossa própria represa verde para desviar uma fração ínfima da torrente de energia solar, e com isso colhemos frutos. À medida que penetrava no sistema da Terra, essa energia temporariamente desviada nos alimentava, alimentava os nossos animais e nos dava a capacidade de alterar o mundo.

Pensamos que vivemos em uma sociedade moderna, mas isso só é verdade em parte. Dependemos de infraestruturas construídas por

UMA QUESTÃO DE PERSPECTIVA

gerações anteriores, décadas, séculos ou até milênios atrás. Essas estradas, construções e canais continuam sendo úteis porque são os canais que conectam as partes distantes e diferentes da nossa sociedade. A cooperação e o comércio geram benefícios imensos, e essas redes dão a cada indivíduo acesso a muito mais do que sua força e sua inteligência individuais poderiam.

Uma cidade é uma floresta de construções, cada uma com uma função e um desenho diferentes. Embaixo de todas, porém, há uma gigantesca rede de cabos de cobre grossos. Os ramos de cobre se dividem em galhos ao entrar em prédios individuais, e depois se dividem outra vez, e outras mais, escondidos em paredes e assoalhos até as pontas dos brotos enfim se tornarem visíveis nas tomadas. Assim que algo é ligado em uma tomada, um ciclo é fechado e os elétrons ficam livres para se deslocar por ele, ligando a estrutura externa de galhos à estrutura de retorno que se funde a ela. Se você pudesse ver apenas os cabos sem a cidade, veria as artérias da vida moderna, alimentando-nos com a energia de usinas potentes e distantes. A rede se estende por cada país, uma estrutura de metal de rotas interligadas conectando a imensa variedade de fontes de energia capazes de alimentar coletivamente o monstro. Estamos cercados por elétrons em movimento atendendo às nossas necessidades.

Há ainda outras redes sobrepostas à rede energética, redes que também entram nas construções e fazem parte das nossas vidas. A Terra tem o seu próprio ciclo hidrográfico do tamanho do planeta, interligando oceanos, chuva, rios e aquíferos. É a energia proveniente do Sol que fornece a energia para a evaporação da água, para o seu deslocamento pela atmosfera e para depositá-la em outros lugares. Nós, humanos, construímos desvios locais, canalizando a água para tirá-la do seu ciclo natural e bombeá-la pela nossa civilização antes de liberá-la de volta para o mundo. A chuva coletada em um reservatório é armazenada, impedida de seguir o chamado da gravidade diretamente para os rios e em seguida para o oceano. Elétrons em movimento fornecem

TEMPESTADE NUMA XÍCARA DE CHÁ

energia para bombas que deslocam a água por intermédio de canos de quase 1 metro de diâmetro, retirando-a do reservatório, dividindo-se e subdividindo-se à medida que viajam pelas nossas estradas, entram nas nossas construções e acabam saindo pelas nossas torneiras. Depois que usamos a água, ela viaja de volta pelos ralos e esgotos, por canos cujo tamanho aumenta gradualmente à medida que eles se reúnem em direção a uma estação de tratamento de água ou de um rio. Quando abrimos uma torneira, o que estamos vendo é só a ponta da rede, uma pequena ligação em um circuito gigantesco. Então, a água desaparece, some de vista, retornando aos túneis ocultos. A gravidade mantém a água em xeque; contanto que façamos o trabalho inicial de impelir a água para cima, empregando a energia necessária para perturbar o equilíbrio da água, a gravidade sempre assumirá a tarefa de garantir o fluxo de retorno para baixo. O ralo é apenas o lugar onde a resistência à gravidade desaparece temporariamente.

Uma cidade é o local onde essas e outras redes são todas reunidas, já que os seres humanos também se encontram reunidos nesses lugares, dependendo das redes para viver. Há outras redes sobrepostas na familiar paisagem urbana: sistemas de distribuição de alimentos, de transporte humano e de comércio para o compartilhamento de recursos. E esses são apenas os que estão visíveis, caso você saiba onde procurar.

O fogo marcou o ponto de partida da aventura humana com a luz artificial. Em vez de depender das ondas luminosas do Sol, aprendemos a produzir as nossas. As velas permitiram que pudéssemos ver mesmo quando o nosso lado do planeta virava as costas para o Sol. Há 150 anos, à noite uma cidade era iluminada pelas ondas luminosas produzidas por velas acesas e pela queima de madeira, carvão e óleo. Hoje, o céu está cheio de uma luz que não podemos ver brilhando continuamente dia e noite. Se pudéssemos enxergar as ondas de rádio, veríamos que há um século o nosso planeta não esteve em nenhum momento escuro dentro dessas faixas de comprimento de onda. Mas essas novas faixas são mais

UMA QUESTÃO DE PERSPECTIVA

do que iluminação. As ondas de rádio, de TV, de wi-fi e dos aparelhos celulares formam uma rede de informações extremamente coordenada, sempre passando pelo nosso ambiente e por intermédio de nós mesmos. Qualquer um que se encontre dentro da nossa civilização com um dispositivo eletrônico capaz de captar precisamente o tipo certo de onda tem acesso imediato a transmissões de telejornais, boletins meteorológicos, reality shows, ao controle de tráfego aéreo, ao rádio amador e às vozes de amigos e familiares. As ondas estão fluindo ao nosso redor o tempo todo, e o que é incrível no mundo moderno é que é muito fácil ter acesso e contribuir. O fluxo de informações interliga o nosso mundo. Fazendeiros podem planejar colheitas com base no que os supermercados querem para a próxima semana. Notícias de desastres naturais chegam ao resto do planeta em tempo real. Aviões podem alterar sua rota para evitar condições climáticas adversas. Uma viagem ao shopping pode ser adiada ao se saber que nuvens carregadas se encontram a dez minutos de distância. O sistema funciona porque as ondas são coordenadas por humanos que trabalham em conjunto, porque a nossa espécie adotou padrões globais para algumas ondas e padrões nacionais para outras. Durante a maior parte da história humana, houve ondas, mas nenhuma rede. Foi apenas nas cinco últimas gerações que montamos a rede de informações baseada em ondas que agora consideramos indispensável.

No passado, os seres humanos foram geograficamente limitados pelo calor, pelo frio, ou pela falta de recursos. Se as moléculas à nossa volta não têm energia térmica suficiente ou têm energia térmica demais, as moléculas que compõem o nosso corpo se comportam de acordo. Caso o equilíbrio delicado entre a atividade molecular e a estagnação dos nossos corpos seja perdido, começamos a sofrer as consequências. Mas esses limites geográficos foram quase inteiramente eliminados. Construímos prédios, passadiços, veículos e barreiras; alteramos o interior de cada estrutura para que ela tenha o nível certo de energia para o nosso conforto. Os aparelhos de ar-condicionado em Dubai e

TEMPESTADE NUMA XÍCARA DE CHÁ

o aquecimento central no Alasca nos proporcionam bolhas habitáveis em lugares antes inabitáveis. Nós nos esquecemos da inconveniência do mundo real e nos esquecemos do verdadeiro valor das nossas bolhas protetoras. Ainda estamos muito longe de construir habitações humanas em outros planetas, mas os humanos desenvolveram algumas das tecnologias necessárias para tornar uma parte maior do nosso planeta habitável. O princípio é o mesmo: manipular o ambiente até ajustá-lo às rígidas condições adequadas à nossa sobrevivência. O suprimento de água, de tijolos moleculares e de energia deve ser precisamente o ideal. Depois de construirmos uma bolha, construímos outra, percorrendo todo o planeta e ampliando nossas redes de sobrevivência aonde quer que vamos.

À medida que a nossa civilização cresce, enfrentamos desafios. Quanto maior se torna a população humana, de mais recursos e espaço precisamos. Descobrimos que o uso que fazemos do combustível que alimentou a Revolução Industrial e o crescimento dramático do mundo desenvolvido tem um custo. Ao mesmo tempo que os humanos cultivavam plantas para coletar a energia do Sol, construindo um reservatório de energia verde que podia ser manipulado conforme necessário, a maior parte da nossa energia vinha de outra fonte. A Terra já possuía um reservatório de energia formado a partir da enxurrada de energia solar recebida — um reservatório acumulado ao longo de centenas de milhões de anos, e nós não economizamos no seu consumo. Durante eras, uma pequena fração das plantas que armazenavam a energia do Sol também acabou presa, enterrada e comprimida em camadas profundas do subsolo. O lento acúmulo da energia solar capturada gerou um gigantesco repositório subterrâneo, guardado em segurança enquanto o fluxo da energia solar recebida e liberada pelo planeta continuava na superfície. Chamamos esses antigos repositórios de energia de combustíveis fósseis, e a energia pode ser facilmente extraída e utilizada. O uso propriamente dito da energia não é um problema; significa apenas que a

316

UMA QUESTÃO DE PERSPECTIVA

energia solar armazenada está finalmente sendo devolvida ao universo. O verdadeiro pesadelo é saber o que fazer com os efeitos colaterais. As plantas absorvem dióxido de carbono para o seu crescimento, e com a liberação do seu combustível o dióxido de carbono também é renovado e devolvido à atmosfera. Essas moléculas individuais de gás flutuam no ar, alterando o modo como as ondas navegam pela atmosfera. A consequência é que o planeta como um todo se torna um reservatório um pouco maior de energia solar. Depois de queimar repositórios energéticos formados durante milhões de anos, os seres humanos provocaram um aumento na temperatura do planeta. Aprender como lidar com o novo estado de equilíbrio do nosso planeta vai exigir muita criatividade.

Mas o ser humano é criativo. Nossa compreensão da ciência, da medicina, da engenharia e da nossa própria cultura agora está disponível para ser disseminada a partir de uma rede de ondas invisíveis trafegando ao nosso redor. Cada vez que usamos algo dessa rede de informações, estamos nos beneficiando dos esforços feitos por gerações de outros seres humanos.

Um dos maiores avanços veio da descoberta de quanto espaço está à nossa disposição se manipularmos escalas de tamanho diferentes da nossa. O corpo humano e as estruturas que o contêm não vão mudar de tamanho — somos compostos por um sistema extremamente complexo, e precisamos exatamente desse espaço para contê-lo. O tamanho de camas, mesas, cadeiras e alimentos não vai mudar, porque cada um de nós habita *este* corpo. Mas à medida que aprendermos a manipular o mundo do pequeno e a contrair nossa visão de acordo com ele, o homem também aprenderá a construir imensas fábricas ao mesmo tempo pequenas demais para os nossos corpos verem. O tempo necessário para que algo seja feito diminui à medida que o tamanho diminui, então bilhões de processos podem ser executados por segundo. A eletricidade flui facilmente nessas escalas microscópicas. Um computador não passa de uma máquina eletrônica de somar composta por componentes nano-

TEMPESTADE NUMA XÍCARA DE CHÁ

métricos. Os computadores nos parecem pequenos, mas, se comparados aos átomos que os compõem, são imensas maravilhas arquitetônicas com funções incorporadas à sua forma. A admiração diante da aparente magia de um computador na verdade é apenas o choque em aceitar que coisas podem acontecer em outras escalas de tempo e de tamanho. Essas gigantescas fábricas minúsculas de adição estão se transformando em ferramentas essenciais para o controle do nosso mundo, e irão se tornar ainda mais profundamente arraigadas à nossa civilização com o passar do tempo. Uma civilização mais populosa requer decisões mais eficientes, processos de tomada de decisão mais rápidos e um fluxo mais veloz de informações para coordenar as delicadas engrenagens do sistema. O uso de escalas de tempo diferentes da nossa torna isso possível.

Nossa espécie atualmente está confinada a este planeta e aos seus arredores, mas há gerações observamos estrelas distantes. Agora, pela primeira vez na história da civilização humana, também estamos olhando para nós mesmos. Há um enxame de satélites de observação da Terra e de satélites de comunicação ao redor do nosso planeta, conectando-nos uns aos outros e permitindo que observemos o globo girar abaixo deles. Lá de cima, a assinatura da nossa civilização é visível: a iluminação das cidades à noite, o ar aquecido em torno de cidades de regiões frias, a cor alterada da terra pela agricultura. Só um desses objetos em órbita é uma bolha apropriada para os humanos: a Estação Espacial Internacional. Nossa civilização se estende ao espaço — até a borda dele. Somente dez pessoas no máximo por vez podem representar o restante da humanidade lá em cima, orbitando a Terra a cada 92 minutos. Os homens e mulheres que viram seu planeta em órbita entendem que compartilham uma perspectiva da nossa civilização que jamais poderão explicar para o resto da humanidade. Mas, para o seu imenso crédito, eles tentam.

Acima dos satélites, muito além do escudo magnético que protege o nosso planeta de raios cósmicos, os sinais da nossa civilização vão se tornando mais e mais escassos. No espaço, não há em cima nem

UMA QUESTÃO DE PERSPECTIVA

embaixo. Um relógio de pêndulo não funciona, pois não há força gravitacional para ser exercida sobre o pêndulo. A simplicidade das coisas no céu significa que tudo acontece ou excepcionalmente rápido ou excepcionalmente devagar pelos padrões humanos. Rápidas reações nucleares abastecem o Sol, mas ele só se modifica lentamente ao longo de bilhões de anos. Átomos microscópicos interagem, e os resultados são do tamanho de um planeta, de uma lua ou de um sistema solar. Nossa civilização complexa e caótica, no nosso mundo complexo e caótico, está no meio das escalas de tempo e de tamanho.

Somos uma exceção no universo que conhecemos.

Os seres humanos observam o espaço, e talvez alguma coisa lá em cima esteja olhando de volta. A luz continua sendo nossa principal conexão com tudo que não está no nosso planeta, e as alterações moleculares produzidas quando a luz das estrelas chega à nossa retina nos conectam ao restante do universo. Aqui estamos nós, uma bela, complicada e sensível camada, uma fina película sobre um pequeno planeta rochoso, vivendo na fronteira entre o cosmo e a Terra. Aqui estamos, um produto dos nossos três sistemas interligados de manutenção da vida, moldados pela física do universo.

Aqui estou eu, de pé em frente à minha casa, olhando para o céu enquanto as nuvens se reúnem e ocultam o restante do universo da minha visão. Aqui estou eu, um ser humano moderno com uma xícara feita da Terra, pensando nas complexidades do universo, porque eu posso. Os padrões estão por todos os lados, e posso tocá-los diretamente. Olho para a minha xícara de chá e vejo o líquido rodopiante. Mas em um segundo olhar, vejo algo diferente. Refletido pela superfície do líquido, um padrão igualmente belo, esplêndido, fascinante, uma imagem do céu sobre a minha cabeça. Ali mesmo na minha xícara, posso ver a tempestade.

Agradecimentos

O interessante em escrever estes agradecimentos é que eles se dividem em duas categorias que se confundem bastante. De um lado, estão as pessoas que me deram assistência especificamente para o livro, e do outro, as pessoas que fazem parte das histórias que contei, aquelas que tornam a minha vida mais rica ao compartilharem aventuras comigo e me motivarem a buscar mais. Sou extremamente grata a esses dois grupos de pessoas.

Meus parceiros na exploração foram Dallas Campbell, Nicki Czerska, Irena Czerski, Lewis Dartnell, Tamsin Edwards, Campbell Storey e Inca, o cão. As pessoas adoráveis do Green Britain Centre (cuja turbina eólica visitei) foram extremamente receptivas e muito pacientes com todas as minhas perguntas. O dr. Geoff Willmott e a professora Cath Noakes ofereceram uma ajuda inestimável em tópicos relacionados a dispositivos microfluídicos e doenças transmitidas pelo ar, respectivamente. Helle Nicholson, Phil Hector e Phil Read tiveram a gentileza de ler trechos do livro e contribuir com comentários valiosos. Matt Kelly merece um crédito imenso por ter fornecido um feedback meticuloso sobre a proposta de publicação e vários capítulos, e me beneficiei tremendamente do compartilhamento das suas próprias experiências como escritor. A amizade e o apoio incondicional de Matt tiveram uma importância indescritível para mim ao longo de todo este projeto. Tom

TEMPESTADE NUMA XÍCARA DE CHÁ

Wells me encorajou a dar o primeiro passo, e foi pacientemente tanto um grande ouvinte, quanto provedor de opiniões e cobaia ao longo do caminho. Jem Stansfield, Alom Shaha, Gaia Vince, Alok Jha, Adam Rutherford e os vários outros amigos fantásticos que conheci no universo da ciência estiveram sempre ao meu lado com incentivo e bom humor.

A Churchill College, Cambridge, foi o meu lar intelectual por muitos anos, e continua sendo um lar no meu coração. Foram a Churchill College e o Laboratório Cavendish que me proporcionavam uma sólida base em Física. Preciso mencionar particularmente o dr. Dave Green, meu Diretor de Estudos. Espero que este livro esteja à altura dos seus rigorosos padrões, e principalmente que o número de PALAVRAS contidas nele compense a ausência de DIAGRAMAS. Meus amigos da Churchill são uma parte importantíssima da minha vida, e é maravilhoso ter companheiros tão fantásticos e consistentes nesta aventura.

Eu entrei quase acidentalmente no mundo da Física das Bolhas quando o dr. Grant Deane, do Scripps Institution of Oceanography, deu uma chance a alguém que sequer conhecia e me aceitou como pós-doutoranda. Grant é tanto um ser humano fantástico quanto um acadêmico rigoroso e dedicado, e tenho muita sorte por haver trabalhado com ele. Ele me mostrou o melhor que a academia tem a oferecer, e me deu um exemplo fabuloso de como trabalhar de acordo com os padrões mais elevados. Não tenho palavras para lhe agradecer a oportunidade e o apoio que deu a todos os projetos que desenvolvi em seguida.

Hoje, a University College London é a minha residência acadêmica, e acho que tenho muita sorte por trabalhar lá. Atuo no Departamento de Engenharia Mecânica, e sou extremamente grata ao diretor do departamento, o professor Yiannis Ventikos, pelo entusiasmo que demonstrou quando contei que estava embarcando neste projeto. O professor Mark Miodownik também é uma fonte infalível de energia, simpatia, ótimos conselhos e amizade, e sou muito grata por ter me ajudado a encontrar um lar acadêmico tão fabuloso.

AGRADECIMENTOS

Meu agente literário, Will Francis, que me estimulou a escrever um livro, teve uma paciência quase inacreditável até chegar a hora certa, e foi uma fonte brilhante de apoio e conselhos ao longo do processo. Susanna Wadeson, da Transworld, foi quem assumiu o leme desde o início, e sou imensamente grata por suas ideias e sua honestidade.

Minha família é um grupo de pessoas maravilhosas, sempre curiosas em relação ao mundo, sempre ao meu lado, sempre dispostas a experimentar coisas e fazer loucuras da melhor forma possível. Tudo que fiz se apoia na base que elas me dão. Minha irmã Irena é fantástica, e ela e Malcolm provavelmente são as pessoas mais acolhedoras e gentis que já conheci. Ouvir minha avó, Pat Jolly, minha tia Kath e minha mãe compartilharem histórias sobre as primeiras televisões e os mistérios do transformador *flyback* foi algo que eu já deveria ter feito de maneira apropriada anos atrás. O agradecimento mais importante vai para os meus pais, Jan e Susan. Eles nos ensinaram a explorar o mundo e só pediram que fizéssemos o nosso melhor. Eu amo os dois e não tenho palavras para agradecer.

Referências bibliográficas

Capítulo 1: Pipoca e foguetes

Inkster, Ian. *History of Technology*, vol. 25 (Londres, Bloomsbury, 2010), p. 143.

"Elephant anatomy: respiratory system", Elephants Forever. Disponível em <http://www.elephantsforever.co.za/elephants-respiratory-system.html#.VrSVgfHdhO8>.

"Elephant anatomy", Animal Corner. Disponível em <https://animalcorner.co.uk/elephant-anatomy/#trunks>.

"The trunk", Elephant Information Repository. Disponível em <http://elephant.elehost.com/About_Elephants/Anatomy/The_Trunk/the_trunk.html>.

Lienhard, John H. *How Invention Begins: Echoes of Old Voices in the Rise of New Machines*. (Nova York, Oxford University Press, 2006).

"Magdeburger Halbkugeln mit Luftpumpe von Otto von Guericke", Deutsches Museum. Disponível em <http://www.deutsches-museum.de/sammlungen/meisterwerke/meisterwerke-i/halbkugel/?sword_list[]=magdeburg&no_cache=1>.

"Bluebell Railway: preserved steam trains running through the heart of Sussex". Disponível em <http://www.bluebell-railway.co.uk/>.

"Rocket post: that's one small step for mail...", *Post&Parcel*. Disponível em <http://postandparcel.info/33442/in-depth/rocket-post-that%E2%80%99s-one-small-step-for-mail%E2%80%A6/>.

TEMPESTADE NUMA XÍCARA DE CHÁ

"Rocket post reality", website da Ilha de Harris, <http://www.isleofharris.com/discover-harris/past-and-present/rocket-post-reality>.

Turner, Christopher. "Letter bombs", *Cabinet Magazine*, no. 23, 2006. "A sketch diagram of Zucker's rocket as used on Scarp, July 1934 (POST 33/5130)", Bristol Postal Museum and Archive.

Capítulo 2: O que sobe tem que descer

Driss-Ecole, D. Lefranc, A. & Perbal, G. "A polarized cell: the root-statocyte", *Physiologia Plantarum*, 118 (3), julho de 2003, pp. 305–12.

George, Smith. "Newton's *Philosophiae Naturalis Principia Mathematica*", em Edward N. Zalta, ed., *Stanford Encyclopedia of Philosophy*, inverno de 2008 edn. Disponível em <http://plato.stanford.edu/archives/win2008/entries/newton-principia/>.

Churchill, Celia K. Foighil, Diarmaid Ó. Strong, Ellen E. & Gittenberger, Adriaan. "Females floated first in bubble-rafting snails", *Current Biology*, 21 (19), outubro de 2011, pp. R802–R803. Disponível em <http://dx.doi.org/10.1016/j.cub.2011.08.011>.

Su, Zixue. Zhou, Wuzong & Zhang, Yang. "New insight into the soot nanoparticles in a candle flame", *Chemical Communications*, 47 (16), março de 2011, pp. 4700–2. Disponível em <http://dx.doi.org/10.1039/C0CC05785A>.

Capítulo 3: O pequeno é belo

Yunker, Peter J. Still, Tim. Lohr, Matthew A. & Yodh, A. G. "Suppression of the coffee-ring effect by shape-dependent capillary interactions", *Nature*, 476, 18 de agosto de 2011, pp. 308–11, Disponível em <http://dx.doi.org/10.1038/nature10344>.

Deegan, Robert D. Bakajin, Olgica. Dupont, Todd F. Huber, Greb. Nagel, Sidney R. & Witten, Thomas A. "Capillary flow as the cause of ring stains from dried liquid drops", *Nature*, 389, 23 de outubro de 1997, pp. 827–9, Disponível em <http://dx.doi.org/10.1038/39827>.

REFERÊNCIAS BIBLIOGRÁFICAS

A obra completa de *Micrographia* pode ser encontrada on-line aqui: <https://ebooks.adelaide. edu.au/h/hooke/robert/micrographia/contents.html>.

"Homogenization of milk and milk products", University of Guelph Food Academy. Disponível em <https://www.uoguelph.ca/foodscience/book-page/homogenization-milk-and-milk-products>.

"Blue tits and milk bottle tops", *British Bird Lovers*. Disponível em <http://www.britishbirdlovers.co.uk/articles/blue-tits-and-milk-bottle-tops>.

Jost, Rolf. "Milk and dairy products", em *Ullman's Encyclopedia of Industrial Chemistry* (Nova York e Chichester, Wiley, 2007). Disponível em <http://dx.doi.org/10.1002/14356007.a16_589.pub3>.

Fernstrom, Aaron & Goldblatt, Michael. "Aerobiology and its role in the transmission of infectious diseases", *Journal of Pathogens*, 2013, artigo ID 493960. Disponível em <http://dx.doi.org/10.1155/2013/493960>.

"Ebola in the air: what science says about how the virus spreads", *npr*. Disponível em <http://www.npr.org/sections/goatsandsoda/2014/12/01/364749313/ebola-in-the-air-what-science-says-about-how-the-virus-spreads>.

Loria, Kevin. "Why Ebola probably won't go airborne", *Business Insider*, 6 de outubro de 2014. Disponível em <http://www.businessinsider.com/will-ebola-go-airborne-2014-10?IR=T>.

Stilianakis, N. I. & Drossinos, Y. "Dynamics of infectious disease transmission by inhalable respiratory droplets", *Journal of the Royal Society Interface*, 7 (50), 2010, pp. 1355–66. Disponível em <http://dx.doi.org/10.1098/rsif.2010.0026>.

Eames, I. Tang, J. W. Li, Y. & Wilson, P. "Airborne transmission of disease in hospitals", *Journal of the Royal Society Interface*, 6 de outubro de 2009, pp. S697–S702. Disponível em <http://dx.doi.org/10.1098/rsif.2009.0407.focus>.

"TB rises in UK and London", *NHS Choices*. Disponível em <http://www.nhs.uk/news/2010/12December/Pages/tb-tuberculosis-cases-rise-london-uk.aspx>.

Organização Mundial da Saúde, Tuberculosis factsheet 104 ("boletim informativo sobre a tuberculose", em inglês), 2016. Disponível em <http://www.who.int/mediacentre/factsheets/fs104/en/>.

Sakula, A. "Robert Koch: centenary of the discovery of the tubercle bacillus, 1882", *Thorax*, 37 (4), 1982, pp. 246–51. Disponível em <http://dx.doi.org/10.1136/thx.37.4.246>.

Página do website do Prêmio Nobel sobre Robert Koch (em inglês). Disponível em <http://www.nobelprize.org/educational/medicine/tuberculosis/readmore.html>.

Bourouiba, Lydia. Dehandschoewercker, Eline & Bush, John W. M. "Violent expiratory events: on coughing and sneezing", *Journal of Fluid Mechanics*, 745, 2014, pp. 537–63.

"Improved data reveals higher global burden of tuberculosis", Organização Mundial da Saúde, 22 de outubro de 2014. Disponível em <http://www.who.int/mediacentre/news/notes/2014/global-tuberculosis-report/en/>.

McCarthy, Stephen. "Agnes Pockels", *175 faces of chemistry*, novembro de 2014, Disponível em <http://www.rsc.org/diversity/175-faces/all-faces/agnes-pockels>.

"Agnes Pockels". Disponível em <http://cwp.library.ucla.edu/Phase2/Pockels,_Agnes@ 871234567.html>.

Pockels, Agnes. "Surface tension", *Nature*, 43, 12 de março de 1891, pp. 437–9.

Simon Schaffer, "A science whose business is bursting: soap bubbles as commodities in classical physics", em Lorraine Daston, ed., *Things that Talk: Object Lessons from Art and Science* (Cambridge, Mass., MIT Press, 2004).

Gabbatt, Adam. "Dripless teapots", *Guardian*, Blog sobre alimentos e bebidas (em inglês), 29 de outubro de 2009. Disponível em <http://www.theguardian.com/lifeandstyle/blog/2009/oct/29/teapot-drips-solution>.

Chaplin, Martin. "Cellulose". Disponível em <http://www1.lsbu.ac.uk/water/cellulose.html>.

Klemm, D. Heublein, B. Fink, H-P. & Bohn, A. "Cellulose: fascinating biopolymer and sustainable raw material", *Angewandte Chemie*, edn. internacional, 44, 2005, pp. 3358–93. Disponível em <http://dx.doi.org/10.1002/anie.200460587>.

Myburg, Alexander A. Lev-Yadun, Simcha & Sederoff, Ronald R. "Xylem structure and function", *eLS*, outubro de 2013. Disponível em <http://dx.doi.org/10.1002/9780470015902.a0001302.pub2>.

REFERÊNCIAS BIBLIOGRÁFICAS

Tennesen, Michael. "Clearing and present danger? Fog that nourishes California redwoods is declining", *Scientific American*, 9 de dezembro de 2010.

Johnstone, James A. & Dawson, Todd E. "Climatic context and ecological implications of summer fog decline in the coast red- wood region", *Proceedings of the National Academy of Sciences*, 107 (10), 2010, pp. 4533–8.

Ewing, Holly A. et al., "Fog water and ecosystem function: heterogeneity in a California redwood forest", *Ecosystems*, 12 (3), abril de 2009, pp. 417–33.

Burgess, S. S. O. Pittermann, J. & Dawson, T. E. "Hydraulic efficiency and safety of branch xylem increases with height in *Sequoia sempervirens* (D. Don) crowns", *Plant, Cell and Environment*, 29, 2006, pp. 229–39. Disponível em <http://dx.doi.org/10.1111/j.1365-3040.2005.01415.x>.

Koch, George W. Sillett, Stephen C. Jennings, Gregory M. & Davis, Stephen D. "The limits to tree height", *Nature*, 428, 22 de abril de 2004, pp. 851–4. Disponível em <http://dx.doi.org/10.1038/nature02417>.

Canny, Martin. "Transporting water in plants", *American Scientist*, 86 (2), 1998, p. 152. Disponível em <http://dx.doi.org/10.1511/1998.2.152>.

Kosowatz, John."Using microfluidics to diagnose HIV", março de 2012. Disponível em <https://www.asme.org/engineering-topics/articles/bio-engineering/using-microfluidics-to-diagnose-hiv>.

Taylor, Phil ."Go with the flow: lab on a chip devices", 10 de outubro de 2014. Disponível em <http://www.pmlive.com/pharma_news/go_with_the_flow_lab-on-a-chip_devices_605227>.

Sackmann, Eric K. Fulton, Anna L. & Beebe, David J. "The present and future role of microfluidics in biomedical research", *Nature*, 507.7491, 2014, pp. 181–9.

"Low-cost diagnostics and tools for global health", Whitesides Group Research. Disponível em <http://gmwgroup.harvard.edu/research/index.php?page=24>.

Capítulo 4: Um momento no tempo

Lauga, Eric & Hosoi, A. E. "Tuning gastropod locomotion: modeling the influence of mucus rheology on the cost of crawling", *Physics of Fluids (1994–present)*, 18 (11), 2006, 113102.

TEMPESTADE NUMA XÍCARA DE CHÁ

Lai, Janice H. et al., "The mechanics of the adhesive locomotion of terrestrial gastropods", *Journal of Experimental Biology*, 213 (22), 2010, pp. 3920–33.

Denny, Mark W. "Mechanical properties of pedal mucus and their consequences for gastropod structure and performance", *American Zoologist*, 24 (1), 1984, pp. 23–36.

Shirtcliffe, Neil J. McHale, Glen & Newton, Michael I. "Wet adhesion and adhesive locomotion of snails on anti-adhesive non-wetting surfaces", *PloS one*, 7 (5), 2012, p. e36983.

Mayer, H. C. & Krechetnikov, R. "Walking with coffee: why does it spill?", *Physical Review E*, 85 (4), 2012, 046117.

Reisner, Marc. *Cadillac Desert: The American West and its Disappearing Water*, rev. brochura (Nova York, Penguin, 1993).

Frost, B. J. "The optokinetic basis of head-bobbing in the pigeon", *Journal of Experimental Biology*, 74, 1978, pp. 187–95.

"Engineering aspects of the September 19, 1985 Mexico City earthquake", NBS Building Science series 165, maio de 1987. Disponível em <http://www.nist.gov/customcf/get_pdf.cfm?pub_id=908821>.

Hernandez, Daniel. "The 1985 Mexico City earthquake remembered", *Los Angeles Times*, 20 de setembro de 2010. Disponível em <http://latimesblogs.latimes.com/laplaza/2010/09/earthquake-mexico-city-1985–memorial.html>.

Martin, William F. Sousa Filipa L. & Lane, Nick. "Energy at life's origin", *Science*, 344 (6188), 2014, pp. 1092–3.

Seager, S. "The future of spectroscopic life detection on exoplanets", *Proceedings of the National Academy of Sciences of the United States of America*, 111 (35), 2014, pp. 12634–40. Disponível em <http://dx.doi.org/10.1073/pnas.1304213111>.

Capítulo 5: Tirando onda

Michelson, A. A. & Morley, E. W. "On the relative motion of the Earth and of the luminiferous ether", *Sidereal Messenger*, 6, 1887, pp. 306–10. Disponível em <http://adsabs.harvard.edu/full/1887SidM....6..306M>.

REFERÊNCIAS BIBLIOGRÁFICAS

Bhanoo, Sindya N. "Silvery fish elude predators with light-bending", *New York Times*, 22 de outubro de 2012. Disponível em <http://www.nytimes.com/2012/10/23/science/silvery-fish-elude-predators-with-sleight-of--reflection.html?_r= 0>.

Madrigal, Alexis C. "You're eye-to-eye with a whale in the ocean: what does it see?", *The Atlantic*, 28 de março de 2013. Disponível em <http://www.theatlantic.com/technology/archive/2013/03/youre-eye-to-eye-with-a--whale-in-the-ocean-what-does-it-see/274448/>.

Peichl, Leo. Behrmann, Günther & Kröger, Ronald H. H. "For whales and seals the ocean is not blue: a visual pigment loss in marine mammals", *European Journal of Neuroscience*, 13 (8), 2001, pp. 1520–8.

Fasick, Jeffry I. et al., Estimated absorbance spectra of the visual pigments of the North Atlantic right whale (Eubalaena glacialis)", *Marine Mammal Science*, 27 (4), 2011, pp. E321–E331.

University of Oxford, material para a imprensa da exibição de Marconi: <https://www.mhs.ox.ac.uk/marconi/presspack/>.

Kovarik, Bill. "Radio and the *Titanic*", Revolutions in Communication. Disponível em <http://www.environmentalhistory.org/revcomm/features/radio-and-the-titanic/>.

RMS *Titanic* radio page. Disponível em <http://hf.ro/>.

Gueguen, Yannick. et al., "Yes, it turns: experimental evidence of pearl rotation during its formation", *Royal Society Open Science*, 2 (7), 2015, 150144.

Capítulo 6: Por que os patos não ficam com os pés frios?

"Molecular dynamics: real-life applications". Disponível em <http://www.scienceclarified.com/everyday/Real-Life-Physics-Vol-2/Molecular-Dynamics-Real-life-applications.html>.

"Einstein and Brownian motion", *American Physical Society News*, 14 (2), fevereiro de 2005. Disponível em <https://www.aps.org/publications/apsnews/200502/history.cfm>.

"Back to basics: the science of frying". Disponível em <http://www.decoding-delicious.com/the-science-of-frying/>.

TEMPESTADE NUMA XÍCARA DE CHÁ

"1000 days in the ice", *National Geographic*, 2009. Disponível em <http:// ngm.nationalgeographic.com/2009/01/nansen/sides-text/4>.

Zhao, Jing, Simon, Sindee L. & McKenna, Gregory B. "Using 20–million- -year-old amber to test the super-Arrhenius behaviour of glass-forming systems", *Nature Communications*, 4, 2013, p. 1783.

Painel Intergovernamental Sobre Mudanças Climáticas, *Climate Change 2007: Working Group I: The Physical Science Basis*, IPCC Report 2007, FAQ 5.1: "Is sea level rising?". Disponível em <https://www.ipcc.ch/ publications_and_data/ar4/wg1/en/faq-5–1.html>.

Milman, Oliver. "World's oceans warming at increasingly faster rate, new study finds". Disponível em <http://www.theguardian.com/environment/2016/ jan/18/world-oceans-warming-faster-rate-new-study-fossil-fuels>.

"The coldest place in the world", *NASA Science News*, 10 de dezembro de 2013. Disponível em <http://science.nasa.gov/science-news/science-at- -nasa/2013/09dec_coldspot/>.

"Webbed wonders: waterfowl use their feet for much more than just standing and swimming". Disponível em <http://www.ducks.org/conservation/ waterfowl-biology/webbed-wonders/page2>.

"Temperature regulation and behavior". Disponível em <https://web.stanford. edu/group/stanfordbirds/text/essays/Temperature_Regulation.html>.

Krasner-Khait, Barbara. "The impact of refrigeration". Disponível em <http:// www.history-magazine.com/refrig.html>.

Jol, Simon. Kassianenko, Alex. Wszol, Kaz & Oggel, Jan. "Issues in time and temperature abuse of refrigerated foods", *Food Safety Magazine*, dezembro de 2005–janeiro de 2006. Disponível em <http://www.foodsafetymagazi- ne.com/magazine-archive1/december-2005january-2006/issues-in-time- -and-temperature-abuse-of-refrigerated-foods/>.

Madrigal, Alexis C. "A journey into our food system's refrigerated-warehouse archipelago", *The Atlantic*, 15 de julho de 2003. Disponível em <http:// www.theatlantic.com/technology/archive/2013/07/a-journey-into-our- -food-systems-refrigerated-warehouse-archipelago/277790/>.

REFERÊNCIAS BIBLIOGRÁFICAS

Capítulo 7: Colheres, espirais e o Sputnik

Gladstone, Hugh. "Making tracks: building the Olympic velodrome", *Cycling Weekly*, 21 de fevereiro de 2011. Disponível em <http://www.cyclingweekly.co.uk/news/making-tracks-building-the-olympic-velodrome-53916>.

Thomas, Rachel. "How the velodrome found its form", *Plus Magazine*, 22 de julho de 2011. Disponível em <https://plus.maths.org/content/ how--velodrome-found-its-form>.

"Determination of the hematocrit value by centrifugation". Disponível em <http://www.hettweb.com/docs/application/Application_Note_Diagnostics_Hematocrit_Determination.pdf>.

"Astronaut training: centrifuge", *RUS Adventures*. Disponível em <http://www.rusadventures.com/tour35.shtml>.

"Centrifuge", Yu.A. Centro de Treinamento de Cosmonautas Yuri Gagarin. Disponível em <http://www.gctc.su/main.php?id=131>.

"High-G training". Disponível em <https://en.wikipedia.org/wiki/High--G_training>.

Zyga, Lisa. "The physics of pizza-tossing", *Phys.org*, 9 de abril de 2009. Disponível em <http://phys.org/news/2009–04–physics-pizza-tossing.html>.

Spiegel, Alison. "Why tossing pizza dough isn't just for show", *HuffPost Taste*, 2 de março de 2015. Disponível em <http://www.huffingtonpost.com/2015/03/02/toss-pizza-dough_n_6770618.html>.

Liu, K.-C. Friend, J. & Yeo, L. "The behavior of bouncing disks and pizza tossing", *EPL* (*Europhysics Letters*), 85 (6), 26 de março de 2009.

"International Space Station". Disponível em <http://www.nasa.gov/mission_pages/station/expeditions/expedition26/iss_altitude.html>.

Imster, Eleanor & Bird, Deborah. "This date in science: launch of Sputnik", 4 de outubro de 2014. Disponível em <http://earthsky.org/space/this-date--in-science-launch-of-sputnik-october-4–1957>.

Launius, Roger D. "Sputnik and the origins of the Space Age". Disponível em <http://history.nasa.gov/sputnik/sputorig.html>.

Chevedden, Paul E. *The Invention of the Counterweight Trebuchet: A Study in Cultural Diffusion*, Dumbarton Oaks Papers Nº. 54, 2000. Disponível em

<http://www.doaks.org/resources/publications/dumbarton-oaks-papers/dop54/dp54ch4.pdf>.

Borghi, Riccardo. "On the tumbling toast problem", *European Journal of Physics*, 33 (5), 1º de agosto de 2012.

Matthews, R. A. J. "Tumbling toast, Murphy's Law and the fundamental constants", *European Journal of Physics*, 16 (4), 1995, pp. 172–76. Disponível em <http://dx.doi.org/10.1088/0143–0807/16/4/005>.

"Dizziness and vertigo". Disponível em <http://balanceandmobility.com/for-patients/dizziness-and-vertigo/>.

Novella, Steven. "Why isn't the spinning dancer dizzy?", *Neurologica*, 30 de setembro de 2013. Disponível em <http://theness.com/neurologicablog/index.php/why-isnt-the-spinning-dancer-dizzy/>.

Capítulo 8: Quando os opostos se atraem

"One penny coin". Disponível em <http://www.royalmint.com/discover/uk-coins/coin-design-and-specifications/one-penny-coin>.

"The chaffinch". Disponível em <http://www.avibirds.com/euhtml/Chaffinch.html>.

Clarke, Dominic. Whitney, Heather. Sutton, Gregory & Robert, Daniel. "Detection and learning of floral electric fields by bumble-bees", *Science*, 340 (6128), 5 de abril de 2013, pp. 66–9. Disponível em <http:/dx.doi.org/10.1126/science.1230883>.

Corbet, Sarah A. Beament, James & Eisikowitch, D. "Are electrostatic forces involved in pollen transfer?", *Plant, Cell and Environment*, 5 (2), 1982, pp. 125–9.

Yong, Ed "Bees can sense the electric fields of flowers", *National Geographic*, blog "Phenomena", 21 de fevereiro de 2013. Disponível em <http://phenomena.nationalgeographic.com/2013/02/21/bees-can-sense-the-electric-fields-of-flowers/>.

Pettigrew, John D. "Electroreception in monotremes", *Journal of Experimental Biology*, 202 (10), 1999, pp. 1447–54.

REFERÊNCIAS BIBLIOGRÁFICAS

Proske, U. Gregory, J. E. & Iggo, A. "Sensory receptors in monotremes", *Philosophical Transactions of the Royal Society of London B: Biological Sciences*, 353 (1372), 1998, pp. 1187–98.

"Cathode ray tube", University of Oxford Department of Physics. Disponível em <http://www2.physics.ox.ac.uk/accelerate/resources/demonstrations/cathode-ray-tube>.

"Non-European compasses", Royal Museums Greenwich. Disponível em <http://www.rmg.co.uk/explore/sea-and-ships/facts/ships-and-seafarers/the-magnetic-compass>.

Parry, Wynne. "Earth's magnetic field shifts, forcing airport runway change", *LiveScience*, 7 de janeiro de 2011. Disponível em <http://www.livescience.com/9231–earths-magnetic-field-shifts-forcing-airport-runway-change.html>.

"Wandering of the geomagnetic poles", National Centers for Environmental Information, National Oceanic and Atmospheric Administration. Disponível em <http://www.ngdc.noaa.gov/geomag/ GeomagneticPoles.shtml>.

"Swarm reveals Earth's changing magnetism", Agência Espacial Europeia, 19 de junho de 2014. Disponível em <http://www.esa.int/Our_Activities/Observing_the_Earth/Swarm/Swarm_reveals_Earth_s_changing_magnetism>.

Stern, David P. "The Great Magnet, the Earth", 20 de novembro de 2003. Disponível em <http://www-spof.gsfc.nasa.gov/earthmag/demagint.htm>.

"Drummond Hoyle Matthews". Disponível em <https://www.e0education.psu.edu/earth520/content/l2_p11.html>.

Vine, F. J. & Matthews, D. H. "Magnetic anomalies over oceanic ridges", *Nature*, 199, 1963, pp. 947–9.

Chang, Kenneth. "How plate tectonics became accepted science", *New York Times*, 15 de janeiro de 2011.

Índice

abelhas, 258–261

AC (corrente alternada), 274–275

AC/DC, adaptador, 275

açúcar: cristais, 184–189, 199; bebidas gasosas, 73, 79; massa de focaccia, 30; ketchup, 117; leite, 89; monitoramento da glicemia, 112; plantas, 142, 305, 308, 312; toalhas, 106

Adams, Douglas, 238

água: bolhas, *vide* bolhas; capilaridade, 105, 108, 111–112; chuva, 51, 126, 130, 156, 188, 308; ciclo, 313; condução de corrente elétrica, 264; congelamento, 194, 196, 199; cor, 154; corpo humano, 297; cristais, 195; ebulição, 211–212, 272–273, 302; eclusas, 129; empuxo, 73, 304; evaporação, 84, 106, 111, 137, 190–193, 297; liquefação, 122; locomotivas a vapor, 44; moléculas, *vide* moléculas de água; oceanos, 79–81; pipoca, 23–25; ondas sonoras, 163–165, 175, 307; ondas, 145–150, 152, 158; profundidade, 28; refração, 153; Represa Hoover, 130–132; salgada, 79–80, 194, 264, 304; temperatura, 204–207; tônica, 14; tensão superficial, 96–102; transição da forma líquida para a forma sólida e o inverso, 194, 199; viscosidade, 90, 92

Amundsen, Roald, 33, 198

Antártida:

Andes, 62; circulação termoalina, 80–81; dorsal mesoatlântica, 289; exploradores polares, 33–34, 198; pluma mantélica, 305; sons do gelo, 307–308; temperatura durante o inverno, 207; ventos catabáticos, 34–35;

antocianinas, 19

TEMPESTADE NUMA XÍCARA DE CHÁ

aparelhos celulares, 179–180, 315

aquecimento adiabático, 36

aquecimento central, 315–316

ar-condicionado, 315–316

ar: átomos, 26; baleias, 72; bolhas, 32–33, 73, 75; bolsas, 55, 105–106; clima, 50–52; correntes de convecção, 78, 290; empuxo, 72–75, 78; fluxos de empuxo, 304; moléculas de água, 190–191, 257; moléculas, *vide* moléculas de ar; para assar, 64; partículas flutuantes, 94–95; quente, 76; pressão, 24–30; resistência, 59, 239, 258; respiração ofegante dos cachorros, 137; respiração, 296; sucção, 41–42; tempestade com trovões, 156–157; torvelinhos quentes e frios, 95–96; ventos catabáticos, 34–35; viscosidade, 89–90;

areia movediça, 122

Aristóteles, 37

Arquimedes, 72

arremesso de galochas, 232

Asimov, Isaac, 186

assados: bolo de cenoura, 65–66; focaccia, 30–33

astronautas, 225–226, 240

átomos, 26–27; campos magnéticos, 253; condutividade, 211–212; cristais de gelo, 207, 306; cristais, 184–185, 194–195; cubos de gelo, 198–199, 215; DNA, 299; exis-

tência, 21, 88, 185–187, 213; gelo, 194–195; íons, 184n; movimentos brownianos, 186–187; núcleo, 26, 255–256; tamanho, 88

ausência de peso, 225, 240

balanças de cozinha, 65

baleias: alimentação, 27–29, 151, 194; comunicação, 163, 165, 175, 307; incapacidade de distinguir cores, 165; mergulho, 27, 72; sonar, 27

baterias elétricas, 248, 264–265; cabo elétrico, 266; campos, 149–150, 263–264, 268, 274; carga, 248, 261–262, 267, 268; chaleira, 271–274; choque, 255, 258–259, 291; circuitos, 265–266, 268, 274–275; condutores, 261–262, 264, 271, 274, 282; corrente, 123, 156–157, 273, 278, 282, 292–293; energia, 261, 266, 269–271, 274, 283; isolantes, 257, 261; resistência, 270; sinais, 123, 263–264, 291; tomada (três pinos), 272; voltagem, 272–273, 275n, 278

baterias: corrente contínua (DC), 274–275; desvantagens, 247; lançamento de foguetes, 46–47; mar, 264–271; utilidade, 264–265

batimentos cardíacos, 298

Ben Nevis, 128

Big Bang, 172n

ÍNDICE

bolhas: arrotos dos peixes, 74–75; banhos de espuma, 95–96; em todos os lugares, 71; estudo das, 87; habitáveis, 315–316, 318; lesmas marinhas, 63; massa de focaccia, 30–31; mexendo o chá, 217–218; passas em refrigerante de limão, 53–54; queijo frito, 192–193; rebentação das ondas nas tempestades, 60, 265; tensão superficial, 84; vidro soprado, 199–203;

bomba de vácuo, 37–39, 42

Boyle, Robert, 26–27, 39

Brown, Robert, 186–187

bússola, 284–287

cachorros, respiração ofegante dos, 137

café, derramado, 83–85

Califórnia, 35–36, 107–108, 130–131, 163, 246

camarão, 262–263

câmera, 265–270

campo magnético: da Terra, 285–290; eletroímãs, 282–283; elétrons, 268, 279–281, 282; mudanças em, 285–290; ondas luminosas, 149; permanente, 283; polos norte e sul, 252–253, 284, 288–289; rede elétrica, 292; temporário, 283;

canudos, bebendo com, 41

capilaridade, 105, 108–109, 111

Cataratas do Niágara, 70

centrífuga, 224–226

cérebro: coleta de informações visuais, 125–126, 300–301; efeitos das forças g, 224–225; girando, 220–221; informações obtidas do ouvido interno, 245, 303; neurônios, 123, 298–299; tomada de decisões, 298

CERN, 280–281

chá: balanço na xícara, 134–136; mexendo, 12, 90, 217–220, 226; preparação, 270–274; tempestade em xícara de chá, 319

chaleira: locomotiva a vapor, 42–44; preparando chá, 23, 159, 271–272; tempo para ebulição, 133, 272–274

Charles, Jacques, 26–27

Christchurch, Nova Zelândia, 121–122

ciclismo: coletes de alta visibilidade, 13–14; velódromo, 220–222, 239–240

Cidade do México, terremoto, 139–140

cidades, 312–314

circulação termoalina, 80–81; montanhas submersas, 289; ondas, 146–149, 151, 308–309

civilização, sistema de manutenção da vida, 21, 295–296, 310–311, 314

Clarke, Arthur C., 254

cobre, 37, 47–48, 213, 252, 293–294

coentro, 142

"colocar a chaleira no fogo", 271

combustíveis fósseis, 132, 174, 291, 316

comprimento de micro-ondas, 171, 172n

comprimento de onda do infravermelho, 159–160, 162, 170, 173–174, 281; infrassom, 162

comprimentos de onda: água, 149; luminosa, 153n, 155, 159–162, 165, 170; micro-ondas, 171, 172n; rádio, 166, 170, 178–180, 315; sonora, 165; todas as ondas, 149;

computadores, 126, 276, 283, 318

convecção, 77–78, 290, 304

cores: água, 149–150; antocianinas, 19; luz, 153n; peixes, 150–151; pixels, 281; temperatura, 159–161; visão, 169–170, 178–179

correio via foguete, 47–49

DC (corrente contínua), 274

deriva continental, 288

Dickens, Charles, 93

dióxido de carbono (CO2): combustíveis fósseis, 132–133, 174–175; fotossíntese, 109–110, 142–145; gás estufa, 173–174; massa de focaccia, 30–33; respiração, 28–29, 295–296

DNA, 259, 299

Dollywood, 169

eclusas, 128–129

"efeito estufa", 173–175

Einstein, Albert, 61n, 64, 152, 186–187

eixo, 68, 232–234, 236, 241–243, 303

elefantes: infrassom, 162; trombas, 39–42

eletricidade: abelhas, 259–261; estática, 259–262; *flywheel* (volante de inércia), 247–249; magnetismo, 252, 254, 279, 281; rede, 219, 247–248, 254, 261, 292; tomada, 258, 271–274; usinas, 293

eletroímãs, 279, 283

eletromagnetismo, 254, 291–292, 294

eletrônica, 275–276, 279–280

elétrons: carga elétrica, 255–256, 260; choque elétrico, 259; eletromagnetismo, 292–294; circuito elétrico, 261, 264–267; condução de calor nos metais, 212–213; corrente contínua (DC), 274; eletrônica, 276, 279–281; estrutura atômica, 26, 184n, 255; geração de calor, 270–271, 274; rede elétrica, 292; telas planas, 281; tubo de raios catódicos (CRT), 277–278

empuxo: cubos de gelo, 199n; força, 73–76; leite, 89–90; lesmas marinhas, 63; objetos fechados, 72; oceanos, 73; padrões de convecção, 304; peixes, 74; *Titanic*, 55–56

equilíbrio: balanço do líquido em uma xícara, 217–219; balanço, 134; baleias, 27; baterias, 133;

ÍNDICE

combustíveis fósseis, 132–133, 316–317; controle, 133, 142–143, 281; energia solar, 316–317; fluxo para o, 129, 131–133, 209; pombos, 124–125; Represa Hoover, 130–133;

equilíbrio: andando na corda bamba, 70–71; baleia, 27; centro de massa, 242; em órbita, 238–239; equilíbrio, 128–129; Tower Bridge, 66–68; velocidade terminal, 59

escorpiões, 12–14

espectro eletromagnético, 168

Estação Espacial Internacional, 49, 240, 318

esteira oceânica, 80–81

evaporação: bactérias da tuberculose, 93; energia solar, 313; expansão térmica, 206; moléculas de água, 24, 85, 297, 310; roupas molhadas, 190–192; suor, 100, 192; toalhas, 106; transpiração, 111;

explosões, 23–25

Faraday, Michael, 78n

ferro, 213, 251–254, 282, 284–285, 289

fibras nervosas, 299, 301

fluorescência, 13

flywheel (volante de inércia), 247–249

focaccia, 30, 32–33

fogo, 35–36, 78, 159, 314

foguetes, 46–50

fotossíntese, 109–111, 142

Fram, 195–196, 197

frequência natural, 135–140

fritura, 193

Frost, Barrie, 124, 125n

gases estufa, 206

gases: comportamento, 26, 33; estufa, 172–174, 206; evaporação da água, 137, 190, 310; fluxo, 75; foguetes, 46–50; lei ideal do gás, 34–35, 52; leis, 25, 50, 52, 214n; locomotivas a vapor, 42–46; nuvens de neve, 308; pressão, 32, 38; queijo frito, 192; refrigerante de limão, 53–54; transição do estado gasoso para o líquido, 193; velas, 76–77; viscosidade, 92

geleia de mirtilo, 18–19

gelo: Antártida, 34, 206–207, 307; cristais, 194, 306, 307; cubos, 199, 215; mar, 79, 194–198; patinação, 69;

patos no, 207–211

giro, 219; astronautas, 226, 239–240; bailarinas, 244–245; bolhas no chá, 217–218, 219; centrífuga, 224, 226;

como uma torrada cai, 241–243; conservação do momento angular, 15, 69n, 242, 243, 245, 248; direção, 245–246; exame de sangue, 224; giroscópios, 16; leite, 224; magnetismo, 284, 285, 293;

TEMPESTADE NUMA XÍCARA DE CHÁ

moedas, 243, 245; ovos, 15, 243–244; *flywheel* (volante de inércia), 247–248; patinação no gelo, 69; piões, 226, 243, 246, 248; pizza, 226–229, 230; rotação da Terra, 52, 218–219, 229–230, 237, 239, 245–246, 285, 307; secadora de roupas, 218, 230–231, 239; tontura, 243, 244; trabuco, 233–234, 236–237; velódromo, 219–224

giroscópios, 16, 219

golfinhos, 151, 162–165, 210–211

gotas de chuva, 127, 156

Grande Colisor de Hádrons, 280–281

gravidade: astronautas, 225, 240; bactérias, 93; balanças de cozinha, 64–65; balanço do líquido em uma xícara, 134; bolhas, 74–75; cair, 56–59, 92n; caminhar, 303; como uma torrada cai, 241–242; correntes oceânicas, 78–81; eclusas, 130; flocos de neve, 307; força, 55–56, 63–64, 88; fornecimento de água, 314; ketchup, 115–116; leite, 89–92, 224; moléculas de ar, 305; mudas, 61–62; padrões de convecção, 304; passas em refrigerante de limão, 54–55; pedalando em um velódromo, 222; penetração da água no solo, 310; pizza, 229, 230; sequoias, 110–111; Sputnik, 237–240; Tower Bridge,

66–69, 75; velas, 76–77; vida a bordo de um navio, 58–61, 268; vidro soprado, 200, 201

Havaí: Observatório Keck, 114

hidroeletricidade, 133

Hipócrates, 92

Hooke, Robert, 39, 86–87, 108

Hubble, Telescópio Espacial, 16–17

ímãs: eletroímãs, 283–284, 286; eletrônica, 277, 278–280; geladeira, 21, 252, 253, 262, 283, 284; permanentes, 283; polos norte e sul, 252–253, 259, 285; separação de moedas, 251–253, 255; torradeiras, 281–283, 285; turbina eólica, 292–293

incêndios florestais, 35–36

inércia, 69, 88, 99, 110

informação: armazenamento, 291, 300; baseada em ondas, 149, 158, 162–169, 315; cheiros, 296; compartilhamento, 311; fluxo de, 180, 249, 315, 317–318; portátil, 311; rede, 315, 317; seleção do comprimento de onda, 170; sonora, 302; tomada de decisões, 303; viajante, 300; visual, 125, 300–301

íons, 184, 300

janelas de vidro, 202–203

Jeanette, USS, 195–196

ÍNDICE

ketchup, 115–117, 120–121
kits de diagnóstico, 112–113

laptops, 270–271, 281
leite: adição a outras bebidas, 11, 123, 302; gota de, 123; homogeneizado, 91–92, 93; limpeza quando derramado, 104–106; nata, 89–92, 93, 95, 95n, 224; refrigeração, 215
lentes, 86, 153–154, 301
lesmas: empuxo, 72–75
liquefação, 122–123
litoral, 110, 145–146, 309
livros, 85–86, 312
locomotivas a vapor, 44–45, 52
lula gigante, 27–29
luz ultravioleta, 12–14, 95, 173

Magdeburgo, hemisférios de, 38
mágica, 254, 280
Matthews, Drummond Hoyle, 289–290
mergulho, 58, 100–103
metano, 74, 144, 173, 174, 193
Michelson-Morley, experiência de, 150n
microfluidos, 111, 112n
microscópios, 86–87, 186
moedas: experiência da refração, 152–153; giro, 243–245; jogar, 243; moléculas de água, 190–194; separação magnética, 252–254, 256

moléculas de água: ar úmido, 257; capilaridade, 105, 109; energia térmica, 212, 302; evaporação, 24, 84, 297, 310; gelo, 194, 196, 198, 307; gotas de chuva, 127; neve, 307; poça de café, 84; queijo frito, 192; roupas molhadas, 190–192; tensão superficial, 98, 101, 103, 109; vapor, 24, 43; velocidade, 26; zona Cachinhos Dourados, 306
moléculas de ar: Antártida, 34; atmosfera, 296; bomba de vácuo, 37–38; ingestão de líquidos pelos elefantes, 39–41; ovos, 74; pressão atmosférica, 43–44; respiração, 296; tempestade com trovões, 50–51; velocidade, 26; ventos catabáticos, 35; voo das abelhas, 259–260
moléculas de gás: aquecimento global, 317; atmosfera da Terra, 50; distância entre, 189; empurrão das, 41, 45, 48; focaccia, 32; pipoca, 24; viscosidade, 91
moléculas: açúcar, 90, 184; água, *vide* moléculas de água; álcool, 193, 205; ar, *vide* moléculas de ar; átomos, 26–27; cera, 76; complexas, 143, 306; comportamento, 30; condutividade, 212; corpo humano, 300, 315; derretimento,

343

TEMPESTADE NUMA XÍCARA DE CHÁ

193; DNA, 299; efeito estufa, 174; evaporação, 190–192; formação, 143, 256n; gás, *vide* moléculas de gás; gordura, 296; longas, 116, 120; manipulação, 88; movimentos brownianos, 186–187; opsina, 300; oxigênio, 296–297; proteína, 89; refrigeração, 213–214; relâmpago, 156; temperatura, 307–308; transferência de calor, 208–209; valor do pH, 19;

momento: angular, 15–16, 69n, 242n, 243, 245, 248; do fluido, 103n, 135

monções, 188, 190

monitoramento da glicemia, 111–112

Morley, Lawrence, 289n

movimento, 119

movimentos brownianos, 186

mudas, 61–62, 118–119

"mulheres sábias", 19

Nansen, Fridtjof, 196–198

neblina costeira, 110

nêutrons, 255–256

neve: Antártida, 34, 207, 307; choques elétricos, 254, 257, 272, 273; pés dos patos, 207–210

Newton, Isaac: Lei da Gravitação Universal, 63; Segunda Lei, 57

nitrogênio, 26–28, 32, 307

Noakes, Cath, 94–95

nuvens: neve, 307–308; ondas luminosas, 156; tempestade, 51; torvelinhos, 77; trovão, 156

Observatório Keck, Havaí, 144

oceano Ártico, 194–198, 307

oceano Atlântico: ampliação, 290–291; circulação termoalina, 80–81; clima, 12; dorsal meso-atlântica, 289; experiências no mar, 265–266; fluxos de empuxo, 304; mensagens enviadas por rádio do *Titanic*, 166–168;

oceano: aquecimento global, 206; cor, 154; movimento da água, 78–81, 304; ondas sonoras, 165, 306–307; profundidade, 27, 78, 305; salinidade, 79; superfície, 59, 146, 154, 164, 191, 264; ventos catabáticos, 34;

óculos, 99–103

ondas de rádio, 165–168, 171–173, 175, 178–179, 314–315

ondas gravitacionais, 311

ondas luminosas: absorção pela água, 154–155, 164; ao atingirem a superfície da água, 154–155; comprimentos de onda, 159–161, 165, 170–171, 173; energia solar, 172; espectro eletromagnético, 168; luz das estrelas, 146; movimento, 149; olhos humanos, 301; pérolas, 176–177; plantas,

312; reflexão, 151, 154, 158; refração, 153, 154, 158; relâmpago, 156–159; velas, 314; velocidade, 152–153, 154

ondas sonoras: baleias, 165, 175, 306; comprimentos de onda, 165; golfinhos, 147, 163, 306; infrassom, 162; relâmpago, 158; ultrassom, 162, 180; viajando na água, 163–165, 306–307; viajando no ar, 149; voz humana, 301

ondas, *vide* água; ondas de rádio; ondas gravitacionais; ondas luminosas; ondas sonoras;

ornitorrinco, 262–263

ostras, 177

ovos: como saber quanto tempo têm, 74; cozidos, 45; teste do giro do cru e do cozido, 15, 244–245

oxigênio: atmosfera terrestre, 305; derretimento, 193; moléculas de água, 97, 127; nuvens de neve, 307; pulmões das baleias, 27–28; queima de uma vela, 76; respiração dos peixes, 75; respiração ofegante dos cachorros, 138; respiração, 295–296; velocidade dos átomos, 26

panelas de pressão, 24

passas em refrigerante de limão, 53–55, 79

patos, fluxo sanguíneo nos pés dos, 209–211

peixes: arroto, 75; cor, 150

pele, 19, 296–297

pêndulos, 136, 139, 141, 303, 319

Penzias, Arno, 172n

Perrin, Jean, 187

Phillips, Jack, 166, 168

piões, 226, 243, 248–249

pipoca, 20, 23–25, 52

pizza, 226–230

Pockels, Agnes, 96

polo norte: água congelada, 193, 197; decolagem do, 239; distância do centro da Terra, 229; eixo da Terra, 246–247; exploração, 193, 195–197; norte magnético, 285

polo sul, 33–34, 198, 246, 253

pombos: balanço da cabeça, 124–125; excrementos, 172n

pontes: juntas de expansão, 206

praias, 149–150, 163, 188–191

pranchas de surfe, 147–148

prótons, 255–256, 259, 280

pseudoplasticidade, 117n, 120

pulso, 263

queijo, temperatura, 192–193, 213–214

raios catódicos, 277–278, 280

Rayleigh, Lord, 97

reflexão: arenque, 150; ondas, 150–151, 154, 158, 167, 180, 300; sonar, 28

refração, 152–153

refrigeração, 213–215

relâmpago, 156–158

TEMPESTADE NUMA XÍCARA DE CHÁ

Relatividade: Especial, 96, 152, 187; Geral, 61n, 64, 152, 187

Represa Hoover, 130

respiração, 296

Rhode Island, 18, 214, 254, 273

rochas: arremesso, 232, 236; deriva continental, 287; fluxos de empuxo, 304–305; magnetismo no assoalho oceânico, 288–290

sal, 79–80, 183–184, 310

Scott, capitão R. F., 20, 33, 35, 198

Scrapheap Challenge, 232

secadora de roupas, 231, 239–240

Segunda Lei da Termodinâmica, 141–142

sequoias gigantes, 107–111

sistemas de manutenção da vida, 295; civilização, 312–319; humano, 295–303; Terra, 302–312

smartphones, 275

Soyuz, foguetes, 50

Spelterina, Maria, 70–71

Sputnik, 237–240

suor, 20, 100, 137–139, 192, 296–298

supercondutores, 271n

Taipei 140; prédio, 140–141

telas planas, 281

televisores, 277, 280–281

temperatura: Antártida, 34, 206; centro da Terra, 304–305; cor, 159–161; derretimento, 193;

dióxido de carbono, 31; efeito estufa, 173; energia cinética, 213; energia térmica, 205; fluxo sanguíneo nos pés dos, 210; locomotivas a vapor, 43; mais fria registrada na Terra, 206; oceano Ártico, 194, 197; pele, 296–299; pipoca, 24; queijo frito, 192–193; refrigeração, 213; relâmpago, 156; superfície da Terra (média), 172–174; ventos, 34, 36; vidro soprado, 199, 202–203; volume do gás, 26–27, 32; zero absoluto, 160, 162, 207, 271n;

tempestades: com trovões, 51, 156–158, 306; estudo das bolhas na rebentação das ondas, 60, 264–268; observação, 23, 26, 50–52; ondas, 148; tropicais, 12, 307, 308

tensão superficial: banho de espuma, 96, 98; esfregão, 103, 106; experiências, 97; força da, 97–98, 102, 110;

gotículas, 231n; óculos de mergulho, 99–103; poça de café, 84, 89; sequoias, 109

termômetros, 204–206

Terra: "efeito estufa", 173–174; aquecimento global, 206; atmosfera, 50, 156, 167–168, 172–174, 225, 296; campo

346

ÍNDICE

magnético, 284–292; centro, 60–61, 72, 221, 304–305; circunferência, 62; clima, 50, 52, 188–189, 307; deriva continental, 288; eixo, 237, 239, 246–247, 307; estações, 245–247; formação, 308; formato, 291; gravidade, 55–59, 63, 238, 302–303; manto, 304–305; massa, 63, 64–65, 252; montanha mais alta, 230; oceanos, 78–81, 151, 154, 206, 289, 307; ondas de rádio, 167; polos, 193–194; reciclada, 310; rotação, 237, 246–247, 285–286, 307; sistema de manutenção da vida, 295–296, 310–311, 314; suprimento de energia solar, 291–292, 312, 316–317; surgimento da vida na, 142; tectônica de placas, 139–140; temperatura mais fria registrada, 207; temperatura, 172, 174–175, 193

terremotos, 141, 180–181, 195

Tiranossauro Rex, 69, 71

Titanic, 55–56, 166–167, 178, 181

toalhas, 99, 104–107, 189

tontura, 244–245

torrada, como cai com o lado da manteiga para baixo, 240–243

torradeiras, 15, 159–162, 281–283, 286, 292

torradeiras, 281–283

Tower Bridge, 66–68, 75

trabuco, 232–233, 235

transferência de calor, 193, 209

transpiração, 192

tuberculose (TB), 92–95

turbinas eólicas, 292–293

turbinas, 132, 276, 292

ultrassom, 162, 180

vaga-lumes, 169

valor do pH, 19, 296

válvulas, eletrônica, 277–278

velas, 76–78, 312, 314

velódromo, 220–222, 239

ventos: catabáticos, 34–36; correntes oceânicas, 80; giro, 307; monções, 188; tempestades, 51, 148; vibração de construções, 139

verbena, 19–20

vibração: abelhas, 258; átomos, 188, 212, 215; condutividade, 211; faixa energética, 306; frequências, 139; pele, 296; sintonização, 159

vida na Terra, surgimento, 143

vidro: janelas antigas, 202; vidro soprado, 199–201, 203;

Vine, Fred, 289–290

visão, 179, 299–300

viscosidade, 89–93, 95, 99, 111

TEMPESTADE NUMA XÍCARA DE CHÁ

voltagem, 272–273, 275n, 278
von Guericke, Otto, 37
vozes, 315

Wegener, Alfred, 288
Whitesides, George, 112
Wilson, Robert, 172n

xícara de chá: balanço, 134; mexida, 12, 217–218

zona Cachinhos Dourados, 306
Zucker, Gerhard, 47–50